AF571110

EUL VERLAG

EINZELSCHRIFTEN

Charlotte Pötters
Umsatzsteuer im Gesundheitswesen
Lohmar – Köln 2016 • 268 S. • € 57,- (D) • ISBN 978-3-8441-0463-9

Friedrich R. Then Bergh und Daniel Reimsbach (Hrsg.)
Entwicklungen und Perspektiven des Finanz- und Rechnungswesens – Festschrift zum 65. Geburtstag von Univ.-Prof. Dr. Raimund Schirmeister
Lohmar – Köln 2016 • 380 S. • € 74,- (D) • ISBN 978-3-8441-0469-1

Frank Wüller
Agency-Probleme und Lösungsansätze in der Bank-Sanierer-Beziehung – Eine qualitativ-empirische Untersuchung aus Banksicht
Lohmar – Köln 2016 • 248 S. • € 60,- (D) • ISBN 978-3-8441-0471-4

Max Monauni
Wandlungskonzepte für Produktionsnetzwerke
Lohmar – Köln 2016 • 176 S. • € 54,- (D) • ISBN 978-3-8441-0476-9

Arne Krey
Risikomanagement auf Rohstoffmärkten und die Bilanzierung nach IFRS
Lohmar – Köln 2016 • 444 S. • € 80,- (D) • ISBN 978-3-8441-0475-2

Heiko Koepke
Unternehmenswertorientierte Steuerungs- und Vergütungssysteme – Konzeption und Synchronisation des Performancecontrollings im Kontext der Corporate Governance
Lohmar – Köln 2016 • 568 S. • € 92,- (D) • ISBN 978-3-8441-0479-0

Amaliny Yoganathan-Hasselbeck
Vergabe von Patentlizenzen an ausländische Patentverletzer – Eine empirische Analyse auf Grundlage der Transaktionskostentheorie
Lohmar – Köln 2016 • 256 S. • € 62,- (D) • ISBN 978-3-8441-0485-1

Dr. Amaliny Yoganathan-Hasselbeck

Vergabe von Patentlizenzen an ausländische Patentverletzer

Eine empirische Analyse auf Grundlage der Transaktionskostentheorie

Bibliografische Information der Deutschen Nationalbibliothek

Die Deutsche Nationalbibliothek verzeichnet diese Publikation in der Deutschen Nationalbibliografie; detaillierte bibliografische Daten sind im Internet über <http://dnb.d-nb.de> abrufbar.

Dissertation, Bergische Universität Wuppertal, 2016

ISBN 978-3-8441-0485-1
1. Auflage November 2016

JOSEF EUL VERLAG GmbH
Brandsberg 6
53797 Lohmar
Tel.: 0 22 05 / 90 10 6-80
Fax: 0 22 05 / 90 10 6-88
E-Mail: info@eul-verlag.de
http://www.eul-verlag.de

Bei der Herstellung unserer Bücher möchten wir die Umwelt schonen. Dieses Buch ist daher auf säurefreiem, 100% chlorfrei gebleichtem, alterungsbeständigem Papier nach DIN 6738 gedruckt.

Vorwort

Die vorliegende Arbeit wurde im Sommersemester 2016 als Dissertation vom Fachbereich Wirtschaftswissenschaften *Schumpeter School of Business and Economics* der Bergischen Universität Wuppertal angenommen.

Herrn Prof. Dr. Peter Witt möchte ich für die Ermöglichung dieser Doktorarbeit danken. In allen Phasen dieser Arbeit, die von Ortswechseln, Familiengründung und beruflichen Projekten begleitet wurde, stand er mir stets hilfsbereit und flexibel zur Seite. Mein besonderer Dank gilt auch meinem Zweitgutachter Herrn Prof. Dr. Tobias Langner.

Mein weiterer Dank gilt den Interviewpartnern dieser Arbeit, namentlich Herrn Sören Dahm, Herrn Daniel Papst, Herrn Peter Jöst, Herrn Jürgen Meyer, Herrn Steffen Budweg und Herr Dr. Ingo-Hagen Puhlmann. Die Arbeit wäre ohne ihre Hilfe und die umfangreichen Gespräche nicht möglich gewesen.

Darüber hinaus möchte ich den Kollegen und Kolleginnen des Wirtschaftsinstituts der Hochschule Ruhr West danken. Durch zahlreiche wertvolle Gespräche insbesondere zur Theorie und Methodik haben sie mich bei der Erstellung dieser Arbeit unterstützt.

Meiner lieben Freundin Marike Krüger danke ich für die konstruktiven formalen und inhaltlichen Anmerkungen zur Arbeit. Ich möchte meiner lieben Freundin Katja Abou Jaoude danken. Ihre Unterstützung hat maßgeblich zur Lesefreundlichkeit dieser Arbeit beigetragen. Meinem Bruder Arun Yoganathan möchte ich für seine hilfreichen Anregungen in inhaltlichen Diskussionen und seinen motivierenden Zuspruch danken.

Ich danke meinen Eltern und Schwiegereltern, die stets mir unterstützend zur Seite gestanden haben. Vor allem danke ich meiner Mutter für die familiäre Entlastung.

Ganz besonders möchte ich meinem Ehemann Stefan Hasselbeck danken, der mir in allen Phasen dieser Arbeit mit hilfreichen Anregungen zur Seite stand und zu meinem wichtigsten Diskussionspartner wurde. Dankbar anerkennen will ich auch seine immer uneingeschränkte und geduldige Bereitschaft, die Doktorarbeit aus dem Blickwinkel eines Dritten zu betrachten und mir hilfreiche Hinweise zu geben.

Zu guter Letzt möchte ich meiner Tochter Uma Aurelia Hasselbeck danken, die über die gesamte Dauer der Doktorarbeit viel Geduld und Rücksicht aufgebracht hat.

Singapur, 19. Juli 2016 Amaliny Yoganathan-Hasselbeck

Inhaltsverzeichnis

Abbildungsverzeichnis

Tabellenverzeichnis

Abkürzungsverzeichnis

Abb.	Abbildung
Abs.	Absatz
BATNA	Best Alternative to Negotiated Agreement
BGH	Bundesgerichtshof
BIP	Bruttoinlandsprodukt
BRD	Bundesrepublik Deutschland
bzw.	beziehungsweise
ca.	circa
CEO	Chief Executive Officer
Co.	Company
Corp.	Corporation
DB Research	Deutsche Bank Research
d.h.	das heißt
DPMA	Deutsches Patent- und Markenamt
dsb.	derselbe
et al.	et aljut
etc.	et cetera
EG	Europäische Gemeinschaft
EPA	Europäisches Patentamt
EPB	Electric Parking Brake (Elektrische Feststellbremse)
EPÜ	Europäisches Patentübereinkommen
EU	Europäische Union
EUR	Euro
e.V.	eingetragener Verein
evtl.	eventuell
f.	folgende
F&E	Forschung und Entwicklung
ff.	fortfolgende
ggf.	gegebenenfalls
GmbH	Gesellschaft mit beschränkter Haftung
GRUR	Gewerblicher Rechtsschutz und Urheberrecht
http	hyper text transfer protocol
Hrsg.	Herausgeber
ICC	International Chamber of Commerce
i.d.R.	in der Regel
idw	Informationsdienst Wissenschaft
Inc.	Incorporated
inkl.	Inklusive

int.	international
IntPatÜG	Gesetz über internationale Patentübereinkommen
IP	Intellectual Property
IT	Informationstechnologie
IWF	Internationaler Währungsfonds
Jg.	Jahrgang
Kap.	Kapitel
lt.	laut
M&A	Mergers & Acquisitions
max.	maximal
mind.	mindestens
Mio.	Million
Mrd.	Milliarde
NPE	Non-Practising-Entities
o.a.	oben angeführt
o.V.	ohne Verfasser
OECD	Organization for Economic Cooperation and Development
OEM	Original Equipment Manufacturer
p.a.	per anno
PatG	Patentgesetz
PCT	Patent Cooperation Treaty
PIRAT	Patent Infringement Risk Analytical Technique
PKE	Pro-Kopf-Einkommen
PRPG	Gesetz zur Stärkung des Schutzes des geistigen Eigentums und zur Bekämpfung der Produktpiraterie
PVÜ	Pariser Verbandsübereinkunft
R&D	Research and Development
ROI	Return on Investment
s.	siehe
S.	Seite
Tab.	Tabelle
TRIPS	Agreement on Trade-Related Aspects of Intellectual Property Rights
u.a.	unter anderem
u.U.	unter Umständen
USA	United States of America
USD	US-Dollar
VDMA	Verband deutscher Maschinen- und Anlagenbau
vgl.	vergleiche
vs.	versus
WIPO	World Intellectual Property Organization

www.	World Wide Web
z.B.	zum Beispiel
zzgl.	zuzüglich

1 Einleitung

Patentverletzungen, insbesondere, wenn diese im Ausland erfolgen, werden von Unternehmen häufig als Bedrohung wahrgenommen. Nach der Identifikation einer Patentverletzung wird im Normalfall rechtlich gegen den Patentverletzer vorgegangen, was bei grenzüberschreitenden Patentverletzungen nicht nur zeit- und kostenintensiv, sondern auch nur mit geringen Erfolgsaussichten verbunden ist. Viele Unternehmen handeln aufgrund dieser Aspekte gar nicht, wenn sie eine Patentverletzung vermuten oder identifiziert haben. Andere wiederum vermeiden Patentanmeldungen in bestimmten Ländern, um so die Gefahr der Schutzrechtsverletzung zu senken, denn bei der Anmeldung werden die Patentschriften offengelegt. Jedoch bedeutet dies auch zugleich, dass diese Unternehmen auf einen weltweiten Patentschutz verzichten. Den Weg der strategischen Lizenzvergabe ziehen viele Unternehmen für ihren Umgang mit Patentverletzungen nicht in Betracht.[1] Dies liegt unter anderem daran, dass viele Unternehmen nicht über das Knowhow verfügen, um Patentverletzungen strategisch zu ihrem Vorteil zu nutzen. Die Überlegung, dass eine Lizenzvergabe Vorteile birgt, die mit einer Unterlassungsklage nicht erzielt werden können, bildet den Grundgedanken der vorliegenden Arbeit.

Durch eine Lizenzvergabe kann das geschädigte Unternehmen unter bestimmten Voraussetzungen Kosten und Zeit sparen, die in einem Klageverfahren entstehen und auch weitere Vorteile erzielen, die über den Erhalt des Schutzes für seine eigenen Erfindungen und Rechte hinausgehen. Die Motive der Unternehmen für eine Lizenzvergabe an einen Patentverletzer sind vielfältig und umfassen produktions-, absatz- oder finanzwirtschaftliche Motive und schutzrechtspolitische und wettbewerbliche Ziele. Dies bedeutet unter anderem, dass durch eine gezielte Lizenzvergabe ungenutzte Patente verwertet, neue Märkte erschlossen, Fertigungs- und Vertriebskapazitäten des ausländischen Partners genutzt, der Bekanntheitsgrad des Unternehmens gesteigert oder sogar eine Entwicklungskooperation mit dem lokalen Partner umgesetzt werden können. Der Lizenzvertrag selbst bietet dabei einen großen Gestaltungsspielraum insbesondere hinsichtlich der Entgeltgestaltung.

Aus einer Studie des Europäischen Patentamtes geht hervor, dass ca. 13 Prozent der Patente in Europa in Form einer Lizenzvergabe verwertet werden. Dabei werden 17 Prozent der Patente gar nicht verwertet.[2] Dies deutet darauf hin, dass ein großes Potenzial für eine effiziente Patentverwertung existiert.

[1] Vgl. z.B. Gambardella et al. (2014), S. 235 f.
[2] Vgl. Giuri et al. (2007), S. 1107 ff.

1.1 Problemstellung, Relevanz und Zielsetzung der Arbeit

In einer im Jahr 2014 durchgeführten Studie schätzt der Verband deutscher Maschinen-und Anlagebau (VDMA) die Schäden durch Plagiate und Produktpiraterie allein im Maschinen- und Anlagenbausektor auf 7,9 Mrd. Euro. Dabei bilden Patentverletzungen mit knapp 40 Prozent den Großteil aller Schutzrechtsverletzungen in diesem Sektor.[3] In einer Studie von Ernst & Young zum Thema Intellectual Property Protection wird der branchenübergreifende Gesamtschaden durch Plagiate allein in der Bundesrepublik Deutschland auf bis zu 50 Mrd. Euro jährlich geschätzt. Ernst & Young geht davon aus, dass fast 80 Prozent der Unternehmen in Deutschland von Produktpiraterie betroffen sind.[4] Den weltweiten Schaden durch Produktpiraterie schätzt die OECD auf über 500 Mrd. Euro jährlich mit einer wachsenden Tendenz.[5]

Aus der Studie von VDMA geht hervor, dass fast die Hälfte der Unternehmen aus dem Maschinen- und Anlagenbausektor derzeit gar keine Maßnahmen nach Entdeckung einer Patentverletzung ergreifen. Weniger als die Hälfte der betroffenen Unternehmen geht gerichtlich gegen den Patentverletzer vor.[6] Diese Entwicklungen verdeutlichen, dass Unternehmen alternative Methoden zum Umgang mit Patentverletzungen in Betracht ziehen müssen.

Eine Studie des Internationalen Währungsfonds und der Deutschen Bank Research zur Wirtschaftsentwicklung und zur Entwicklung des intellektuellen Kapitals bis zum Jahre 2020 prognostiziert einen rasanten Anstieg der Einnahmen durch Patente und Lizenzen durch grenzüberschreitenden Handel. Während diese Einnahmen im Jahr 2010 lediglich 0,2 Prozent des Bruttoinlandsproduktes bilden, wird für das Jahr 2020 bereits ein Anstieg auf 0,7 Prozent prognostiziert.[7] Dies verdeutlicht das enorme Potenzial von deutschen Schutzrechten in ausländischen Märkten.

Die meisten Patentverletzungen erfolgen laut der OECD-Studie im asiatischen Raum.[8] Die Studie der VDMA verdeutlicht, dass die meisten Plagiate im Maschinen- und Anlagenbausektor aus China kommen. Neben wenigen Industrieländern[9] werden vor allem noch weitere Schwellenländer[10] wie etwa Indien für die Herkunft der Plagiate benannt.[11]

In der wissenschaftlichen Literatur wird die Option der strategischen Lizenzvergabe bei Patentverletzungen nur selten diskutiert. Eine ganzheitliche Betrachtung der Entscheidungskriterien

[3] Vgl. o.V. (2014), S. 5 ff.
[4] Vgl. Heißner/Bahram (2012), S. 13.
[5] Vgl. o.V. (2011), S. 5.
[6] Vgl. o.V. (2014), S. 16.
[7] Vgl. Rollwagen (2008), S. 14.
[8] Vgl. o.V. (2007), S. 13.
[9] Die Weltbank definiert Industrieland als Land mit einem Pro-Kopf-Einkommen von über 9.266 USD.
[10] Die Weltbank definiert Schwellenland als Land mit einem Pro-Kopf-Einkommen zwischen 756 USD und 9.265 USD.
[11] Vgl. oV. (2014), S. 16.

und des Prozesses ist bisher nicht erfolgt. Ziel der Arbeit ist es daher, das Potenzial der Lizenzvergabe in Patentverletzungsfällen zu analysieren. Besonders die Betrachtung des Blickwinkels des Lizenzgebers ist für die Beantwortung dieser Fragen wesentlich.

Zunächst stellt sich die Frage, ob die Lizenzvergabe ein Weg ist mit Patentverletzungen umzugehen, insbesondere dann, wenn diese grenzüberschreitend stattfinden. Darüber hinaus stellt sich die Frage, welchen Stellenwert Transaktionskosten dabei einnehmen. Es wird betrachtet, wie Unternehmen Patentverletzungen ermitteln und welche Kriterien entscheidend für den Umgang mit Patentverletzungen sind. An dieser Stelle wird erforscht, was Unternehmen zu einer Lizenzvergabe in Patentverletzungsfällen motiviert und wie sie zu dieser Entscheidung kommen. Weiterhin wird auch betrachtet, welche strategischen Vorteile sich u.U. durch eine Lizenzvergabe in Patentverletzungsfällen realisieren lassen. Die weiteren Fragestellungen beziehen sich auf den Prozess der Lizenzvergabe an den Patentverletzer. Wie gestalten Unternehmen die Kontaktanbahnung? Welche Variablen müssen bei der Lizenzverhandlung und Gestaltung des Lizenzvertrages beachtet werden? Wie erfolgt die Sicherstellung der lizenzbasierten Kooperation mit dem Patentverletzer?

Für die Beantwortung dieser Fragestellungen wird in Anlehnung an den Transaktionskostenansatz ein theoretisches Modell entwickelt, mit Hilfe dessen der Prozess der Lizenzvergabe an mutmaßliche Patentverletzer näher betrachtet werden kann. Die wesentlichen Variablen innerhalb des Prozesses werden definiert und genauer untersucht. Neben der Erläuterung der wesentlichen Begrifflichkeiten, werden relevante juristische und ökonomische Definitionen und Theorien herangezogen, die für die Entwicklung des theoretischen Rahmens und der einzelnen Prozessschritte wesentlich sind.

Auf Grundlage von explorativen Experteninterviews mit Lizensierungsabteilungen von Forschungseinrichtungen und Unternehmen, Patentanwälten und Patentverwertungsgesellschaften erfolgt eine detaillierte Analyse der jeweiligen Prozessschritte. Der Fokus bei den Fallstudien liegt dabei auf Unternehmen und Organisationen, die über eigene Patente verfügen. Abgerundet werden die Erkenntnisse durch Expertengespräche mit Dienstleistungsunternehmen wie beispielsweise Patentanwaltskanzleien und Patentverwertungsgesellschaften. Das wesentliche Kriterium bei der Auswahl der Interviewpartner ist ihre Erfahrung mit Lizenzvergaben in Patentverletzungsfällen. Auf der Basis von Gesprächen mit diesen Unternehmen können Erkenntnisse zu den Entscheidungskriterien beim Umgang mit Patentverletzungen und vor allem zu dem Prozess der Lizenzvergabe an Patentverletzer gewonnen werden. Darüber hinaus werden die Transaktionskosten, die in jedem Prozessschritt entstehen, näher untersucht und ihre Rolle wird bewertet.

Zudem wird eine umfangreiche Dokumentenanalyse für jeden einzelnen Prozessschritt durchgeführt. Diese dient zur ganzheitlichen Betrachtung der Variablen innerhalb des Prozesses der

Lizenzvergabe in Patentverletzungsfällen und somit der Beantwortung der zentralen Fragestellungen der vorliegenden Arbeit.

1.2 Aufbau der Arbeit

Zunächst wird im zweiten Kapitel eine Übersicht zu den grundsätzlichen Begriffen und Theorien gegeben. Im Zuge dessen werden im ersten Schritt die Grundlagen von technologischem Wissen und Innovation im Unternehmen dargestellt. Hierzu werden die Begriffe Innovation und Technologie und deren Vermarktung gegeneinander abgegrenzt. Im Anschluss werden das Konzept des Technologielebenszyklus und das S-Kurven-Modell erläutert. Im letzten Punkt des Unterkapitels wird eine Klassifikation von Technologien vorgenommen. In diesem Kapitel erfolgt außerdem eine Erläuterung grundsätzlicher Begriffe und juristischer und ökonomischer Theorien im Zusammenhang mit Patenten und Patentlizensierung. Hierzu werden zunächst die Begriffe näher erläutert. Im Unterkapitel Patente werden die Wirkung und Grenzen des Patentschutzes nach deutschem Recht näher aufgezeigt, die Voraussetzungen für eine Patentierung nach deutschem Recht dargestellt und die Patentfunktionen und -kategorien erläutert. Im Unterkapitel Patentlizensierung wird zunächst der Begriff Patentlizenz betrachtet, die positive und negative Lizenz unterschieden, die Lizensierungsarten dargelegt, die juristischen Grundlagen zum Patentlizenzvertrag erklärt und mögliche Patentlizensierungsstrategien erläutert. In einem weiteren Unterkapitel werden die juristischen Grundlagen zur Patentverletzung nach deutschem Recht erläutert. Dieses Unterkapitel umfasst auch die Beurteilung der Patentverletzung im internationalen Kontext und die Abgrenzung des Begriffs Patentverletzung. Außerdem wird dargestellt, welche Ansprüche der Geschädigte nach deutschem Recht hat und welche Verteidigungsmöglichkeiten für den mutmaßlichen Patentverletzer bestehen. In einem abschließenden Unterkapitel wird die Lizenzvergabe als Strategie zur Erschließung von Märkten genauer betrachtet. Hierbei werden die Faktoren zur Evaluierung der Lizenznehmer und Zielmärkte und die Motive und Ziele der Patentlizensierung näher analysiert.

Im dritten Kapitel erfolgt eine Theorieselektion, die den theoretischen Rahmen des zentralen Modells dieser Arbeit bildet. Hierfür werden zunächst verschiedene relevante Begrifflichkeiten erläutert und abgrenzt. Weiterhin werden die Ansätze der Neuen Institutionenökonomik dargestellt, da diese für die Vorgehensweise und Analyse in dieser Arbeit besonders geeignet sind. Der Transaktionskostenansatz wird detailliert dargestellt und diskutiert. Auf Grundlage der Transaktionskostentheorie wird anschließend der Prozess der Lizenzvergabe in Patentverletzungsfällen definiert und die Forschungsfragen werden bestimmt. Zudem erfolgt eine Darstellung zum Stand der Forschung.

Im vierten Kapitel der vorliegenden Arbeit wird das Design der empirischen Untersuchung dargestellt. Hierbei werden zunächst die Grundlagen zur Fallstudienanalyse und zur Datenerhebung beschrieben. Diese beinhalten die Beschreibung der Methodik und der Datenerhebung. Anschließend erfolgt eine Beschreibung der Fallstudien und Expertengespräche.

Im fünften Kapitel werden die Ergebnisse aus den Fallstudien, den Expertengesprächen und der Dokumentenanalyse dargestellt. Die Erkenntnisse zu den verschiedenen Stufen des vordefinierten Prozesses werden in den jeweiligen Unterkapiteln erläutert. Hierfür werden zunächst die wesentlichen Erkenntnisse aus der Dokumentenanalyse dargestellt und anschließend die entsprechenden empirischen Befunde aus der Fallstudienanalyse zu den jeweiligen Prozessschritten.

Im sechsten Kapitel werden die wesentlichen Erkenntnisse und Ergebnisse aus der Fallstudien- und Dokumentenanalyse zu den jeweiligen Prozessschritten zusammengetragen und kritisch im Hinblick auf die übergeordneten Forschungsfragen analysiert. Die Prozessschritte beginnen bei der Identifikation und Ermittlung von Patentverletzungen und reichen bis zur Sicherstellung der Kooperation mit einem Patentverletzer. Die Ergebnisse aus der Dokumenten- und Fallstudienanalyse beziehen sich dabei auf die Definition von kritischen Faktoren für die jeweiligen Prozessschritte, die Analyse der Transaktionskosten und ihre Rolle im Kontext der Lizenzvergabe bei Patentverletzungen und auf die Maßnahmen zur Senkung der Transaktionskosten. Im Rahmen der Theoriefortschreibung und Ergebnisgenerierung wird jeder Prozessschritt auf Grundlage der theoretischen Literatur und der empirischen Befunde analysiert. Basierend darauf werden auch Modelle für die einzelnen Prozessschritte entwickelt.

Im siebten und letzten Kapitel erfolgt eine Zusammenfassung der wesentlichen Ergebnisse. Basierend darauf wird ein Fazit gezogen. Weiterhin werden im Rahmen des Ausblicks zukünftige Forschungsfelder, die auf der vorliegenden Arbeit basieren, identifiziert und vorgeschlagen.

2 Erläuterung grundsätzlicher Begriffe und Perspektiven

Das Kapitel „Erläuterung grundsätzlicher Begriffe und Perspektiven“ bezieht sich auf die begrifflichen, wirtschaftstheoretischen und juristischen Konzepte zur Technologie- und Innovationsvermarktung, zu Patenten, sowie zur Lizenzvergabe und Patentverletzung. Aufbauend auf den zu Grunde liegenden Theorien werden Begriffe und Konzepte, die für diese Arbeit relevant sind definiert, abgegrenzt und erläutert.

2.1 Technologisches Wissen und Innovation im Unternehmen

Im Globalisierungszeitalter hängt die Wettbewerbsfähigkeit von Unternehmen zunehmend von deren Innovationspotenzial ab. Dadurch, dass geographische Markteingrenzungen immer schwieriger möglich sind, steigt der Wettbewerbsdruck für die Unternehmen. Die Innovationsfähigkeit ist somit essentiell für eine erfolgreiche Positionierung eines Unternehmens auf dem Markt.[12] Wettbewerbsvorteile lassen sich vor allem am Gewinn und am Umsatz eines Unternehmens messen. Nur durch konstante Weiterentwicklung und Verbesserung ihrer Prozesse und Produkte können Unternehmen ihre Wettbewerbsfähigkeit aufrechterhalten und Wachstum sichern und somit auch höhere Umsätze bzw. Gewinne erzielen. Dies hat zur Folge, dass die Produkt- und Innovationszyklen zunehmend kürzer werden.[13]

Die Zielgrößen für Innovationen sind Aufwand, Zeit und Ergebnis.[14] Unter dem Begriff Aufwand werden in diesem Zusammenhang Kosten und Preis zusammengefasst. Durch Innovationen, die zu einer Senkung der Produkt- und Herstellungskosten führen, lassen sich Wettbewerbsvorteile erzielen. Zeit ist ebenso eine wichtige Zielgröße, die insbesondere durch den Wettbewerbsdruck entsteht. Da Produkt- und Innovationszyklen immer kürzer werden ist eine ständige Geschwindigkeitserhöhung unabdingbar. Der Begriff Ergebnis beschreibt die Innovationsziele in Bezug auf Kundennutzen und Qualität. Die Verbesserung von Produkten und Prozessen führt zu einem höheren Kundennutzen. Diese drei Innovationsziele beeinflussen sich gegenseitig und laufen in der Regel parallel zueinander.[15] Folglich zielt ein Unternehmen mit Innovationen auf eine Kosten- oder Qualitätsführerschaft oder eine Kombination aus diesen beiden Zielen ab.

---

[12] Vgl. Spielkamp/Rammer (2006), S. 4.
[13] Vgl. Vahs/Burmester (2005), S. 9 ff.
[14] Vgl. Pleschak/Sabisch (1996), S. 8.
[15] Vgl. Vahs/Burmester (2005), S. 60 ff.

2.1.1 Begriffliche Abgrenzung Innovation und Technologie

Der Begriff Innovation leitet sich von dem lateinischen Begriff „novus“ ab. Wortwörtlich bedeutet „novus“ „neu“, aber im ursprünglichen Wortsinn (Er-)Neuerung.[16] Eine Innovation ist nach Schumpeter (1997) eine Erneuerung, die auf den wirtschaftlichen Erfolg ausgerichtet ist. Schumpeter (1997) definiert die Invention (Erfindung) als Vorstufe zur Innovation. Im Gegensatz zur Innovation kann die Invention auch zufällig entstehen. Eine Invention ist in erster Linie auf die Lösung eines Problems ausgerichtet und nicht wie die Innovation auf den wirtschaftlichen Erfolg. Schumpeter (1997) definiert die Innovation als „schöpferische Zerstörung“. Die Zerstörung bezieht sich dabei auf die Ablösung alter Strukturen, Prozesse und Produkte durch neue. Die schöpferische Aktivität besteht in der Neukombination der Einsatzfaktoren.[17] Demzufolge liegt eine Innovation immer dann vor, wenn eine vielversprechende Invention erfolgreich im Markt eingeführt wird.[18]

Der Innovationsbegriff lässt sich von dem Begriff Imitation klar abgrenzen. Imitation beschreibt die Nachahmung einer bereits existierenden Problemlösung. Im Bereich der Technologie bedeutet Imitation, dass große Teile einer Technologie übernommen wurden. Der Begriff der Innovation im weiteren Sinne geht über Forschungs- und Entwicklungsaktivitäten hinaus und beinhaltet den gesamten Innovationsprozess. Dieser umfasst neben Forschung und Entwicklung auch die Planung, die Beschaffung, die Produktion sowie Marketing und Vertrieb. Im engeren Sinne beschreibt der Innovationsbegriff lediglich das Innovationsereignis.[19]

Eine Innovation ist unsicher, konfliktreich, neu und komplex. Diese Begriffe beschreiben, dass bei einer Innovation etwas Gewohntes verändert wird und dass dabei viele verschiedene Abläufe berücksichtigt werden müssen. Außerdem besteht die Gefahr, dass die Innovation trotz sorgfältiger Markt- und Branchenanalysen keine Marktakzeptanz findet. Auch die Dauer des Innovationsprozesses ist in der Regel nicht abschätzbar. Eine Innovation ist auch nicht immer zwangsläufig besser als die existierende Technologie. In einem technologischen Kontext lassen sich jedoch neue oder wesentlich verbesserte Ergebnisse und Prozesse unterscheiden. Eine Innovation kann durch eine neue Produktlinie oder die Erweiterung von bestehenden Produktlinien entstehen. Sie kann Verbesserungen von Produkten, eine Neupositionierung oder ein kostengünstiges Substitut sein.[20]

Der Begriff Technologie leitet sich von den griechischen Begriffen „technē“ und „logos“ ab. Der Begriff „technē“ beschreibt Kunst, Technik oder Handwerk und der Begriff „logos“ Rede

[16] Vgl. Debus (2002), S. 91.
[17] Vgl. Schumpeter (1997), S. 100 f.
[18] Vgl. Perl (2003), S. 18.
[19] Vgl. Strebel (2007), S. 20 ff.
[20] Vgl. Spielkamp/Rammer (2006), S. 6 ff.

oder Wissenschaft. Da die Begriffe nicht eindeutig sind, ist eine direkte Übersetzung des Wortes Technologie nicht möglich. Dennoch kann aus den Begriffen abgeleitet werden, dass Technologie die Wissenschaft in Bezug auf eine Technik ist. Der Begriff Technik beschreibt die konkrete Anwendung einer Technologie. In der Ingenieurwissenschaft wurde der Begriff Technologie lediglich auf die Verfahrenskunde beschränkt. Der amerikanische Begriff „technology" ist jedoch deutlich weiter gefasst. Hier umfasst der Begriff Technologie auch die Technik.[21]

Es gibt beträchtliche Unterschiede in den Auffassungen des Technologiebegriffs. Bullinger und Seidel (1994) definieren Technologie als wissenschaftlich fundierte Erkenntnisse über Mittel- und Zielbeziehungen, die zur Lösung eines praktischen Problems in einem Unternehmen eingesetzt werden. Demnach ist eine Technologie nicht mit einem Produkt oder einem Herstellungsverfahren gleichzusetzen, da hier oftmals mehrere Technologien einfließen.[22] Carayannis und Jeffrey (1999) beschreiben den Begriff Technologie als ein zielgerichtetes und kombiniertes Wissen, das für einen bestimmten Anwendungszweck eingesetzt wird.[23] Nach Autio und Laamanen (1995) beinhaltet Technologie die Komponenten Problemerkennung, Wissensgenerierung und -verwertung, die Entwicklung technologischer Lösungen und deren Anwendung.[24]

2.1.2 Technologie- und Innovationsvermarktung

Die Technologie- und Innovationsvermarktung bzw. das Technologiemarketing ist ein Teilbereich des Marketings. Mit dem Begriff Innovationsvermarktung werden alle Maßnahmen bezeichnet, die das Produkt auf den Markt und den Markt auf das neue Produkt vorbereiten.[25] Das Technologiemarketing beschreibt Vermarktungsprozesse, die technologisches Wissen beinhalten.[26] In der Regel werden Technologien an Organisationen vertrieben, nicht an Endkonsumenten. Das Technologiemarketing muss sowohl den Fortschritt von technologischen Entwicklungen, als auch die Probleme und Bedürfnisse der aktuellen und potenziellen Kunden berücksichtigen. Innovative Technologien haben zwar den Vorteil, dass das Produkt überlegene Eigenschaften aufweist, aber auch verschiedene Nachteile wie beispielsweise höhere Kosten, große Unsicherheiten und Knowhow-Defizite. Unter anderem sind es diese Faktoren, die den Vermarktungsprozess und das Technologiemarketing erschweren.[27] Die Bestimmung der richtigen Methode zur Vermarktung einer Technologie hängt von der Art der Innovation und von dessen technologischen Reife ab.[28]

---

[21] Vgl. Amberg et al. (2011), S. 33.
[22] Vgl. Bullinger/Seidel (1994), S. 32 f.
[23] Vgl. Carayannis/Jeffrey (1999), S. 247.
[24] Vgl. Autio/Laamanen (1995), S. 647.
[25] Vgl. Vahs/Burmester (1999), S. 254.
[26] Vgl. Ford/Ryan (1981), S. 369 ff.
[27] Vgl. Schneider (2002), S. 33 ff.
[28] Vgl. Schmitt (2009), S. 70.

Technologien können auf verschiedene Arten vermarktet werden. Die Technologie kann verkauft, als Dienstleistung angeboten oder lizensiert werden. Daraus leiten sich viele verschiedene Vertragsformen zwischen Technologieanbieter und -nachfrager ab wie beispielsweise der Kaufvertrag, der Knowhow-Vertrag, der Lizenzvertrag, der technische Hilfsvertrag oder der Konstruktionsvertrag. Die drei wesentlichen Kategorien sind:

- der technologische Dienstleistungsvertrag
- der Technologie-Kaufvertrag und
- der Technologie-Lizenzvertrag.[29]

Bei technologischen Dienstleistungsverträgen wird durch den Technologieanbieter eine speziell auf die Erfordernisse des Kunden abgestimmte Technologie angeboten. Das bedeutet, dass keine vorhandene Technologie übertragen wird, sondern die gewünschten technologischen Erkenntnisse durch menschliche Arbeitsleistung noch entwickelt werden müssen. Vertragsformen, die unter die Kategorie technologische Dienstleistung fallen, umfassen Managementverträge, Consulting- und Engineering-Verträge, F&E-Verträge, technische Assistenz- und Hilfsverträge und teils auch Knowhow-Verträge.[30]

Im Rahmen von Technologie-Kaufverträgen verkauft der Technologieanbieter bereits vorhandenes technologisches Wissen an den Technologienachfrager. Das Wissen liegt dabei in Form von Schutzrechten, Beschreibungen oder Zeichnungen vor. Der Verkäufer tritt hierbei das Nutzungsrecht der übertragenen technologischen Kenntnisse an den Käufer ab.[31]

Auch der Technologie-Lizenzvertrag stellt eine Übertragung von technologischen Kenntnissen auf den Lizenznehmer dar. Jedoch tritt der Technologieanbieter in diesem Fall das Nutzungsrecht nicht an den Technologienachfrager ab, sondern gewährt ihm lediglich die Technologie zu nutzen. Der Technologieanbieter kann demnach selbst die Technologie nutzen, die Nutzung durch den Lizenznehmer einschränken und hat grundsätzlich auch die Option das Nutzungsrecht zurückzufordern.[32]

In der Praxis werden Technologie-Kauf- und -Lizenzverträge oft mit Dienstleistungen des Technologieanbieters kombiniert, wie beispielweise in Form von Mitarbeiterschulungen. Lizenzverträge sind in der Praxis oft eine Kombination aus Schutzrechten und Knowhow.[33]

Im Rahmen dieser Arbeit wird auf die Vermarktung von Technologien in Form der Lizenzvergabe näher eingegangen.

---

[29] Vgl. Busse (1978), S. 18 ff.
[30] Vgl. Busse (1978), S. 22 f.
[31] Vgl. Mittag (1985), S. 76 f.
[32] Vgl. Jaume (1972), S. 778 f.
[33] Vgl. Mittag (1985), S. 76 f.

2.1.2.1 Konzept des Technologielebenszyklus

Das Konzept des Technologielebenszyklus bietet einen Entscheidungsrahmen für die Beurteilung des Lizensierungszeitpunktes und der Lizensierbarkeit einer Technologie.

Die bedeutendsten Technologielebenszyklus-Modelle wurden von Ford/Ryan (1981) und Arthur D. Little (1986) entwickelt. Das Modell von Arthur D. Little (1986) wurde in Anlehnung an das Konzept des Produktlebenszyklus entwickelt. Ein weiteres gängiges Modell zur Beschreibung der Lebenszyklen von Technologien ist das S-Kurven-Konzept. Dieses Konzept ist jedoch vom Technologielebenszyklus im klassischen Sinne abzugrenzen, da das Modell im engeren Sinne kumulierte Lebenszyklusfunktionen darstellt.[34] Das S-Kurven-Konzept wurde von Foster, einem Mitarbeiter der Unternehmensberatung McKinsey, entwickelt und basiert auf dem Technologielebenszyklus-Konzept von Arthur D. Little (1986).[35] Das Technologielebenszyklus-Modell nach Ford/ Ryan (1981) und das S-Kurven-Konzept werden in den folgenden Abschnitten näher erläutert.

2.1.2.1.1 Technologielebenszyklus nach Ford und Ryan

Im Technologielebenszyklus-Modell von Ford und Ryan (1981) werden sechs Entwicklungsstufen einer Technologie unterschieden:

- Entstehung der Technologie
- Entwicklung bis zur Anwendungsreife
- Erstanwendung der Technologie
- Wachsende Technologieanwendung
- Technologiereife
- Technologierückgang

In der ersten Phase wird die Entstehung einer neuen Technologie dargestellt. Schon vor dem Zeitpunkt, an dem eine Technologie produktiv eingesetzt werden kann und Anwendungsfelder konkretisiert werden können, sind die Ergebnisse aus der Grundlagenforschung in der Lage, auf wichtige und wertvolle Technologien hinzudeuten. Das Unternehmen steht an diesem Punkt vor der Aufgabe seine Ressourcen, Ziele und Strategie in Hinblick auf die Weiterentwicklung der Technologie zu prüfen.[36] Die Lizenzvergabe in dieser Phase birgt das Problem, dass potenzielle Anwendungsfelder noch nicht eindeutig definiert werden können. Außerdem ist das technologische Wissen nur sehr schwach geschützt. Hinzu kommt, dass die Vermarktbarkeit und die Investitionshöhe in dieser Phase oft noch falsch eingeschätzt werden. Eine Lizenzvergabe zu diesem Zeitpunkt ist sinnvoll, wenn der Lizenzgeber nicht über die notwendige F&E-Fähigkeit und -Kapazität verfügt, oder wenn die für die Technologieentwicklung erforderlichen

---

[34] Vgl. Höft (1992), S. 74.
[35] Vgl. Specht et al. (2002), S. 70 f.
[36] Vgl. Ford/Ryan (1981), S. 119.

strukturellen Veränderungen oder der Investitionsumfang das erzielbare ROI übersteigen. Es gibt aber nur wenige potenzielle Technologieabnehmer, da zu diesem Zeitpunkt zunächst nur eine Idee existiert, die nicht visualisiert werden kann.[37]

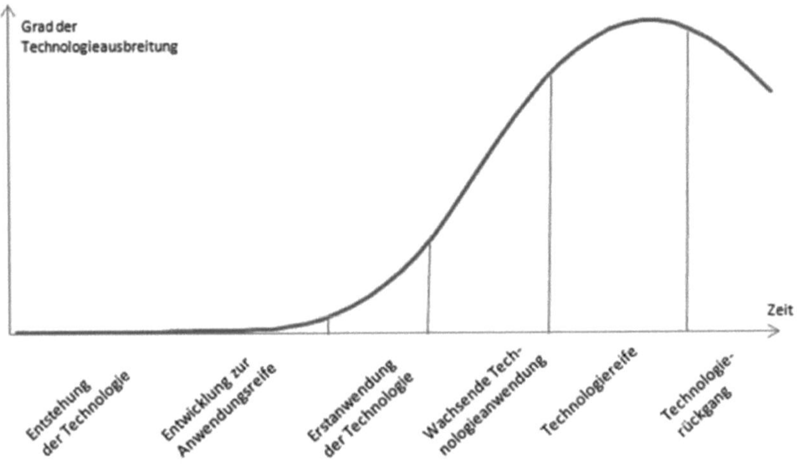

Abb. 2.1: Technologielebenszyklus nach Ford/Ryan (Ford/Ryan, 1981, S. 120)

Die zweite Phase beschreibt die Entwicklung zur Anwendungsreife. In dieser Phase entscheidet ein Unternehmen, in welcher Form die neue Technologie im Rahmen eines Produktes oder Verfahrens eingesetzt wird.[38] In dieser Phase birgt die Lizenzvergabe einige Vorteile, weil die Anwendungsart klar definiert ist, die Anwendbarkeit bereits demonstriert werden kann und die Technologie rechtlich geschützt ist. Die Nachteile in dieser Phase gehen aus der Tatsache hervor, dass die Technologie bzw. der Prototyp noch nicht erprobt ist. So könnten damit in dieser Phase Schwierigkeiten bei der Vermarktung einhergehen. In der Praxis ist eine Lizenzvergabe in dieser Phase eher unüblich aber sinnvoll, um die Marktfähigkeit einer Technologie zu ergründen. Die Lizensierung erfolgt in der Praxis häufig dann, wenn ressourcenpolitische Gründe vorliegen, d.h. beispielweise kein ausreichendes Kapital verfügbar ist, zusätzliches externes technologisches Wissen benötigt wird, oder wenn die Technologie nicht in das Produktportfolio des Unternehmens passt. Wenn externes technologisches Wissen benötigt wird, erwartet das Drittunternehmen im Gegenzug häufig den Zugang zur neu entwickelten Technologie.[39]

In der dritten Phase wird die Erstanwendung der Technologie beschrieben, bei der die Technologie auf dem Markt eingeführt wird. Das Unternehmen strebt in dieser Phase die Anregung

[37] Vgl. Lowe/Crawford (1984), S. 112.
[38] Vgl. Mittag (1985), S. 146 f.
[39] Vgl. Lowe/Crawford (1984), S. 112.

der Technologienachfrage und den Ausbau der eigenen Marktposition an. Eine Lizenzvergabe in dieser Phase könnte zwar zur Kostendeckung beitragen, aber könnte auch gleichzeitig die eigenen Marktinteressen gefährden. In der Praxis ist die Lizenzvergabe zu diesem Zeitpunkt eher unüblich, da der Technologieentwickler bereits einen hohen Aufwand betrieben hat und Kosten entstanden sind. Eine zu frühe Technologievermarktung kann die Marktreputation des Technologieentwicklers gefährden, da das Risiko besteht, dass die Technologienehmer sich zu Wettbewerbern entwickeln, die den Markt schneller mit der Technologie bedienen. Häufig ist die Technologie zu diesem Zeitpunkt noch nicht hinreichend erprobt, so dass nur wenig Anwendungs-Knowhow vorliegt. Die Technologieanwendung ist zudem oftmals mit einem organisatorischen Wandel in Marketing und Produktion verbunden. Daher werden potenzielle Technologieabnehmer häufig nicht dazu bereit sein diesen Aufwand zu betreiben, solange sich die Anwendung im Markt nicht als erfolgreich erwiesen hat.[40] Für den Technologieabnehmer besteht zudem das Risiko, dass der Technologiegeber die Wertschöpfung steigert, da letzterer zu diesem Zeitpunkt den Markt auch alleinig bedienen kann. Eine Lizenzvergabe zu diesem Zeitpunkt könnte auch auf ein geringes Marktpotenzial und vorangegange Fehleinschätzungen des Technologieentwicklers hindeuten. Für den Technologieabnehmer ist dies ein Risikofaktor.[41]

Die vierte Phase beschreibt die wachsende Technologieanwendung in verschiedenen Anwendungsbereichen. Dies ist die Phase, in der der Marktwert den Höhepunkt erreicht, da im Falle des Verkaufs oder einer Lizenzvergabe die Käufer bzw. Lizenznehmer das höchste Wachstumspotenzial erwarten. Da dies aber die Phase ist, in der sich die Investitionen für die Technologieentwicklung und -implementierung amortisieren, hat der Technologieentwickler wenig Interesse an einer Technologievermarktung und beschränkt seine Aktivitäten häufig auf die Produktvermarktung. Den Wettbewerbern fehlt zu diesem Zeitpunkt häufig das Knowhow, so dass die Marktposition des Technologieentwicklers stark ist. Für die Lizenzvergabe spricht allerdings die Tatsache, dass in dieser Phase das Potenzial für Erlöse besonders hoch ist.[42] Für den Technologieabnehmer ist eine Lizenz in dieser Phase ebenso interessant, weil der Markt eine hohe Nachfrage aufweist und die Technologie in dieser Phase ein hohes Weiterentwicklungspotenzial hat. Aus Sicht des Technologieentwicklers ist es sinnvoll, mit einer Lizenzvergabe die Märkte zu bedienen die er selbst nicht bearbeiten kann. Er sollte jedoch immer beachten, wie nachvollziehbar seine Technologie für den Wettbewerber, also u.a. auch für den Lizenznehmer ist, um nicht selbst mehr Wettbewerb zu schaffen. Falls die Technologie zu leicht nachvollziehbar ist, oder mit einer Gegeninnovation gerechnet werden muss, besteht für den Technologieentwickler keine Notwendigkeit eine Lizenz zu vergeben, sofern er selbst über ausreichende Kapazitäten und Ressourcen verfügt. Falls der Technologieentwickler die Nachfrage nicht bedienen kann, ist eine Kooperation mit einem anderen Unternehmen sinnvoll, um dem

[40] Vgl. Ford/Ryan (1981), S. 122.
[41] Vgl. Lowe/Crawford (1984), S. 112.
[42] Vgl. Ford/Ryan (1981), S. 123.

Verlust von Marktanteilen entgegenzuwirken. Durch eine frühzeitige und offensive Lizenzpolitik kann dem Lizenznehmer der Anreiz Konkurrenztechnologien zu entwickeln genommen werden. Dies ist z.B. dann der Fall, wenn die Nachfrage nur langsam ansteigt und Wettbewerber ausreichend Zeit haben eigene Technologien zu entwickeln.[43]

Die fünfte Phase beschreibt die Technologiereife, in der die Märkte, die für die Technologie relevant sind, nicht mehr weiterwachsen bzw. bereits schrumpfen. Demzufolge haben sich zu diesem Zeitpunkt mehrere Anbieter auf dem Markt platziert und ein Großteil der Anwendungsfelder wurde erschlossen. Die Technologievermarktungschancen sind in dieser Phase deutlich schlechter als in der vierten Phase, da es weniger Technologienachfrager gibt, die Produktnachfrage sich verringert hat und die Technologie wenig Weiterentwicklungspotenzial liefert.[44] Sinnvoll ist in dieser Phase aber eine Lizenzvergabe in noch nicht erschlossenen Märkten. In Schwellen- und Entwicklungsländern beispielsweise könnte die Technologie- und Produktnachfrage noch hoch sein oder ansteigen. Der Technologieentwickler hat hier durch eine Lizenzvergabe die Möglichkeit, seine Technologie beim ausländischen Lizenznehmer zu implementieren und die Option, letzteren mit für die Anwendung notwendigen Produkten zu beliefern um somit zusätzliche Gewinne zu erzielen. Am Ende der Phase der Technologiereife erfolgt üblicherweise statt einer Lizenzvergabe der Verkauf der Technologie.[45]

In der letzten Phase des Technologierückgangs sind sowohl die Entwicklungspotenziale als auch die Anwendungsfelder vollständig erschöpft. Die Technologie wird allmählich durch neue Technologien verdrängt. Zu diesem Zeitpunkt wird eine Lizensierung der Technologie kaum mehr in Betracht gezogen.[46]

Wie stark sich eine Technologie ausbreitet, hängt von verschiedenen Faktoren ab wie beispielsweise Anzahl und Marktvolumen der Anwendungen und Grenzen der Leistungsfähigkeit.[47]

2.1.2.1.2 S-Kurven-Konzept

Nach dem Technologielebenszyklus-Konzept befinden sich Technologien in unterschiedlichen Reifegraden. Das S-Kurven-Konzept basiert auf der Annahme, dass Technologien im Rahmen ihrer Weiterentwicklung immer auf Leistungsgrenzen stoßen. Folglich dient das Konzept dazu technologische Sprünge bzw. die Zeitpunkte des Übergangs auf neue Technologien zu erkennen. Auf dieser Grundlage können Unternehmen entscheiden, ob sie zu einer alternativen Technologie wechseln oder eine neue Technologie entwickeln.[48]

---

[43] Vgl. Mittag (1985), S. 149 ff.
[44] Vgl. Lowe/Crawford (1984), S. 113.
[45] Vgl. Behrman (1958), S. 227 f.
[46] Vgl. Ford/Ryan (1981), S. 120 f.
[47] Vgl. Zörgiebel (1983), S. 33.
[48] Vgl. Gerpott (2005), S. 118.

Bei dem S-Kurven-Konzept wird der Lebenszyklus nach den Dimensionen Leistungsfähigkeit einer Technologie bzw. Ausschöpfung des Wettbewerbspotenzials, sowie kumulierter Forschungs- und Entwicklungsaufwand bzw. Zeit eingeteilt. Die Steigung der Kurve beschreibt die Produktivität bzw. Leistungsfähigkeit des F&E-Aufwands.[49]

Die Kurve unterteilt sich jeweils in vier Phasen. In Phase I, der Entstehungsphase, findet ein langsames anfängliches Wachstum statt. In Phase II, der Wachstumsphase, setzt exponentielles Wachstum ein. In Phase III, der Reifephase, wird das Wachstum wieder langsamer und nähert sich ihrer Leistungsgrenze in Phase IV, der Alterungsphase. In der dritten bzw. vierten Phase, wenn die Technologie allmählich ihre Leistungsgrenze erreicht, wird diese Schritt für Schritt durch eine neue Technologie substituiert. Durch weiteren F&E-Aufwand ist ein Unternehmen in der Lage eine neue Technologie zu entwickeln und mit dieser alle vier Phasen erneut zu durchlaufen.

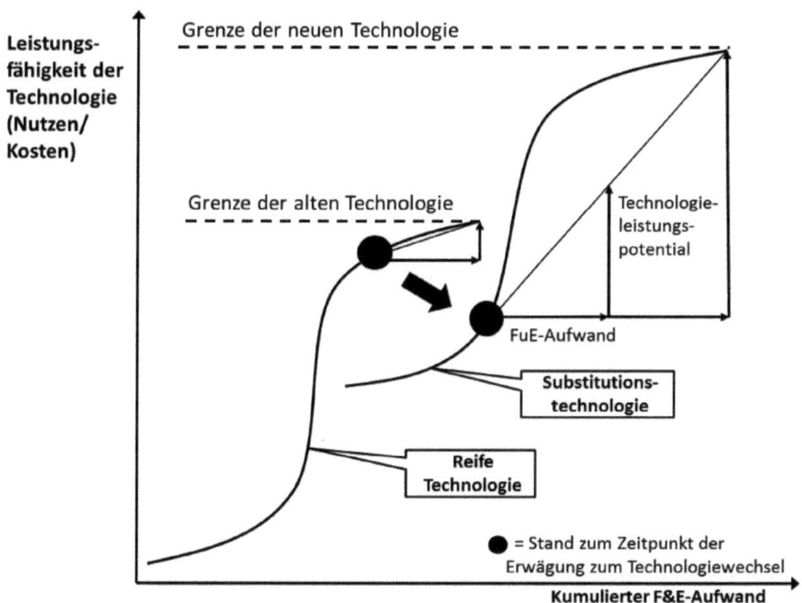

Abb. 2.2: Substitutionspotenzial neuer Technologien (Doppel-S-Kurve) (Bullinger/Seidel, 1994, S. 125)

In Phase I werden die Schrittmachertechnologien eingeordnet, in Phase II die Schlüsseltechnologien, in Phase III die Basistechnologien und in Phase IV die verdrängten Technologien. Die Schrittmachertechnologie befindet sich in einem sehr frühen Entwicklungsstadium, hat aber das Potenzial, den Markt stark zu beeinflussen. In dieser Phase wird genügend F&E-Budget zur

[49] Vgl. Hommers (2007), S. 13.

Verfügung gestellt, um das technologische Wissen aufzubauen. Die Schlüsseltechnologie hat bereits einen bestimmten Bekanntheitsgrad im Markt erreicht und befindet sich im Wachstum. In dieser Phase wird die schnelle Marktdurchdringung angestrebt. Die Weiterentwicklung der Schlüsseltechnologie, die zu einer Standarddefinition führt, sowie erprobt und anerkannt ist, führt zur Basistechnologie. Die Basistechnologie ist eine wichtige, wirtschaftliche Grundlage für ein Unternehmen, da diese der Konsolidierung der Marktposition dient. Die F&E-Investitionen werden nach und nach abgebaut. Am Ende der Kurve befindet sich die verdrängte Technologie, die von einer neuen Schrittmachertechnologie sukzessive ersetzt wird.[50]

2.1.2.2 Klassifikation von Technologien

Die Einteilung von Technologien in verschiedene Klassen ist für das strategische Management von höchster Bedeutung. Auf Grundlage dieser Einteilung kann ein Unternehmen entscheiden, ob und welche Investitionen getätigt werden sollen und Unsicherheiten minimieren. Folglich lassen sich auf Grundlage der Einteilung Rückschlüsse auf die Bedeutung der Technologie und zukünftiger Technologien ziehen.[51]

Technologien werden nach Strebel genauso wie Innovationen nach Gegenstandsbereich, Neuheits- und Verbreitungsgrad oder Funktion eingeteilt. Bei der Einteilung nach Gegenstandsbereich sind Produkt-, Prozess und Informationstechnologie zu unterscheiden.[52] Produkttechnologien sind solche Technologien, die in das Produkt einfließen, damit die Funktionsfähigkeit gegeben ist. Im Gegensatz dazu werden Prozesstechnologien auch für die Erzeugung und Herstellung eines Produktes benötigt.[53] Informationstechnologien dienen der Generierung und dem Austausch von Informationen, vertreten aber nicht wie die Produkt- und Prozesstechnologie technische Prinzipien, sondern haben diese direkt und indirekt verankert, können aber mit solchen kombiniert werden.[54]

Erfolgt die Einteilung nach Neuheits- und Verbreitungsgrad, können Technologien in Basis-, Schlüssel-, Schrittmacher- und Zukunftstechnologien unterschieden werden. Im Kapitel S-Kurven-Konzept (2.3.2) wurden die Begriffe Basis-, Schlüssel und Schrittmachertechnologie bereits erläutert. Zukunftstechnologien werden in der Regel ein sehr hohes Innovationspotenzial unterstellt, sie können aber die nächste Schrittmachertechnologie sein. Weiterhin können Substitutions-, Konkurrenz-, Auslauf- und Querschnittstechnologie unterschieden werden. Die Substitutionstechnologie ersetzt in der Regel vorhandene Verfahren und Wege oder ist eine Optimierung der existierenden Verfahren. Eine Konkurrenztechnologie verfolgt die gleichen Ziele auf Grundlage eines anderen Verfahrens. In eine Auslauftechnologie wird in der Regel

---

[50] Vgl. Amberg et al. (2011), S. 34 f.
[51] Vgl. Strebel (2007), S. 48 f.
[52] Vgl. Strebel (2007), S. 48 f.
[53] Vgl. Gerpott (1999), S. 26.
[54] Vgl. Zahn (1986), S. 31.

nicht mehr investiert. Eine Querschnittstechnologie bildet die Grundlage für zukünftige Technologien.[55]

Die OECD hat als Maßstab für die Klassifikation von Technologien die F&E-Intensität gemessen am Umsatz herangezogen und unterscheidet zwischen Niedrigtechnologien, bei denen die F&E-Intensität unter einem Prozent des Umsatzes liegt, den mittleren Technologien medium-low-tech mit einer F&E-Intensität von ca. ein bis drei Prozent des Umsatzes, medium-high-tech mit drei bis fünf Prozent vom Umsatz und hochwertigen Technologien, bei denen die F&E-Intensität über fünf Prozent des Umsatzes bildet. Der Informationsdienst Wissenschaft (idw) unterscheidet sogar Hoch- und Spitzentechnologien, wonach Hochtechnologien von 3,5 bis 8,5 Prozent F&E-Intensität vom Umsatz und Spitzentechnologien eine F&E-Intensität von über 8,5 Prozent erreichen.[56] Spitzentechnologien sind aufgrund ihrer ständigen Innovationen marktbeherrschend.

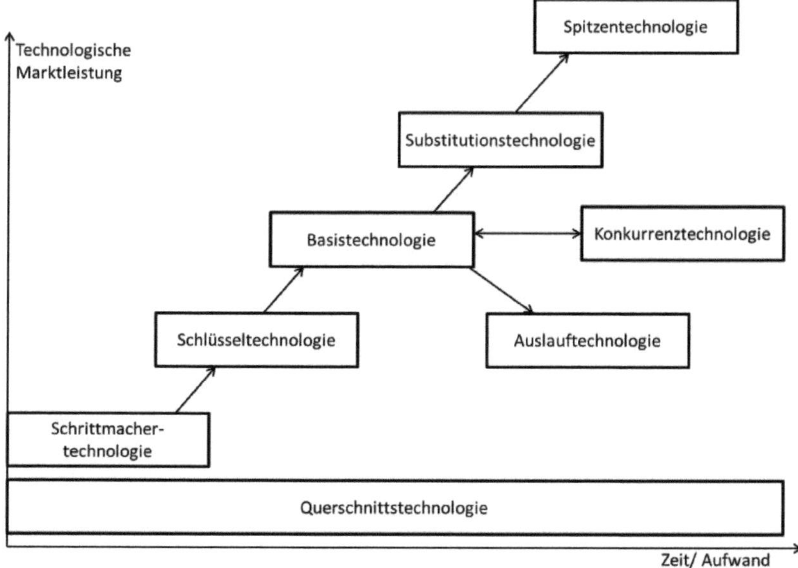

Abb. 2.3: Leistungsbasierte Entwicklungsstufen von Technologiearten (in Anlehnung an Spur, 1998, S. 188)

Besonders bedeutend für Unternehmen ist die Unterteilung in Kerntechnologie, Komplementärtechnologie und Zusatztechnologie. Aus Kerntechnologien entstehen Kernkompetenzen im

[55] Vgl. Strebel (2007), S. 50 f.
[56] Vgl. Zimmermann (2006), S. 2 f.

Unternehmen. Diese stellen den Wettbewerbsvorteil des Unternehmens sicher. Komplementärtechnologien stellen eine verbesserte Anwendung der Kerntechnologien sicher, während Zusatztechnologien sowohl Kern- als auch Komplementärtechnologien unterstützen.[57]

2.2 Patente

Patente spielen eine wesentliche Rolle für die Förderung von Innovationen. Mit Patenten können neue technologische Erfindungen geschützt werden. Der Patentinhaber hat ein räumlich und zeitlich befristetes Exklusivrecht seine Erfindung zu verwerten und wirtschaftlich zu nutzen. Zudem hat er ein Verbietungsrecht, mit dem er die gewerbliche Nutzung des Patentes ohne seine Zustimmung verbieten kann. Als Gegenleistung muss der Patentinhaber seine Erfindung offenlegen. Auf Grundlage dieser Informationen können auf der Erfindung aufbauende Weiterentwicklungen durchgeführt werden. Durch diese Vorgehensweise kann der technische Fortschritt enorm beschleunigt werden.[58] Der Grundgedanke des Patentrechts ist es, eine neue technische Erfindung, die gewerblich angewendet werden kann, zu schützen.[59]

2.2.1 Patentbegriff

Die Weltorganisation für geistiges Eigentum WIPO[60] definiert den Begriff Patent folgendermaßen: "A patent is an exclusive right granted for an invention, which is a product or a process that provides, in general, a new way of doing something, or offers a new technical solution to a problem. In order to be patentable, the invention must fulfill certain conditions."[61]

Nach deutschem Recht ist gemäß §§9 – 13 PatG ein Patent grundsätzlich das Recht, einer anderen Person die Benutzung einer Erfindung zu verbieten. Eine Erfindung ist eine Anwendung einer technischen Idee, die zu einer Verbesserung der Befriedigung menschlicher Bedürfnisse führt und auf einer individuellen Leistung basiert.[62] Demzufolge ist ein Patent lediglich das Recht zur Benutzung einer Erfindung, jedoch nicht die Erfindung selbst. Dieses Recht muss für die Inanspruchnahme beantragt werden.[63]

Patente sind Schutzrechte auf gewerblich-geistigen Leistungen. Diese können in die Gruppe des geistigen Eigentums, der gewerblichen Schutzrechte und in die Gruppe der immateriellen

---

[57] Vgl. Hommers (2007), S. 15 f.
[58] Vgl. DPMA v. 11.01.2013.
[59] Vgl. Gross (2009), S. 8.
[60] Die World Intellectual Property Organization (WIPO) ist eine Unterorganisation der Vereinten Nationen und wurde im Jahr 1967 gegründet.
[61] Vgl. WIPO v. 07.01.2013.
[62] Vgl. Hubmann/Götting (2010), §8, I.
[63] Vgl. Nitsche (2007), S. 28.

Vermögensgegenstände eingeordnet werden.[64] In der vorliegenden Arbeit umfasst der Begriff Patent sowohl Erzeugnis- als auch Verfahrenspatente.

2.2.2 Wirkung und Grenzen des Patentschutzes

Das Recht und somit die Wirkung, die sich aus einem Patentschutz ergibt, wird im deutschen Recht in §9 PatG beschrieben. Demnach ist allein der Patentinhaber befugt die patentierte Erfindung zu verwenden. Solange das Patent nicht den Schutzrechten Dritter entgegensteht, hat ein Patentinhaber die Befugnis seine Erfindung zu nutzen. Eine Einschränkung entsteht beispielsweise in dem Fall, dass ein Dritter eine Erfindung verbessert. Dieser erwirbt ein abhängiges Patent. Folglich benötigt er eine Lizenz für das grundlegende Patent.[65] Ein Patent ist folglich ein Exklusivrecht und gleichzeitig ein Verbietungsrecht.

Im Hinblick auf das Verbietungsrecht gibt es einige Einschränkungen. Der Patentinhaber darf gemäß §11, Abs. 2 PatG „Handlungen zu Versuchszwecken“, die sich auf die patentierte Erfindung beziehen, nicht verbieten. Dies würde die Möglichkeit der Weiterentwicklung der patentierten Erfindung ausschließen und wäre somit nicht im Sinne der Allgemeinheit und des technischen Fortschritts.

Eine weitere Einschränkung des Verbietungsrechts entsteht gemäß §12, Abs. 1 PatG, wenn Dritte ein privates Vorbenutzungsrecht haben. Das Vorbenutzungsrecht ist das Recht des Verwenders einer Erfindung, der diese bereits vor dem Zeitpunkt der Anmeldung verwendet hat, die Erfindung herzustellen, zu verwenden und zu gebrauchen.[66]

Zuletzt wird das Verbietungsrecht noch durch die Zwangslizenz eingeschränkt, die der Gesetzgeber gemäß §24, Abs. 1 PatG, sofern öffentliches Interesse besteht, gegen den Willen des Patentinhabers erteilen kann. Eine Zwangslizenz kann gemäß §24, Abs. 1 PatG auch dann erteilt werden, wenn der potenzielle Lizenznehmer sich über einen „angemessenen Zeitraum“ um eine Lizenz bemüht, aber diese nicht erhalten hat. Ein weiterer Grund für eine Zwangslizensierung entsteht gemäß §24, Abs. 2 PatG, wenn der Inhaber eines abhängigen Patentes keine Erfindung mit einem wichtigen technischen Fortschritt und erheblicher wirtschaftlicher Bedeutung aufweisen kann. Eine Zwangslizensierung kann gemäß §24, Abs. 5 PatG auch erfolgen, um die Versorgung des Inlandsmarktes mit dem patentierten Produkt sicherzustellen, falls der Pateninhaber dieser Forderung nicht nachkommt.

Gemäß §16, Abs. 1 PatG werden Patente in Deutschland auf 20 Jahre begrenzt erteilt. Des Weiteren ist ein Patent nur in dem Raum gültig, in dem eine Anmeldung erfolgt ist. Ein Patent,

---

[64] Vgl. Teubener (1999), S. 14.
[65] Vgl. Wurzer (2003), S. 48.
[66] Vgl. Nieder (2004), S. 226 f.

das vom Deutschen Patent- und Markenamt (DPMA) erteilt wird, ist nur in Deutschland gültig.[67]

2.2.3 Voraussetzungen für die Patentierung

Die Patentierung muss formelle und materielle Voraussetzungen erfüllen. Die formellen Voraussetzungen ergeben sich aus §§34 – 38 PatG. Die materiellen Voraussetzungen werden in §§1 – 5 PatG definiert. Daraus ergeben sich die folgenden Patentierungsvoraussetzungen:

Patentierbar ist eine Erfindung mit technischem Charakter. Eine Erfindung mit technischem Charakter wird im Patentgesetz nicht näher erläutert und kann nur aus der Rechtsprechung des Bundesgerichtshofs von 1969 abgeleitet werden: „Dem Patentschutz zugänglich ist eine Lehre zum planmäßigen Handeln unter Einsatz beherrschbarer Naturkräfte zur Erreichung eines kausal übersehbaren Erfolges; auch die planmäßige Ausnutzung biologischer Naturkräfte und Erscheinungen ist nicht grundsätzlich vom Patentschutz ausgeschlossen."[68]

Die Erfindung muss eine Neuheit darstellen. Dies wird im §3, Abs. 1 PatG definiert. Demnach gilt eine Erfindung als neu, wenn diese „nicht zum Stand der Technik" gehört. Weiterhin gilt gemäß §3, Abs. 1 PatG als neu, was zum Zeitpunkt der Anmeldung keine Bekanntheit in der Allgemeinheit hatte.

Es muss eine erfinderische Tätigkeit vorliegen, dessen gewerbliche Anwendbarkeit gegeben ist. Was eine erfinderische Tätigkeit ist, ergibt sich aus §4, Abs. 1 PatG. Demnach ist eine Erfindung etwas, was es vorher noch nicht gab. Insbesondere wenn ein bisher ungelöstes Problem überwunden wird, oder eine Neukombination von bekannten Merkmalen erfolgt, liegt eine erfinderische Tätigkeit vor. Auch bei einem technischen Fortschritt liegt mit hoher Wahrscheinlichkeit eine Erfindung vor. Die Erfindungshöhe ist jedoch eine Ermessensentscheidung.[69] Die gewerbliche Anwendbarkeit eines Patentes wird in §5, Abs. 1 PatG geregelt. Demnach ist es ausreichend, wenn eine Erfindung in einem technischen Betrieb hergestellt oder angewendet werden kann.

Weiterhin muss eine Erfindung, um patentierbar zu sein, die Kriterien aus §1, Abs. 3 PatG und §§2, 2a PatG erfüllen. In §1, Abs. 3 PatG wird beschrieben, welche Kategorien nicht als Erfindung zu betrachten sind. Diese beinhalten das Auffinden bereits existierender, aber unbekannter Erfindungen, wissenschaftliche Theorien und mathematische Methoden, ästhetische Form- und Gestaltschöpfungen, Pläne, Regeln und Verfahren für gedankliche und geschäftliche Tätigkeiten, Spiele oder Datenverarbeitungsprogramme sowie die Wiedergabe von Informationen.[70] In

[67] Vgl. DPMA v. 09.01.2013.
[68] Vgl. BGH (1969), X ZB 15/67.
[69] Vgl. Däbritz (2001), S. 8 ff.
[70] Vgl. Specht et al. (2002), S. 242.

§§2, 2a werden ordnungs- und sittenwidrige Erfindungen, die nicht patentierbar sind, näher erläutert. Gemäß §2 PatG sind sittenwidrige Erfindungen oder solche, die gegen die öffentliche Ordnung verstoßen, nicht patentierbar. Das Verfahren zum Klonen von menschlichen Lebewesen ist gemäß §2, Abs. 2 PatG beispielsweise nicht patentierbar. Eine Patentierung ist jedoch nicht zwangsläufig ausgeschlossen, wenn ein Verstoß gegen die öffentliche Ordnung oder Sittenwidrigkeit erfolgt, wie im Falle von Waffen und Gift.[71] In §2a PatG wird die Patentierung von Pflanzensorten, Tierarten und Verfahren zur Züchtung derer ausgeschlossen. Davon sind solche technischen und mikrobiologischen Verfahren ausgeschlossen, die sich nicht auf einzelne Pflanzensorten oder Tierarten beziehen.

Es muss zudem eine Offenbarung gemäß §§34, Abs. 4 PatG erfolgen. Gemäß §34 Abs. 4 PatG muss die Offenbarung bei der Anmeldung so deutlich und vollständig formuliert sein, dass „ein Fachmann diese ausführen kann".

2.2.4 Patentfunktionen

Die Hauptfunktion der Einführung und Ausgestaltung des Patentrechtes war es, den technischen Fortschritt anzustoßen, um die Allgemeinheit mit Erfindungen zu bereichern. Durch die Erfinderprämie sollte ein Anreiz geschaffen werden, so dass Erfindungen veröffentlicht werden und auf dieser Grundlage Weiterentwicklungen erfolgen können.[72] Wie Abbildung 2.4 veranschaulicht, erfüllt das Patent Primär- und Sekundärfunktionen.

Das Patent erfüllt zwei Primärfunktionen. Diese umfassen die Bildung von Nachahmungsschutz, so dass Wettbewerbsvorteile im Unternehmen gesichert werden können, und die Möglichkeit der unternehmensexternen Verwertung wie z.B. durch Lizenzvergabe oder Kreuzlizensierung[73].[74]

Der Patentinhaber hat für einen begrenzten Zeitraum eine Monopolstellung auf dem Markt, da er andere von der Nutzung und – je nach Patentkategorie – auch von der Herstellung einer Erfindung ausschließen kann. Die Schutzfunktion spielt eine wesentliche Rolle in der Patentverwertung. Mit Hinblick auf die Absicherungsfunktion des Patents baut das Unternehmen ein Patentnetz um das Basispatent[75] herum auf mit dem Ziel, damit für sich selbst künftige Anwendungsgebiete zu sichern und einem fremdem Basispatent die technologische Bewegungsfreiheit zu nehmen.[76]

[71] Vgl. Schulte (2001), S. 69 f.
[72] Vgl. Busche (2001), S. 348; Ernst (1996), S. 16.
[73] Die Kreuzlizensierung beschreibt die wechselseitige Lizenzvergabe zwischen Unternehmen.
[74] Vgl. Lange (2006), S. 6 f.
[75] Basispatente zeichnen sich durch eine erhebliche Erfindungshöhe aus; vgl. Kap. 2.4.
[76] Vgl. Schramm et al. (1997), S. 49.

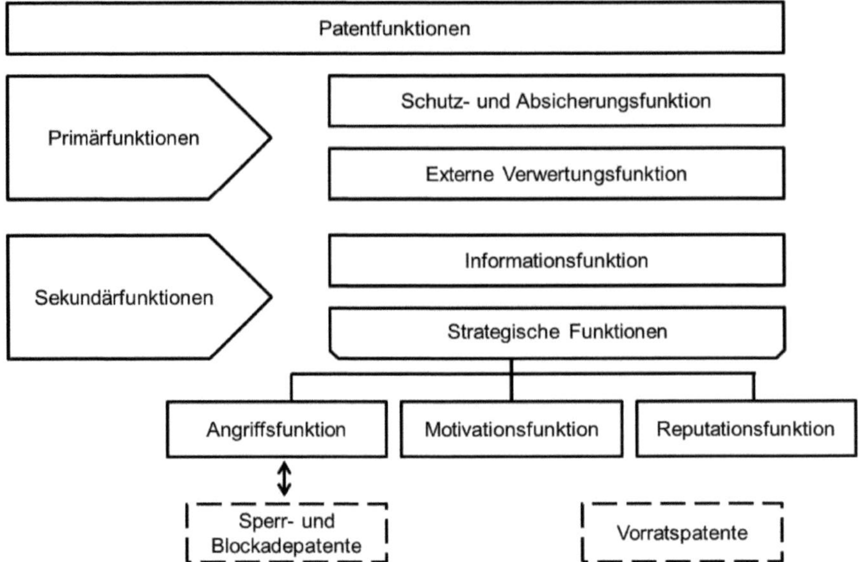

Abb. 2.4: Patentfunktionen (in Anlehnung an Nitsche, 2007, S. 31ff.)

Im Rahmen der externen Verwertung hat das Patent eine Finanzfunktion, da durch eine aktive Lizensierung Einnahmen erwirtschaftet werden können. Durch die Tauschfunktion, die beispielsweise durch die Kreuzlizensierung entsteht, kann sich ein Unternehmen Zugang zu anderen relevanten Technologien verschaffen.[77]

Eine wesentliche Sekundärfunktion von Patenten ist die Informationsfunktion. Diese ergibt sich aus der Pflicht, Patente 18 Monate nach der Anmeldung offenzulegen. Ziel ist, dass die Allgemeinheit frühzeitig über technische Erneuerungen informiert wird und die Möglichkeit hat diese weiterzuentwickeln.[78] Patente sind eine primäre Quelle technologischen Wissens.[79]

Das Patent erfüllt auch eine Vielzahl von Sekundärfunktionen, die strategischer Natur sind. Zu diesen gehört die Angriffsfunktion. Mit sog. Sperrpatenten bzw. Blockadepatenten kann eine Angriffsfunktion erzielt werden. Sperr- und Blockadepatente sind Patente, die darauf abzielen den technologischen Handlungsspielraum der Konkurrenten einzuschränken. Diese sind abzugrenzen von Vorratspatenten, die mit Hinblick auf eine zukünftige Verwertung gehalten werden, aber zunächst keinen wirtschaftlichen Nutzen für das Unternehmen erzielen.[80]

---

[77] Vgl. Lange (2006), S. 6 f.
[78] Vgl. Dolder (1991), S. 64.
[79] Vgl. Ernst (1996), S. 32.
[80] Vgl. Faix (1998), S. 51 f.

Eine weitere strategische Sekundärfunktion von Patenten ist die Motivationsfunktion. Die Anmeldung von Patenten honoriert die Leistungen der Mitarbeiter des Unternehmens. Diese können sich dadurch mit dem Unternehmen und dessen Zielen identifizieren.[81] Auch die Erfinderprämie bietet einen Anreiz für die Mitarbeiter. Nach §§10 – 11 ArbEG erhält der Arbeitnehmer, der eine Erfindung getätigt hat, eine entsprechende Vergütung, wenn der Arbeitgeber die Erfindung in Anspruch nimmt.

Eine letzte wesentliche strategische Sekundärfunktion ist die Reputationsfunktion. Eine hohe Anzahl von Patenten stellt eine technologische Überlegenheit dar und verdeutlicht den Schwerpunkt des Unternehmens auf Forschung und Entwicklung. Patente sind ein Qualitätsindikator, die den Verkauf, das Ansehen, die Corporate Identity und die Kreditwürdig des Unternehmens verbessern.[82]

2.2.5 Patentkategorien

Gemäß §9 PatG kann zwischen Erzeugnis- und Verfahrenspatenten unterschieden werden. Das Erzeugnispatent bietet Schutz für die Herstellung, Verwendung und für den Gebrauch eines Produktes. Diese umfassen auch die Verwendungs- und Gebrauchsmöglichkeiten, die dem Erfinder zum Zeitpunkt der Anmeldung unbekannt waren. Beim Patentinhaber liegt das alleinige Herstellungs-, Gebrauchs- und Vermarktungsrecht. Nur mit seiner Zustimmung dürfen Dritte das Produkt herstellen oder verwenden. Erzeugnispatente umfassen Sachpatente, Vorrichtungs- oder Einrichtungspatente sowie Anordnungspatente.[83]

Das Verfahrenspatent bietet Schutz für die Verfahrensanwendung. Somit ist lediglich dem Patentinhaber erlaubt, das geschützte Verfahren zu verwenden und dadurch Absatz zu generieren. Nur mit seiner Zustimmung ist es Dritten erlaubt das Patent zu nutzen.[84] Verfahrenspatente umfassen Produktionsverfahren und Arbeitsverfahren. Das Produktionsverfahren umfasst die Herstellung des Produktes bzw. Erzeugnisses und die Veränderung der Zusammensetzung oder der Gestalt. Beim Produktionsverfahren umfasst der Patentschutz das Verfahren selbst und das damit hergestellte Erzeugnis. Das Arbeitsverfahren dient zur Erreichung eines Arbeitsziels. Hier bezieht sich der Patentschutz lediglich auf das Verfahren.[85]

---

[81] Vgl. Nitsche (2007), S. 33 f.
[82] Vgl. Schramm et al. (1997), S. 49.
[83] Vgl. Rinck/Schwark (1986), S. 48 f.
[84] Vgl. Teubener (1999), S. 101 f.
[85] Vgl. Däbritz (1994), S. 50.

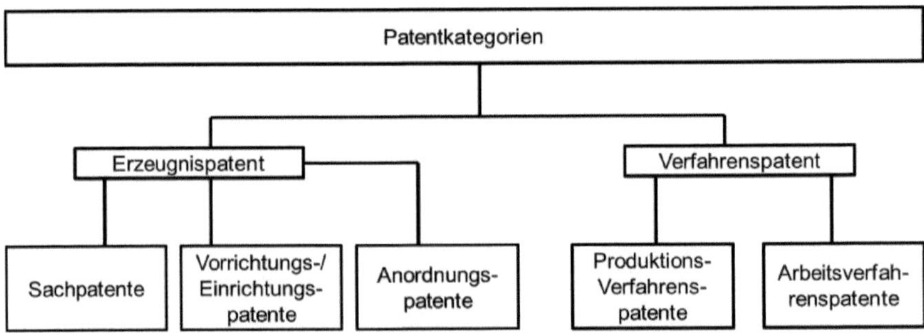

Abb. 2.5: Patentkategorien (in Anlehnung an Fahse, 1994, S. 51)

Das Erzeugnispatent ist weitreichender als das Verfahrenspatent, weil der Produktanspruch des Erzeugnispatentes neben der Verwendung und dem Gebrauch auch die Herstellung des Produktes umfasst, wohingegen das Verfahrenspatent lediglich die Verwendung und den Gebrauch einschließt.[86]

2.3 Patentlizensierung

Die Patentlizensierung ist ein wichtiges Instrument des Technologietransfers und Technologiemarketings. Mit einem lizensierten Patent ist der Lizenznehmer befugt, die Rechte eines Dritten zu nutzen. In der Regel entscheidet der Lizenzgeber über die Art der Lizensierung. Diese hängt maßgeblich von seinen eigenen Interessen und Zielen ab. Patentlizenzen werden aus vielfältigen Gründen vergeben, wie z.B. für die Erschließung neuer Märkte. Ob der Lizenzgeber eine positive oder negative Lizenz vergibt oder welche Patentlizensierungsstrategie er wählt, hängt jedoch auch von der Ausgangssituation ab. Eine Lizenz kann in einigen Fällen nur eine Alternative zur Klage bzw. zur Nutzung des Verbietungsrechts durch den Lizenzgeber sein.

In der Praxis wird eine Patentlizenz oftmals in Verbindung mit einem Knowhow-Vertrag vergeben, da die alleinige Lizensierung der Schutzrechte häufig nicht ausreicht, so dass der Lizenznehmer in der Lage ist die Technologie zu nutzen. Mit einem Knowhow-Vertrag wird rechtlich ungeschütztes Wissen übertragen.[87]

[86] Vgl. Reitzig (2002), S. 10 ff.
[87] Vgl. Fischer (1994), S. 236.

2.3.1 Patentlizenz

Der Begriff Lizenz lässt sich aus dem lateinischen Begriff „licere" (=erlauben) ableiten.[88] Gemäß §15, Abs. 2 PatG können Patente ganz oder teilweise Gegenstand für ausschließliche[89] oder nicht-ausschließliche Lizenzen sein. Nach Haver und Mailänder (1967) gibt ein Patentinhaber mit der Vergabe einer Patentlizenz dem Lizenznehmer die Erlaubnis seine „durch staatliche Patenterteilung geschützte Erfindung" zu nutzen. Der Lizenzgeber ist für den Transfer des technischen Wissens und der technischen Unterstützung verantwortlich, während der Lizenznehmer ihn in der Regel monetär, z.B. durch eine Lizenzgebühr, oder durch Unternehmensanteile vergütet. Üblicherweise sind die Ziele einer solchen Lizensierung die Herstellung und der Vertrieb des lizensierten Produktes. Die Lizensierung bietet aus strategischer Sicht die Möglichkeit, ein Produkt mit geringem Risiko auf neuen Märkten zu etablieren.[90]

2.3.2 Lizensierungsarten

Abbildung 2.6 veranschaulicht die vier Lizensierungsarten, die grundsätzlich unterschieden werden können. Diese werden vor allem durch den Grad der Exklusivität bestimmt. Die ausschließliche Lizenz ist zugleich die exklusivste Lizensierungsart, während die Unterlizenz die wenigsten Einschränkungen aufweist. Weitere Lizensierungsarten lassen sich nach der Art der übertragenen Rechte unterteilen.

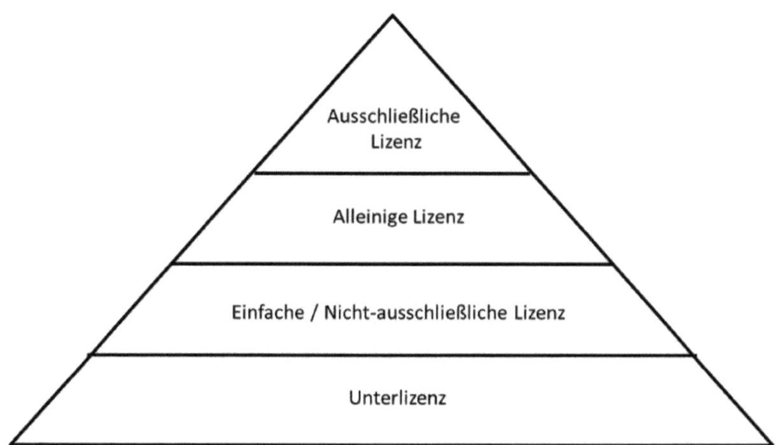

Abb. 2.6: Die vier grundlegenden Lizensierungsarten (eigene Darstellung, in Anlehnung an Kortunay, 2003, S. 21 ff.)

[88] Vgl. Specht/Beckmann (1996), S. 455.
[89] Ausschließliche Lizenzen sind das exklusive Recht Patente zu verwerten; Erläuterung in Kap. 3.2.3.
[90] Vgl. Haver/Mailänder (1967), S. 15.

2.3.2.1 Ausschließliche Lizenz

Ausschließliche Lizenzen sind Patentlizenzen. Mit der ausschließlichen Lizenz hat der Lizenznehmer das alleinige und exklusive Recht, die durch ein Patent geschützte Erfindung zu verwerten und zu verwenden. Diese wirkt auch gegen den Lizenzgeber, welcher das Patent weder nutzen noch weitere Lizenzen vergeben darf. Dem Lizenznehmer wird auf diese Art eine konkurrenzlose Stellung eingeräumt. Er darf seine Rechte gegen Dritte geltend machen. Der Lizenzgeber kann die Lizenz jedoch zeitlich, räumlich, persönlich und sachlich beschränken. Demnach ist die Vergabe von mehreren ausschließlichen Lizenzen möglich. Grundsätzlich darf der Lizenznehmer einer ausschließlichen Lizenz Unterlizenzen vergeben; jedoch ist die Betriebslizenz, die an einen bestimmten Betrieb oder an einen Teil eines Betriebs gebunden ist, davon ausgenommen.[91]

2.3.2.2 Alleinige Lizenz

Die alleinige Lizenz hat die gleichen Merkmale, wie die ausschließliche Lizenz mit der Ausnahme, dass der Lizenzgeber sich selbst ein eigenes Nutzungsrecht vorbehält. Dies muss jedoch ausdrücklich im Vertrag geregelt sein, ansonsten ist von einer ausschließlichen Lizenz auszugehen.[92]

2.3.2.3 Einfache Lizenz / Nicht-ausschließliche Lizenz

Mit der einfachen bzw. nicht-ausschließlichen Lizenz erhält der Lizenznehmer ein gewöhnliches und somit kein exklusives Nutzungsrecht. Es handelt sich hierbei um eine schuldrechtliche Beziehung. Der Lizenzgeber hat die Möglichkeit mehrere einfache Lizenzen zu vergeben, so dass mehrere Vertragspartner das Recht haben, den Lizenzgegenstand herzustellen oder zu vertreiben. Der Lizenznehmer darf in diesem Fall bei Schutzrechtsverletzungen durch Dritte keinen Rechtsstreit ohne die Zustimmung des Patentinhabers führen. Einfache Lizenzen sind normalerweise preiswerter, bringen aber den Lizenznehmer in eine schlechtere Position, da dieser im Wettbewerb mit anderen Lizenznehmern steht.[93]

2.3.2.4 Unterlizenz

Bei der ausschließlichen Lizenz hat der Lizenzgeber i.d.R. die Berechtigung selbst Lizenzen zu vergeben. Diese werden Unterlizenz genannt, leiten sich von der Hauptlizenz ab und können nicht darüber hinausgehen. Lizenznehmer einfacher Lizenzen dürfen nur mit Zustimmung des Lizenzgebers bzw. mit entsprechenden Regelungen im Lizenzvertrag Unterlizenzen vergeben.[94]

---

[91] Vgl. Bartenbach/Gennen (2001), S. 23.

[92] Vgl. Pfaff/Osterrieth (2004), S. 173.

[93] Vgl. Henn (1994), S. 75.

[94] Vgl. Pfaff/Osterrieth (2004), S. 33 f.

2.3.2.5 Weitere Lizensierungsarten

Weitere Lizensierungsarten betreffen die Art und den Umfang der übertragenen Rechte. Jede zuvor genannte Lizensierungsart kann grundsätzlich in ihrem Umfang eingeschränkt werden. Diese Einschränkungen können sachlicher, zeitlicher, personeller oder regionaler Natur sein.

Die Zeitlizenz wird auf einen bestimmten Abschnitt der Gesamtlaufzeit des Schutzrechtes begrenzt. Dies muss ausdrücklich im Lizenzvertrag geregelt werden. Nach Ablauf des Lizenzvertrages darf der Lizenznehmer den Vertragsgegenstand nicht mehr herstellen bzw. vertreiben.[95]

Gemäß §15, Abs. 2, Satz 1 PatG können Lizenzen auf ein regional abgegrenztes Gebiet beschränkt erteilt werden. Dem Lizenznehmer ist damit nicht gestattet, den Vertragsgegenstand außerhalb des Vertragsgebietes zu verwenden.

Mit einer Quotenlizenz kann die Herstellung bzw. der Vertrieb des Lizensierungsgegenstands auf eine Mindest- oder Höchstmenge beschränkt werden.[96]

Des Weiteren sind Stück- und Pauschallizenzen zu unterscheiden. Während bei der Stücklizenz die Lizenzgebühr für die produzierte Menge, den Umsatz oder Gewinn erhoben wird, erhält der Lizenzgeber bei der Pauschallizenz eine einmalige Zahlung für einen bestimmten Zeitraum. Die Pauschallizenz ist vom wirtschaftlichen Erfolg des Lizenznehmers unabhängig.[97]

Die Lizenz kann außerdem entweder auf Herstellung oder Vertrieb beschränkt werden, d.h. der Lizenznehmer hat die Befugnis, entweder die Herstellung oder den Vertrieb des Vertragsgegenstandes durchzuführen. Meistens werden je nach Patentumfang beide Lizenzen gekoppelt.[98]

Eine weitere Lizensierungsart ist die Gebrauchslizenz. Hier hat der Lizenznehmer hauptsächlich das Recht ein Erzeugnis als Arbeitsmittel einzusetzen und dieses somit zu nutzen.[99]

Die persönliche Lizenz ist abhängig von einer Person. Diese Art der Lizenz ist nicht vererblich und nicht veräußerbar. Die Betriebslizenz unterscheidet sich von der persönlichen Lizenz dadurch, dass der Lizenznehmer bei der Betriebslizenz das Nutzungsrecht nach der Veräußerung des Betriebs verliert, während der Lizenznehmer einer persönlichen Lizenz das Nutzungsrecht weiterhin behält. Eine letzte Lizensierungsart ist die Konzernlizenz. Hier sind alle Gesellschaften des Konzerns berechtigt die Lizenz zu nutzen.[100]

[95] Vgl. Kortunay (2003), S. 24 f.
[96] Vgl. Kortunay (2003), S. 30.
[97] Vgl. Herstatt/Walch (1999), S. 13.
[98] Vgl. Teubener (1999), S. 12.
[99] Vgl. Kortunay (2003), S. 33 f.
[100] Vgl. Kortunay (2003), S. 34 f.

2.3.3 Patentlizenzvertrag

Der Lizenzvertrag bildet die Grundlage einer Kooperation zwischen Lizenzgeber und Lizenznehmer. Im weitesten Sinne dient der Lizenzvertrag dazu, dem Lizenznehmer die Ausübung einer Tätigkeit zu erlauben, die Dritten untersagt ist. Im engeren Sinne bekommt der Lizenznehmer aber mit dem Lizenzvertrag die Erlaubnis, ein sog. Schutzrecht zu gebrauchen und erhält sogar eine Gebrauchsbefugnis. Die Vertragspartner definieren die Inhalte des Lizenzvertrages.[101] Lizenzen können auf geschützte Erfindungen und nichtgeschützte Kenntnisse vergeben werden.[102] Demnach beziehen sich Lizenzverträge nicht nur auf gewerbliche Schutzrechte, sondern auch auf ungeschütztes Knowhow, das für die erfolgreiche Entwicklung eines Produktes oder Dienstleistung notwendig ist, aber nicht im Schutzumfang enthalten ist. Nach Fischer (1994) umfasst der Lizenzvertrag grundsätzlich 13 Bausteine, die in der folgenden Abbildung veranschaulicht werden.

Abb. 2.7: Bausteine eines Lizenzvertrags (in Anlehnung an Fischer, 1994, S. 241 ff.)

Eine genaue Beschreibung des Vertragsgegenstandes, die Bestimmung der Lizenzgebühr und die Regelung zur Zahlung, etwaige regionale oder zeitliche Einschränkungen, Haftungsregelungen sowie das anwendbare Recht sind die wesentlichen Bausteine eines Lizenzvertrages.

[101] Vgl. BGH (1967), GRUR 1967, 676 (680).
[102] Vgl. Herstatt/Walch (1999). S. 12.

Die Lizenz kann im Lizenzvertrag sachlich, persönlich, räumlich und zeitlich beschränkt werden. Der Lizenznehmer muss sich an die festgelegte Benutzungsform halten. Bei Verstoß begeht er eine Vertragsverletzung und zugleich eine Patentverletzung.[103]

Nach Fisher (1961) ist es das Ziel einen dauerhaften, funktionsfähigen Vertrag abzuschließen, der veränderten Gegebenheiten gerecht werden kann. Darüber hinaus sollte die Kontrolle über die eigenen Schutzrechte und das Knowhow gesichert werden können, sollten die Einnahmen aus dem Lizenzverhältnis sowohl eintreibbar sein als auch eine angemessene Rendite darstellen und die Rechte und Pflichten der jeweiligen Parteien klar definiert werden.[104]

Bei der Erstellung eines Patentlizenzvertrages sollte möglichst auf Musterverträge zurückgegriffen werden, da der Patentlizenzvertrag keiner Formvorschrift unterliegt. Außerdem sollte für den Fall, dass zu einem späteren Zeitpunkt Probleme bei der Vertragsauslegung entstehen, bereits vorab vertraglich Schiedsstellen wie beispielsweise die Schiedsstelle der Internationalen Handelskammer, ICC-Court vereinbart werden.[105]

Die Gestaltung eines internationalen Patentlizenzvertrages orientiert sich stark an den vorliegenden Rechtsordnungen. Hierbei müssen schuldrechtsbezogene Aspekte von verpflichtenden Bestimmungen getrennt werden. Der Lizenzgeber muss gesondert darauf achten, ob die Lizenz im Schutzland als Rechtsübertragung oder als Verzicht der Geltendmachung verstanden wird.[106]

Jeder Patentlizenzvertrag sollte grundsätzlich folgende Punkte beinhalten:

- Beschreibung des Lizenzgegenstandes
- Regelungen zur Gewährleistung und Haftung
- Vereinbarung hinsichtlich Vertrieb und Marketing (ggf. im Ausland)
- Technische Assistenz
- Bezugspflichten
- Regelungen hinsichtlich des Entgelts

Außerdem werden die Vertragsdauer und die Regelung zur Vertragskündigung und die Aufnahme und Beendigung der Ausübung der Lizenz vertraglich festgelegt. In der Praxis sind hierbei Anlauf- und Auslaufklauseln, die den Fall der Lizenzausübung vor oder nach der vertraglichen Laufzeit berücksichtigen, unabdingbar. Auch die formellen Rechtsschutzbestimmungen

[103] Vgl. Kortunay (2003), S. 14 f.
[104] Vgl. Fisher (1961), S. 471 f.
[105] Vgl. Jarvin (1988), S. 15 ff.
[106] Vgl. Haver/Mailänder (1967), S. 35 ff.

sollten im Lizenzvertrag geregelt und das bei Rechtsstreitigkeiten zuständige Gericht bestimmt werden.[107]

2.3.3.1 Maßgebliche Rechtsordnung

Aufgrund der verschiedenen Rechtsordnungen in einzelnen Ländern stellt sich die Frage nach der maßgeblichen Rechtsordnung. Diese Frage wird in der Praxis häufig vernachlässigt. Lizenzverträge sind jedoch hinsichtlich Dauer, Umfang, Entstehung, Wirkung und Bestand sehr eng mit der Rechtsordnung im jeweiligen Ausland verknüpft.[108] Zwar ist durch das Patent Cooperation Treaty (PCT) die internationale Anmeldung von Patenten vereinfacht worden, jedoch erfolgt die Erteilung der Patente durch die jeweiligen Vertragsstaaten. Folglich gilt die Rechtsordnung des jeweiligen Staates. Der Lizenzgeber sollte zum Zeitpunkt des Abschlusses des Lizenzvertrages Klarheit darüber haben, welche Bestimmungen im ausländischen Recht zwingend eingehalten werden müssen, was explizit im Vertrag geregelt werden muss und welche weiteren Vereinbarungen noch getroffen werden müssen.[109]

Da ein Lizenzvertrag die beiden Bestandteile Erfüllung und Verpflichtung umfasst, besteht hier im Gegensatz zu Verträgen mit einer reinen verpflichtungsbegründenden Vereinbarung keine Rechtswahlfreiheit. Das heißt die Wirkungen und Voraussetzungen von Lizenzverträgen im Ausland sind an das jeweilige ausländische Patentrecht gebunden. Die Leistung des Lizenznehmers, folglich die Verpflichtung hat aber einen rein schuldrechtlichen Charakter und unterliegt damit der freien Vereinbarung zwischen den Parteien. Handelt es sich nur um eine verpflichtungsbegründende patentrechtsunabhängige Vereinbarung, steht es beiden Parteien frei, ob sie als maßgebliche Rechtsordnung das Recht des Schutzlandes, das Recht am Ort des Vertragsabschlusses oder das Recht eines dritten Staates mit eigener Sachbeziehung, d.h. wo z.B. eine Patentverwertungsgesellschaft ihren Sitz hat, wählen. Um Ungewissheiten vorzubeugen, ist eine ausdrückliche Rechtswahl unabdingbar. Nur so kann der Lizenzgeber seine Kontroll-, Gebühren- und Zusatzansprüche sicherstellen.[110]

2.3.3.2 Beschreibung des Lizensierungsgegenstandes

Bei der Beschreibung des Lizensierungsgegenstandes kann zwischen Schutzrechten und Knowhow als Lizensierungsgegenstand unterschieden werden. Ein patentbasiertes Schutzrecht kann auf Grundlage der Patentschrift beschrieben und lizensiert werden. Der Schutzumfang ist dabei länderspezifisch. In der Praxis hat es sich als sinnvoll erwiesen, nicht nur die Schutzrechte genau zu beschreiben, sondern auch die Vertragsprodukte, die damit erstellt werden. Der Vertrag sollte im Interesse des Lizenzgebers so weit gefasst sein, dass dem Lizenznehmer keine

[107] Vgl. Haver/Mailänder (1967), S. 57 ff.
[108] Vgl. Lichtenstein (1964), S. 1349.
[109] Vgl. Haver/Mailänder (1967), S. 35 f.
[110] Vgl. Lichtenstein (1964), S. 1349.

Möglichkeit bleibt, die Technologie oder das Produkt außerhalb des technischen Vertragsgebietes zu verwerten. Außerdem sollten weitere und etwaige zukünftige Patente bei der Vertragsgestaltung berücksichtigt werden.[111]

Knowhow als Lizensierungsgegenstand kann entweder in Kombination mit einer Patentlizenz oder als reiner Knowhow-Vertrag umgesetzt werden. Insbesondere in Ländern, in denen die Gefahr besteht, dass die Erteilung von Schutzrechten verweigert wird, ist der Knowhow-Vertrag eine Alternative. Eine klare, detaillierte Beschreibung und vertragliche Festlegung des Knowhows ist für die Beziehung zwischen Lizenzgeber und Lizenznehmer wesentlich. Auch über den Umfang des Knowhows muss der Lizenzgeber sich unter Berücksichtigung strategischer Aspekte vorab entscheiden. Auf diese Art kann sich der Lizenzgeber vor Missbrauch schützen.[112]

2.3.3.3 Regelung zur Gewährleistung und Haftung

Der Lizenzgeber muss dem Lizenznehmer die vertraglich vereinbarte Nutzungsmöglichkeit von Rechten, Technologien und Produkten verschaffen und sicherstellen. Hierzu sind über die Patentbeschreibung hinaus Fertigungsunterlagen notwendig, die dem Lizenznehmer zur Verfügung gestellt werden müssen. Der Lizenzgeber ist dazu verpflichtet, die vertraglich vereinbarten Schutzrechte aufrecht zu erhalten und ggf. weiterzuverfolgen. Er haftet insbesondere für das Bestehen des Schutzrechtes, das der Lizenz zu Grunde liegt.[113]

Darüber hinaus wird der Lizenznehmer vom Lizenzgeber erwarten, dass er z.B. etwaige zukünftige Patentverletzungen abwehrt, obwohl der Lizenzgeber nicht dazu verpflichtet ist, sowie dass er Gegenstände liefert, die für das lizensierte Produkt oder Verfahren notwendig sind. Der Lizenznehmer wird auch erwarten, dass der Lizenzgeber die Abgabepreise für seine eigenen Erzeugnisse des lizensierten Produktes oder Verfahrens einhält. Der Lizenznehmer muss den Lizenzgeber über etwaige Patentverletzungen im Vertragsgebiet informieren, ist jedoch nicht dazu verpflichtet das Schutzrecht zu verteidigen.[114] Lizensiertes Knowhow muss der Lizenzgeber während der Vertragslaufzeit geheim halten.[115]

Der Lizenzgeber haftet für Rechtsmängel. Diese umfassen neben der Aufrechterhaltung des Schutzrechtes auch etwaige Rechtsmängel, die nach Vertragsabschluss entstehen. Diese können beispielsweise durch die Nichtpatentierbarkeit der Erfindung auftreten oder wenn das Knowhow technisch nicht ausführbar ist. Weitere Rechtsmängel können entstehen, wenn das

[111] Vgl. Lüdecke/Fischer (1957), S. 184 f.; Langen/ Wilke (1958), S. 17.
[112] Vgl. Weihermüller (1982), S. 96 ff.
[113] Vgl. Martinek (1992), S. 246.
[114] Vgl. Stumpf/Groß (1998), S. 206.
[115] Vgl. Stumpf (1963), S. 100; Lüdecke/Fischer (1957), S. 337.

lizensierte Patent von einem Vorbenutzungsrecht[116] Dritter oder einem älteren Patent abhängig ist.[117]

Die Gewährleistung umfasst die Haftung des Lizenzgebers bei Sachmängeln im Rahmen der technischen Ausführbarkeit für die Brauchbarkeit und für besondere Zusicherungen, die vertraglich vereinbart wurden. Grundsätzlich bedeutet technische Ausführbarkeit, dass eine Erfindung mit dem gegenwärtigen technischen Stand und ohne nicht-zumutbarem Aufwand ausgeführt werden kann. Brauchbarkeit bedeutet, dass der Verwendungszweck des Lizensierungsgegenstandes erreicht werden kann.[118] Da die Vermarktung von einer Vielzahl von Faktoren abhängig ist, haftet der Lizenzgeber in der Regel nicht für die Rentabilität oder die Wettbewerbsfähigkeit der Lizenzerzeugnisse.[119]

Die Weiterentwicklung der Technologie sollte in beidseitigem Interesse der Partner vertraglich geregelt werden. Verbesserungen der Technologie können z.B. gegenseitig zur Verfügung gestellt werden. Entsprechend sollte der Lizenznehmer verpflichtet werden, dem Lizenzgeber seine Erkenntnisse und Erfahrungen mitzuteilen. Der Lizenznehmer wird auch großes Interesse daran haben, über die technischen Fortschritte des Lizenzgebers im Rahmen des geschützten Produktes oder Verfahrens unterrichtet zu werden. Auch dieser Aspekt sollte im Lizenzvertrag berücksichtigt werden.[120]

Anforderungen an den Lizenznehmer vom Lizenzgeber umfassen Wettbewerbsabreden, Ausübungspflichten, Rechtsschutzabreden hinsichtlich des zu Grunde liegenden Patents und die Beteiligung an Weiterentwicklungen. Durch Ausübungspflichten stellt der Lizenzgeber sicher, dass die Lizenz tatsächlich durch den Lizenznehmer genutzt wird. Bei einer ausschließlichen Lizenz ergibt sich die Ausübungspflicht automatisch, sofern es im Vertrag nicht anders geregelt ist, da der Lizenznehmer hierbei das alleinige Recht zur Verwendung eines Schutzrechtes hat. Bei allen anderen Lizensierungsarten muss dies explizit im Vertrag geregelt sein. Der Inhalt der Ausübungspflicht wird in der Regel nicht explizit im Vertrag erläutert.[121]

Der Lizenznehmer kann außerdem vertraglich dazu verpflichtet werden nur Erzeugnisse herzustellen, die nicht im Wettbewerb mit dem Lizenzgegenstand stehen. Das Wettbewerbsverbot kann auch die Beteiligung an oder die Zusammenarbeit mit Konkurrenzunternehmen umfassen.[122]

---

116 Der Inhaber eines Vorbenutzungsrechts kann ohne Zustimmung des Patentinhabers ein Patent verwenden; vgl. § 12 PatG.

117 Vgl. Kortunay (2003), S. 63 ff.

118 Vgl. Nirk (1970), S. 329 ff.; Stumpf/Groß (1998), S. 300.

119 Vgl. Henn (1999), S. 121.

120 Vgl. Kortunay (2003), S. 48 f.

121 Vgl. Kortunay (2003), S. 43 f.

122 Vgl. Weihermüller (1982), S. 174.

Die Geheimhaltungspflicht muss insbesondere bei Knowhow-Lizenzverträgen explizit geregelt werden. So kann der Lizenzgeber sich vor Wettbewerb schützen. Die Nichtangriffspflicht sollte bei der Lizenzvergabe an einen Patentverletzer besondere Beachtung finden. Der Lizenznehmer kann grundsätzlich jederzeit das Patent mit einer Nichtigkeitsklage angreifen, da er nicht verpflichtet ist Gebühren für ein Schutzrecht zu zahlen, das keinen Rechtsbestand hat. Hier kann eine Nichtangriffsklausel den Lizenznehmer verpflichten, während der Vertragslaufzeit keine Beanstandungen hinsichtlich des lizensierten Schutzrechts vorzunehmen. Die Nichtangriffspflicht kann gemäß § 138 BGB nur dann vereinbart werden, wenn die Nichtigkeit des lizensierten Schutzrechts zum Zeitpunkt des Vertragsabschlusses unbekannt war. Eine sachliche Bestimmung der Nichtangriffspflicht ist notwendig.[123]

Die Kennzeichnungspflicht muss ausdrücklich im Vertrag genannt werden. Hiermit stellt der Lizenzgeber sicher, dass der Name, die Nummer oder die Marke des Lizenzgebers an den Erzeugnissen aus der Lizensierung angebracht wird.[124]

Weiterhin werden im Lizenzvertrag die Folgen einer Vertragsverletzung geregelt, wie beispielsweise im Falle eines Zahlungsverzugs durch den Lizenznehmer oder bei Vorliegen einer Nicht- oder Schlechterfüllung von Vertragspflichten des Lizenznehmers. Hierfür werden Vertragsstrafen vereinbart.[125] Es sollte beachtet werden, dass der Lizenznehmer genügend Freiraum hat, um seine vertraglich vereinbarte Zielerreichung sicherzustellen.[126]

2.3.3.4 Vereinbarung hinsichtlich Vertrieb und Marketing im Ausland

Hinsichtlich des Vertriebs und des Marketings im Ausland sind territoriale Vereinbarungen, die Entscheidung über die Lizensierungsart und das Mitspracherecht des Lizenznehmers zur Unterstützung des Lizenzgebers in der Vertriebs- und Marketingpolitik festzulegen.

Die territorialen Regelungen umfassen die Bestimmungen zur geografischen Region, in der die Herstellung und der Vertrieb der lizensierten Technologie, des Produktes oder des Knowhows erlaubt werden. Meistens werden Lizenzen auf bestimmte Länder begrenzt. Die Grenzen der Region sollten im Vertrag beschrieben werden. Zudem sollte auch ein entsprechendes Exportverbot vertraglich geregelt sein, damit die Märkte klar getrennt sind. Hierbei müssen kartellrechtliche sowie landesspezifische und supranationale Bestimmungen beachtet werden um Kollisionen zu vermeiden.[127]

[123] Vgl. Hederich/Gronow (1957), S. 59; Henn (1999), S. 336.
[124] Vgl. Kelbel (1966), S. 67.
[125] Vgl. Haver/Mailänder (1976), S. 57 f.
[126] Vgl. Zenoff (1970), S. 300.
[127] Vgl. Idris (2004), S. 23; Hepp (1978), S. 15; Stumpf (1970), S. 103.

Bei Patent- und Knowhow-Lizenzen hat der Exklusivitätsgrad Auswirkungen auf die Herstellungs- und Vermarktungsmöglichkeiten des Lizenznehmers. Je strategisch bedeutender der Lizenznehmer ist, desto höher könnte der Exklusivitätsgrad der übertragenen Rechte liegen. Eine ausschließliche Lizenz wird dann vergeben, wenn mit einem hohen Engagement des Lizenznehmers gerechnet wird oder der Lizenznehmer hohe Investitionskosten erbringen muss.[128] Die Möglichkeit, dass die Ausschließlichkeit unter bestimmten Umständen entzogen werden kann, sollte vertraglich geregelt sein. Dies könnte z.B. dann eintreten, wenn der Sollumsatz nach einer bestimmten Zeit nicht eintritt. Kartellrechtliche Aspekte müssen bei der Vergabe einer ausschließlichen Lizenz berücksichtigt werden.[129]

Den dritten Aspekt der Vereinbarung hinsichtlich der Vermarktung im Ausland stellt das Mitspracherecht und die Mitsprachepflicht des Lizenznehmers in der Vermarktungspolitik dar. Diese können entweder vertraglich festgehalten werden oder freiwillig erfolgen. Dies dient dem Lizenzgeber bei der Gestaltung seiner internationalen Vermarktungspolitik. Der Umfang der Unterstützung durch den Lizenznehmer kann hierbei von der Offenlegung von Kundenlisten bis hin zur Gestaltung des Marketing-Mix reichen. Die determinierenden Faktoren einer solchen Regelung umfassen u.a. die Eignung und Kooperationsbereitschaft des Lizenznehmers und die Art der lizensierten Technologie bzw. des Produktes.[130]

2.3.3.5 Technische Assistenz

Da der Lizenznehmer nicht immer zwangsläufig in der Lage ist, selbstständig das lizensierte Produkt oder Verfahren in Gebrauch zu nehmen, ist der Lizenzgeber verpflichtet ihn zu unterstützen und die Hilfestellung zu erbringen, die für eine optimale Handhabung notwendig ist.[131] Die technische Assistenz bezieht sich auf die Unterstützung bei der Planung und Konstruktion von Anlagen, die für die Herstellung notwendig sind, die Bereitstellung entsprechender Unterlagen, die Unterstützung bei der Beschaffung notwendiger Ausstattung, die entsprechende Ausbildung von Mitarbeitern, die Produktanpassung an die lokalen Gegebenheiten und die laufende technische Unterstützung.[132] Der größte Anteil technischer Assistenz wird in der Anlaufphase erforderlich. Der Umfang der Leistungen muss vertraglich festgehalten werden. Die determinierenden Faktoren sind hierbei die Leistungsmöglichkeiten und -fähigkeiten des Lizenzgebers, der Leistungsbedarf des Lizenznehmers, das lizensierte Produkt bzw. die Technologie und das

[128] Vgl. Idris (2004), S. 24.
[129] Vgl. Gaul/Bartenbach (1973), S. 376, Hepp (1978), S. 46.
[130] Vgl. Siech (1961), S. 65.
[131] Vgl. Kelbel (1966), S. 64; Martinek (1992), S. 244 f.
[132] Vgl. Lovell (1959), S. 32.

Gefälle in der Leistungsfähigkeit zwischen den beiden Partnern. Weiterhin wird zwischen notwendigerweise zu erbringender Leistung und zusätzlicher Leistung gegen Bezahlung unterschieden.[133]

2.3.3.6 Bezugspflichten

Bezugspflichten beziehen sich auf die Verpflichtung des Lizenznehmers bestimmte Produkte und Gegenstände vom Lizenzgeber zu beziehen wie beispielsweise Rohstoffe. Von dieser Vereinbarung kann nicht nur der Lizenzgeber, sondern je nach Preisgestaltung auch der Lizenznehmer profitieren, weil es für ihn die Beschaffung erleichtert. Die Gründe für eine solche Regelung sind vielfältig und umfassen die Qualitätssicherung, die Kontrolle des Umfangs der hergestellten Lizenzprodukte, die Bindung des Lizenznehmers etwa durch Vorzugspreise, aber auch eine Möglichkeit für den Lizenzgeber Material und Rohstoffe ins Ausland zu vertreiben, um sich entweder zusätzliche Erträge zu sichern oder um somit etwaige nationale Beschränkungen der Lizenzgebühr zu umgehen. Neben den inhaltlichen Aspekten muss auch die Dauer der Bezugspflichten vertraglich geregelt werden. Weiterhin müssen nationale und wettbewerbsrechtliche Bestimmungen geprüft werden um Kollisionen zu vermeiden.[134]

2.3.4 Lizensierungskonditionen und Entgeltgestaltung

Die Lizenzgebühr ist einer der wichtigsten Aspekte des Lizenzvertrages. Der Lizenznehmer ist vertraglich zur Zahlung einer vereinbarten Lizenzgebühr verpflichtet. Insbesondere wenn die Lizenzgebühr an variable Größen gekoppelt ist, ist der Lizenznehmer auch für die Bereitstellung der Hilfsmittel verpflichtet, die zur Berechnung der konkreten Gebührenhöhe notwendig sind. Ein solches sind beispielweise die Verkaufszahlen. Hierbei sollte auch vertraglich geregelt werden, wie mit Versäumnissen und Verzögerungen der Zahlungen umgegangen wird. Auch wird sich der Lizenzgeber vertraglich ein Kontrollrecht wie beispielsweise die Prüfung von einzelnen Abrechnungen einräumen. Auch weitere Kontrollrechte sind hierbei denkbar. Der Lizenzgeber wird außerdem Klauseln zur Sicherstellung der Zahlung der Lizenzgebühr vereinbaren wollen. Diese berücksichtigen vor allem bei langfristigen Lizenzverträgen auch die Währungs- und Wechselkursrisiken. Um einen zusätzlichen Schutz hinsichtlich der Zahlung der Lizenzgebühr zu erlangen, wird der Lizenzgeber auch eine privatrechtliche Kreditsicherung einräumen.[135]

Die Art und Höhe einer Lizenzgebühr ist nicht gesetzlich festgelegt. Die Gestaltungsmöglichkeiten bei der Bestimmung der Lizensierungskonditionen sind sehr vielfältig. Bei wenigen Ge-

[133] Vgl. Eckstorm (1957), S. 378.
[134] Vgl. Stumpf (1970), S. 113, dsb. (1968), S. 248; Lovell (1959), S. 35; Kortunay (2003), S. 47 f.
[135] Vgl. Haver/Mailänder (1967), S. 49 ff.

schäften liegen die Vorstellungen über den Wert des Geschäfts und der Zahlungen so weit auseinander wie beim Lizenzgeschäft.[136] Eine Patent- und Technologiebewertung seitens des Lizenzgebers ist für die Preisbildung notwendig. Der Lizenzgeber betrachtet seine F&E-Aufwendungen und die Marketingkosten als Grundlage seiner Berechnungen. Der Lizenznehmer hingegen nimmt Faktoren wie eigene Investitionen und die Erreichung des Break-Even-Punktes als Berechnungsgrundlage. Ziel beider Parteien ist die eigene Gewinnmaximierung. Diese unterschiedlichen Ansätze führen zu unterschiedlichen Vorstellungen über das zu zahlende Lizenzentgelt. Die sogenannten „arms' length prices" beschreiben den fairen Preis, den Lizenznehmer und Lizenzgeber unabhängig voneinander verhandeln würden, wenn eine beidseitige Markttransparenz gegeben und keiner zum Handel gezwungen wäre.[137] Dies ist jedoch in der wirtschaftlichen Realität nicht umsetzbar, da es keine perfekte Markttransparenz gibt. Bei der internationalen Lizenzvergabe müssen zudem Steuergesetze und Transferbestimmungen für die Festlegung der Lizensierungskonditionen und Entgeltgestaltung berücksichtigt werden.[138]

Um zu einem Verständnis zu gelangen, wie die Bestimmung der Lizenzgebühr erfolgt, werden nachfolgend die Einflussfaktoren bei der Gestaltung der Lizenzgebühren betrachtet, die Formen der entgeltlichen Kompensation abgegrenzt und die Berechnungsgrundlagen für die Lizenzgebühr bzw. die entgangenen Gewinne dargestellt.

2.3.4.1 Einflussfaktoren bei der Gestaltung der Lizenzgebühren

Verschiedene Faktoren beeinflussen die Bestimmung der Lizenzgebühr. Diese umfassen das Lizensierungsobjekt, den Markt und die Absatzpotenziale, den Lizenznehmer, die Form der Zusammenarbeit sowie juristische und steuerliche Aspekte.

Die Reife bzw. das Stadium des technischen Knowhows oder der Erfindung ist von großer Bedeutung. Die wesentliche Fragestellung hierbei ist, wie schnell sich eine Erfindung in ein marktfähiges Produkt umsetzen lässt oder wie weit ein Verfahren entwickelt ist, damit es effizient in den bestehenden Produktionsprozess integriert werden kann. Die Höhe der Lizenzgebühr ist abhängig von dem Aufwand, den der Lizenznehmer für die Weiterentwicklung betreiben muss. Dabei spielt der relative Vorteil, den der Nutzer dem Produkt bzw. der Technologie beimisst, ebenfalls eine wesentliche Rolle. Weitere wichtige Faktoren sind die Kompatibilität mit den Bedürfnissen und bestehenden Werten des Lizenznehmers, die Komplexität des Produktes, die Möglichkeit das Produkt auszuprobieren und die Möglichkeit der Weitervermittlung der Innovation. Auf Grundlage dieser Faktoren kann der Lizenznehmer prognostizieren, wie sich ein Produkt oder eine Erfindung auf dem Markt durchsetzt.[139]

---

136 Vgl. Hepp (1978), S. 2.
137 Vgl. Sell (2002), S. 125.
138 Vgl. Weihermüller (1982), S. 111 f.
139 Vgl. Rogers/Shoemaker (1971), S. 137 ff.

Für die Berechnung der Höhe der Lizenzgebühr sind weiterhin das Marktpotenzial und die Wettbewerbsverhältnisse von höchster Bedeutung. Der erreichbare Marktanteil muss beachtet werden, da dies die Marktstellung des Lizenznehmers definiert. Darüber hinaus muss die Position des Lizenznehmers im Markt eingeschätzt werden. Dabei muss auch berücksichtigt werden, dass die Lizenzgebühr sich im Verkaufspreis niederschlägt.[140]

Individuelle Vor- und Nachteile, die ein Lizenznehmer im Rahmen des Lizenzverhältnisses einbringt, beeinflussen ebenfalls die Höhe der Lizenzgebühr. Diese Vor- und Nachteile sind einzelfallbezogen. Wenn der Lizenzgeber höhere Leistungen im Rahmen der Zusammenarbeit erbringt, sollte diese z.B. mit ergänzenden Leistungen honoriert werden. Wenn umgekehrt der Lizenznehmer zusätzliche Pflichten übernimmt, sollte dies sich verringernd auf die Lizenzgebühr auswirken.[141]

Weitere Einflussfaktoren für die Struktur und die Höhe des Entgelts sind die Vertragsdauer und damit verbunden die Frage, ob und welche künftigen Verbesserungen der Lizenzgeber während des Vertragsverhältnisses vornehmen wird. Auch die Stellung des Lizenznehmers und die kapitalmäßige Verflechtung zwischen Lizenzgeber und Lizenznehmer, z.B. Tochtergesellschaft, spielt eine große Rolle.[142]

Ein nicht zu unterschätzender Bereich sind länderspezifische Devisentransferbestimmungen und Steuergesetze. Auch das Doppelsteuerabkommen sollte im Rahmen der Berechnungen der Lizenzgebühren beachtet werden.[143]

Nach Behrman und Schmidt (1959) sollten schließlich auch die weiteren Kosten, die im Rahmen der Lizenzvergabe anfallen wie z.B. Kosten, die während der Verhandlungen entstehen, oder Kosten, die im Laufe des Vertragsverhältnisses anfallen, in den Verhandlungen über die Lizenzgebühr angesetzt werden. Zudem sollten hierzu auch die geschätzten Erträge, die durch die Verwertung des Lizensierungsgegenstand und die Markterschließung entstehen, in der Berechnung der Lizenzgebühren berücksichtigt werden. Die Kosten für die Entwicklung des Lizensierungsobjektes werden als „sunk costs" bezeichnet, die unabhängig von der Lizenzvergabe anfallen und deshalb nicht in die Kalkulation einbezogen werden.[144]

In der Gesamtbetrachtung wird für die Bestimmung der Lizenzgebühr der Marktwert der Lizenz betrachtet. Abbildung 2.8 veranschaulicht das Schema zur Bestimmung des Marktwertes einer Lizenz.

[140] Vgl. Weihermüller (1982), S. 115.
[141] Vgl. Lüdecke (1955), S. 51.
[142] Vgl. Behrman (1958), S. 259.
[143] Vgl. Martin/Grützmacher/Lemke (1977), S. 21.
[144] Vgl. Behrman/Schmidt (1959), S. 274.

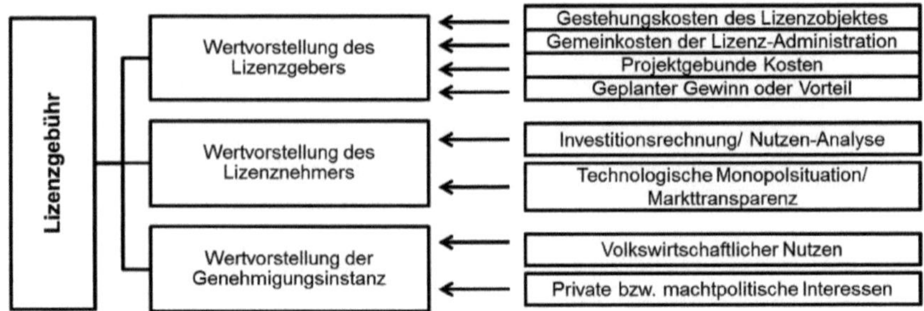

Abb. 2.8: Bestimmung des Marktwertes einer Lizenz (in Anlehnung an Schultz, 1980, S. 76)

Für die Bestimmung des Marktwertes spielen die Wertvorstellung des Lizenzgebers, des Lizenznehmers und der Genehmigungsinstanz wesentliche Rollen. Der Lizenzgeber betrachtet vor allem die Kosten, die ihm im Zusammenhang mit dem Schutzrecht entstanden sind und er legt auch seinen geplanten Gewinn bzw. Vorteil zu Grunde. Der Lizenznehmer hingegen gründet seine Kosten-Nutzen-Analyse v.a. auf den technologischen und finanziellen Mehrwert, die ihm die Lizenz bietet. Auch die Genehmigungsinstanz spielt eine wesentliche Rolle, bei dem der volkswirtschaftliche Nutzen sowie private und machtpolitische Interessen auf beiden Seiten betrachtet werden.[145]

2.3.4.2 Formen der entgeltlichen Kompensation

Das Lizenzentgelt ist die Gebühr, die der Lizenznehmer zu entrichten hat, um einen Lizenzgegenstand zu verwenden. Die Regelung zur Lizenzgebühr stellt den wichtigsten Teil eines Lizenzvertrages dar.[146] Abbildung 2.9 gibt einen Überblick über die wichtigsten Formen des Lizenzentgelts.

Indirekte Rückflüsse wie etwa durch Einnahmen aus Exporten an den Lizenznehmer werden in dieser Übersicht nicht berücksichtigt. Üblich ist in der Praxis die Umsatzlizenz, bei der die Lizenzgebühr aus einem bestimmten prozentualen Anteil am Umsatz des Lizenznehmers, besteht. Auch Kombinationen von Stücklizenzen, Pauschallizenzen und Mindestlizenzen sind möglich. Laufende Lizenzgebühren sind in der Praxis die üblichste Form des Lizenzentgelts. Weitere mögliche Bezugsgrößen sind beispielsweise eine Anknüpfung der Lizenzgebühr an eine Umsatzsteigerung. Sie sind in der Praxis eher unüblich.[147] Die Begriffe Pauschallizenzgebühren und laufende Lizenzgebühren werden im Folgenden näher erläutert. Der Lizenztausch, der eine ebenso häufige Form der entgeltlichen Kompensation darstellt, wurde bereits erläutert.

---

[145] Vgl. Schultz (1980), S. 76.
[146] Vgl. Bartenbach (2013), S. 504.
[147] Vgl. Bartenbach (2013), S. 517 ff.

Die anderen in Abbildung 2.9 genannten Optionen stellen auch mögliche Formen der Lizenzentgeltgestaltung dar, erfolgen jedoch in der Praxis selten.

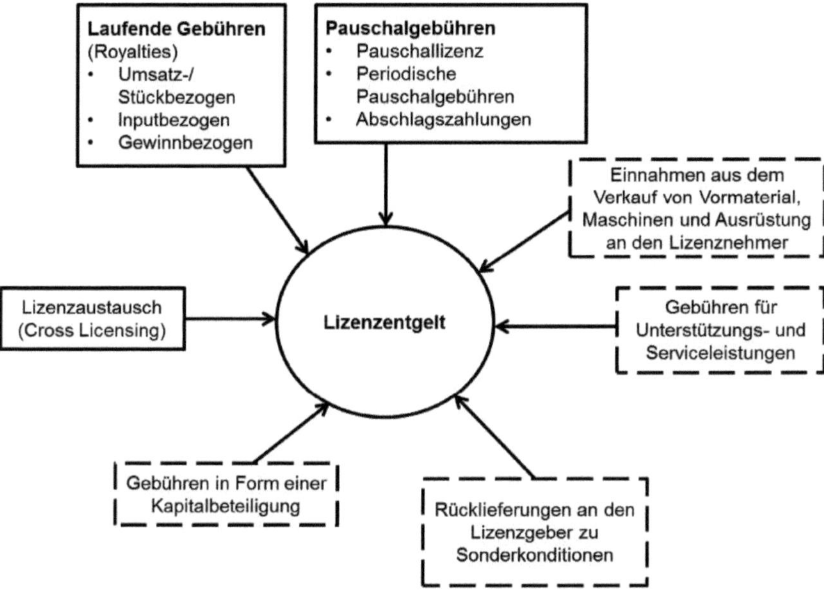

Abb. 2.9: Formen des Lizenzentgelts (Weihermüller, 1982, S. 119)

Lüdecke und Fischer (1957) definieren den Begriff Pauschallizenzgebühr als eine feste Summe, die vom Lizenznehmer entweder einmalig oder wiederkehrend entrichtet werden kann.[148] Pauschalgebühren umfassen die Pauschallizenz, die periodischen Pauschalgebühren und die Abschlagszahlung.[149]

Die Pauschallizenz bzw. die „paid-up license" ist eine Lizenzgebühr, die einmalig auf die Gesamtdauer des Vertrages berechnet wird und in der Regel umsatzbezogen ist. Der Lizenznehmer hat in diesem Rahmen die Möglichkeit die Gebühr zurückzufordern, wenn der Vertrag vorzeitig beendet wird.[150] In der Regel wird diese Gebührenart nur in reinen Knowhow-Verträgen verwendet.[151] Die einfache Zahlungsabwicklung mit geringem Transferrisiko ist die primäre Mo-

[148] Vgl. Lüdecke/Fischer (1957), S. 531.
[149] Vgl. Weihermüller (1982), S. 120 ff.
[150] Vgl. Gaul/Bartenbach (1973), S. 367 ff.
[151] Vgl. Behrman/Schmidt (1959), S. 288.

tivation des Lizenzgebers, diese Form der Lizenzzahlung zu wählen. Außerdem kann der Lizenzgeber auf diese Art weitere Leistungen seinerseits ausschließen und ist auch nicht dem Risiko der mangelnden Verwertung durch den Lizenznehmer ausgesetzt.[152]

Unter den Begriffen periodische Pauschalgebühr bzw. „lump-sum royalty" werden feste Zahlungen, die in bestimmten Zeitabständen erfolgen, zusammengefasst. Dies bietet Vorteile für kleine und mittelständische Unternehmen, die nicht eine große Summe zu einem bestimmten Zeitpunkt zahlen wollen.[153]

Bei den Abschlagszahlungen wird ein Teil der Lizenzgebühr pauschal gezahlt, der andere Teil wird als laufende Gebühr entrichtet. Für den Lizenzgeber ist diese Methode mit verschiedenen Vorteilen verbunden. Die hohen Kosten des internationalen Technologietransfers können abgegolten werden, ein Teil der F&E-Kosten können abgedeckt werden, der Lizenznehmer, der mit einem solchen Vertrag einverstanden ist, hat Interesse an der Nutzung der Technologie, und durch die Abschlagszahlung wird ein bestimmter Ertrag gesichert. Es wird hierbei zwischen dem „down payment" und dem „initial lump-sum payment" unterschieden. Beim down payment wird die Abschlagszahlung auf die laufenden Gebühren angerechnet, bei initial lump-sum payment hingegen nicht.[154]

Periodische Zahlungen durch den Lizenznehmer, die in einem bestimmten Abrechnungszeitraum erfolgen, werden als laufende Lizenzgebühren bezeichnet. Die Risikoteilung ist das wichtigste Motiv bei dieser Art der Gebühr. Es muss jedoch berücksichtigt werden, dass ein Lizenznehmer gegebenenfalls nicht in der Lage oder nicht gewillt ist, das Patent zu verwerten. Die laufenden Lizenzgebühren können umsatz- oder stückbezogen sein, inputbezogen oder gewinnbezogen.[155]

Bei den umsatzbezogenen Lizenzgebühren ist der Umsatz des Lizenznehmers die relevante Größe. Hier wird ein prozentualer Anteil des Umsatzes als Lizenzgebühr berechnet. Hierbei ist abzuklären, ob der Brutto- oder Nettoumsatz des Lizenznehmers die Berechnungsgrundlage bildet. Zudem muss der relevante Umsatz bestimmt werden. Bei stückbezogenen Lizenzgebühren wird ein fester Betrag pro hergestelltes Stück als Kalkulationsgrundlage verwendet. Die umsatzbezogene Lizenzgebühr ist die verbreitetere Form des Lizenzentgelts, weil der Lizenzgeber direkt an Preis- und Mengenänderungen beteiligt wird. Zudem gewinnt die Umsatzlizenzgebühr im Rahmen von Lizenzvergaben ins Ausland an Bedeutung, da Kursverluste durch steigende Preise und damit steigender Umsatzlizenzgebühr ausgeglichen werden können. Vor-

152 Vgl. Weihermüller (1982), S. 122.
153 Vgl. Weihermüller (1982), S. 123.
154 Vgl. Lovell (1969), S. 43 f.
155 Vgl. Weihermüller (1982), S. 125 f.

teile der Stücklizenzgebühr ist die feststehende Bezugsgröße bei der Lizenzvergabe ins Ausland, das Ausschalten des Währungsrisikos und die leichtere Kontrolle durch den Lizenzgeber. Nachteile der Stücklizenzgebühr sind die erhöhten Herstellkosten, die damit einhergehen. Diese Methode wird häufig im Rahmen von Knowhow- und Verfahrenslizenzen verwendet.[156]

Inputbezogene Lizenzgebühren verwenden den Verbrauch von bestimmten Input-Komponenten als Berechnungsgrundlage. Sinnvoll ist der Einsatz dieser Methode bei Produkten und Technologien, wo die Gebühr nicht am Output orientiert werden kann. Auch inputbezogene Lizenzgebühren erhöhen die Herstellkosten.[157]

Der Gewinn als Bezugsgröße ist grundsätzlich auch denkbar, ist aber aufgrund von Abgrenzungsproblemen die schwierigste Methode. Im Ausland finden sich häufig andersartige Kostenstrukturen, wodurch der Gewinn anders ausfallen könnte als der Lizenzgeber erwartet.[158]

2.3.5 Patentlizensierungsstrategien

In der Managementliteratur und in der Praxis haben sich die Begriffe „Cross Licensing“, „Carrot Licensing“ und „Stick Licensing“ als wesentliche Strategien der Patentlizensierung etabliert.[159] Die letzteren Begriffe werden in der einschlägigen Literatur und in der Praxis verwendet, jedoch liegen keine eindeutigen Definitionen vor. Carrot und Stick beschreiben das angelsächsische Äquivalent zu dem Terminus Zuckerbrot und Peitsche.

2.3.5.1 Kreuzlizensierung

Die Kreuzlizensierung beschreibt die wechselseitige Lizenzvergabe zwischen Unternehmen. Im Rahmen dieser Lizensierungsstrategie erfüllt das Patent eine Tauschfunktion. Mindestens zwei Unternehmen gestehen sich gegenseitig die Nutzung einzelner oder mehrerer Patente zu. Im Rahmen dieser Patent-Pools wird eine Vielzahl von Patenten ausgetauscht und es werden laufend neue Patente hinzugefügt.[160]

Eine Kreuzlizensierung ist immer dann sinnvoll, wenn Unternehmen stark voneinander abhängig sind und die Gefahr der gegenseitigen Blockade besteht. Weiterhin kann durch eine Kreuzlizensierung mehr Bewegungsfreiraum geschaffen werden, wenn in diesem Rahmen ergänzende Patente wechselseitig genutzt werden können.[161] Das Ziel der Kreuzlizensierung beschränkt sich daher auf die Lizenzen, die für die technologische Weiterentwicklung der jeweils anderen Partei dienlich und notwendig sind. Eine Kreuzlizensierung kann strategisch aber auch

[156] Vgl. Eckstrom (1957), S. 386.
[157] Vgl. Weihermüller (1982), S. 129.
[158] Vgl. Weihermüller (1982), S. 129 f.
[159] Vgl. z.B. Poltorak/Lerner (2004); Lichtenthaler (2010); Gassmann/Bader (2011); Parr/Smith (2005).
[160] Vgl. Bartenbach, K. (1997), S. 48 f.
[161] Vgl. Harhoff/Reitzig (2001), S. 515.

sinnvoll sein, um etwaigen Rechtsstreitigkeiten und Hemmnissen der Unternehmensaktivitäten entgegenzuwirken.[162] Sie kann in einigen Fällen auch eine bestimmte Form der Zwangslizensierung sein. Gemäß § 24, Abs. 2 PatG tritt dieser Fall ein, wenn der potenzielle Lizenznehmer im Besitz eines abhängigen Patentes ist, das auf einem älteren Patent beruht, aber eine erhebliche technische Bedeutung aufweist. Hier kann eine Zwangslizenz eingeräumt werden. Der Lizenzgeber hat in diesem Fall aber das Recht auf eine Gegenlizenz für das abhängige Patent.

Die Vorteile der Kreuzlizensierung liegen vor allem in der Senkung des Risikos der fahrlässigen Patentverletzung zweier Unternehmen, die im selben Gebiet forschen. Durch die Kreuzlizensierung können interne Ressourcen freigesetzt werden, die sich nicht erneut mit einem Forschungsgebiet befassen müssen, was bereits erforscht und patentiert ist. Die Kreuzlizensierung trägt außerdem dazu bei, dass die Entwicklungsprozesse in Unternehmen beschleunigt werden und Innovationen schneller auf den Markt gelangen.[163]

2.3.5.2 Carrot Licensing

Ein grundlegendes Merkmal des Carrot Licensing ist, dass es sich hierbei um eine freundliche Lizensierung handelt. Diese wird auch als Freigabelizenz, Opportunity oder Enablement Licensing bezeichnet.[164] Hier sucht der Lizenzgeber aktiv nach einem potenziellen Lizenznehmer und verkauft ihm die Lizenz. In der Praxis erarbeitet er gemeinsam mit dem Partner ein neues Geschäftsmodell.[165]

Beim Carrot Licensing geht es vor allem um die Lizensierung der Technologie, die über die alleinige Patentlizensierung hinausgeht. Der Lizenzgeber vergibt in der Regel sehr umfangreiche Lizenzen, die sich nicht nur auf ein Patent, sondern auch auf das Knowhow beziehen. Das Ziel des Lizenzgebers ist es einen Kooperationspartner zu finden, der eine Verwendung für die angebotene Lizenz hat. Dies ist beispielsweise dann der Fall, wenn der Lizenznehmer in der Lage ist, ein Produkt besser oder günstiger herzustellen bzw. preiswerter, schneller oder effizienter zu vermarkten. Auch die Interessen des Lizenznehmers werden bei der Vertragsgestaltung berücksichtigt. Dieser zielt dabei auf eine Stärkung seiner eigenen Marktposition ab.[166]

2.3.5.3 Stick Licensing

Das Stick Licensing, das in einigen Fällen auch negative Lizensierung, Enforcement Licensing oder Assertion Licensing genannt wird, ist im Gegensatz zum Carrot Licensing kein freundlicher Verkauf. Diese Strategie wird bei einem erhärteten Verdacht, dass ein Wettbewerber eine

162 Vgl. Gambardella et al. (2014), S. 236.
163 Vgl. Fershtman/Kamien (1992), S. 335 ff.; Gambardella et al. (2014), S. 236.
164 Vgl. Gassmann/Bader (2011), S. 120.
165 Vgl. van Wijk (2005), S. 606.
166 Vgl. Poltorak/Lerner (2004), S. 45.

Patentverletzung begangen hat, genutzt. Das Stick Licensing stellt dabei lediglich eine Alternative zur Klage dar und erfolgt immer unter der Androhung eines Verfahrens.[167]

Beim Stick Licensing muss die Patentverletzung und die Gültigkeit des eigenen Patents rechtlich genauestens abgegrenzt und dargelegt werden. Der Lizensierungsumfang begrenzt sich in der Praxis auf das notwendige Minimum. Der potenzielle Lizenznehmer versucht die Anforderungen des potenziellen Lizenzgebers abzuwehren, indem er die Gültigkeit des Patents oder die Patentverletzung selbst anzweifelt.[168]

2.3.5.4 Vergleich von Stick Licensing und Carrot Licensing

Ein Vergleich der beiden Termini Carrot Licensing und Stick Licensing ist notwendig, weil in der Literatur keine klare und eindeutige Abgrenzung dieser beiden Begriffe erkennbar ist.

Parr und Smith (2005) betrachten Carrot Licensing als proaktive Lizensierungsform, während sie Stick Licensing als reaktive Lizensierungsstrategie betrachten.[169] Diese Betrachtung bezieht sich auf den Zeitpunkt der Patentverletzung und bedeutet, dass Carrot Licensing zu einem Zeitpunkt stattfindet, zu dem keine Patentverletzung vorliegt, während diese beim Stick Licensing bereits eingetroffen ist.[170] Eine Carrot License kann jedoch theoretisch auch reaktiv erfolgen, wenn ein Drittunternehmen mit einer strategischen Lizenz ausgestattet wird, um so auf eine Patentverletzung zu reagieren. Die reaktive Lizensierungsstrategie, die hier beschrieben wird, ist somit objektbezogen. Entsprechend sind die Begriffe proaktiv und reaktiv in diesem Kontext nicht die treffende Unterscheidung, die zur Abgrenzung der beiden Begriffe dient.

Rüther (2012) betont, dass es sich bei dem Carrot Licensing nicht nur um eine proaktive, sondern auch um eine defensive Lizensierungsform handelt, während das Stick Licensing nicht nur eine reaktive, sondern eine offensive Lizensierungsstrategie darstellt.[171] Diese Definition entspricht nicht der von Neuenschwander (2004) der mit dem Begriff „defensiv“ in diesem Zusammenhang den Umgang eines Unternehmens mit dem Vorwurf der Patentverletzung bezeichnet.[172] Abbildung 2.10 veranschaulicht was Neuenschwander (2004) unter proaktiver Lizenzvergabe versteht.

Die proaktive Lizensierung ist nach Neuenschwander (2004) ein Bestandteil der Unternehmensstrategie. Das Unternehmen verfolgt demnach entweder eine defensive oder proaktive Patentpolitik.

---

[167] Vgl. Gassmann/Bader (2011), S. 121.
[168] Vgl. Ziegler et al. (2011), S. 9.
[169] Vgl. Parr/Smith (2005), S. 606 f.
[170] Vgl. Markarian (2011), s.p.
[171] Vgl. Rüther (2012), S. 32.
[172] Vgl. Neuenschwander (2004), S. 10.

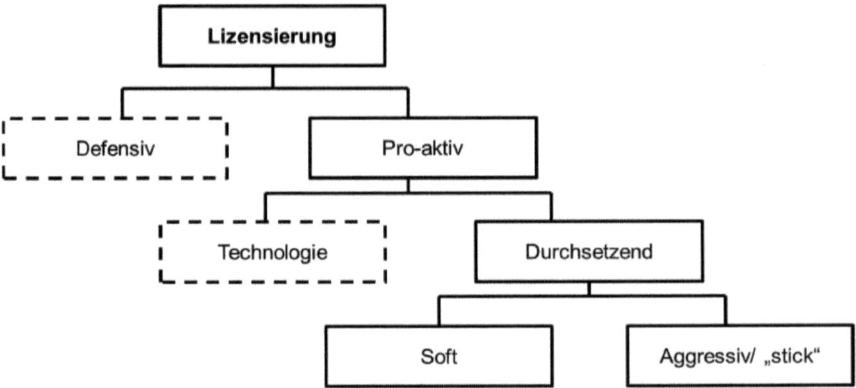

Abb. 2.10: Proaktive Lizenzvergabe (in Anlehnung an Neuenschwander, 2004, S. 10)

Es gibt zwei Arten der proaktiven Lizensierung, die Technologie-Lizensierung, die mit dem Carrot Licensing gleichzusetzen ist und die durchsetzende Lizensierung, die entweder „soft“ bzw. weich oder aggressiv erfolgen kann. Neuenschwander (2004) bezeichnet die „aggressive“ Rechtsdurchsetzung als Stick Licensing. Im Rahmen des weichen Ansatzes wird der mutmaßliche Patentverletzer lediglich darauf aufmerksam gemacht, dass er eine bereits patentierte Technologie verwendet. Im Rahmen des Stick Licensing wird dem mutmaßlichen Patentverletzer der Patentverletzungstatbestand detailliert dargelegt und eine Lizenz wird ihm unter Androhung einer Klage verhandelt.[173] Letzteres ist nach Neuenschwander (2004) in der Praxis die erfolgversprechendere Variante, daher wird der Terminus „Soft Licensing“ mittlerweile vernachlässigt. Dennoch unterscheidet Neuenschwander (2004) zwischen einer neutralen Kontaktanbahnung im Rahmen der durchsetzenden Lizenz, die lediglich die Lizensierung zum Ziel hat und einer aggressiven Kontaktanbahnung, der eine Drohung zu Grunde liegt. Daher bedeutet es nicht zwangsläufig, dass jede durchsetzende Lizenz aggressiv als Stick Licensing erfolgen muss. Eine Drohung liegt jedoch beiden genannten Kontaktanbahnungsformen zu Grunde. Die Art der Kontaktanbahnung bei der Vergabe einer Stick License unterscheidet sich von der Kontaktanbahnung bei der Vergabe einer Carrot License.

Im Rahmen des Carrot Licensing werden nach Rüther (2012) strategische und monetäre Interessen verfolgt, während dem Stick Licensing lediglich monetäre Interessen zu Grunde liegen.[174] Diese Aufteilung ist nicht gänzlich eindeutig, da auch dem Stick Licensing durchaus strategische Interessen unterliegen können. Selbst einer aggressiven Vorgehensweise, die eine

[173] Vgl. Neuenschwander (2004), S. 10.
[174] Vgl. Rüther (2012), S. 32.

Drohung beinhaltet, können strategische und unternehmenspolitische Interessen zu Grunde liegen.

Auch die Beschreibung des Carrot Licensing als freundliche, positive und konstruktive Lizensierungsform und dem gegenüber das Stick Licensing als negative, feindliche Form der Lizenzvergabe spiegelt aufgrund der Komplexität des Lizensierungsprozesses und der entsprechenden Verträge, die Realität nicht eindeutig wieder.[175] Eine Carrot License kann viele „negative" Elemente im Vertrag enthalten, während eine Stick License durchaus positiv gestaltet werden kann. Auch erfolgt in der Literatur keine eindeutige Abgrenzung der positiven und negativen Elemente eines Lizenzvertrages.

Es kann zwischen einer Lizenzvergabe mit einer strategischen Absicht von der Lizenzvergabe als Reaktion auf eine Patentverletzung unterschieden werden. Diese Unterscheidung hängt maßgeblich von der Patentpolitik und den Verwertungsabsichten des Unternehmens ab.

Zusammenfassend kann festgehalten werden, dass die Carrot License eine verschleierte Version einer Stick License darstellt. Ohne die unausgesprochene Drohung in Form einer Klage würden Unternehmen in der Praxis nur in den seltensten Fällen freiwillig Lizenzen nehmen und Lizenzgebühren zahlen. Die zentrale Fragestellung, ob der Lizenzgeber bei der Entscheidung eine Lizenz zu vergeben, auf eine Patentverletzung reagiert oder aus eigenem Interesse versucht strategische Lizenzen zu vergeben, ist auch nur bedingt hilfreich für die Unterscheidung dieser beiden Begriffe. Letzteres ist z.B. ein Kerninteresse der sog. „Non-producing-entities" (NPE's), zu denen auch Patentverwertungsgesellschaften gezählt werden. Diese verfügen über keine eigenen F&E- und Produktionskapazitäten, sondern sind lediglich an einer Verwertung interessiert. Dabei reagieren sie auf Patentverletzungen.

Das Motiv der Lizensierung ermöglicht als einzigen Aspekt die klare Differenzierung zwischen Carrot Licensing und Stick Licensing. Somit ist das einzige Unterscheidungsmerkmal die Frage, ob es sich um ein eine Technologie-Lizensierung im Sinne von Neuenschwander (2004) handelt, oder ob es sich um eine durchsetzende Lizenz handelt. Entsprechend wird die systematische Darstellung von Neuenschwander (2004) im Modell in Abbildung 2.11 angepasst.

Stick Licensing und Carrot Licensing sind beide proaktive Lizensierungsstrategien, die sich lediglich in ihren Lizensierungsmotiven unterscheiden. Das Lizensierungsmotiv wirkt sich auf die Art der Kontaktanbahnung aus. Statt der Frage, ob sich der potenzielle Lizenznehmer für eine Lizenz interessiert, ist bei der Stick License die Berechtigungsanfrage die normale Vorgehensweise bei der Kontaktanbahnung.

[175] Vgl. Goldscheider/Gordon (2006), S. 180.

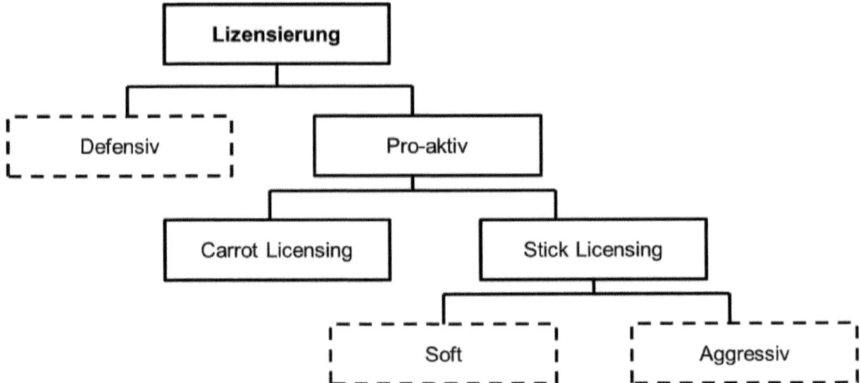

Abb. 2.11: Unterscheidung Carrot Licensing und Stick Licensing (eigene Darstellung in Anlehnung an Neuenschwander, 2004, S. 10)

Im Rahmen des Stick Licensing wird zudem in der Regel neben der Zahlung der Lizenzgebühren auch eine vergangenheitsbezogene Schadensersatzzahlung vereinbart.[176] Da dies nicht immer der Fall sein muss, kann diese Tatsache nicht als feste Größe bei der Unterscheidung dieser beiden Begriffe betrachtet werden jedoch als ein typisches Merkmal.

Alle sonstigen Prozessschritte wie etwa die Gestaltung des Lizenzvertrages oder die Sicherstellung der lizenzbasierten Kooperation können sich bei beiden Lizensierungsstrategien durchaus ähneln oder gleich sein.

2.4 Juristische Grundlagen zur Patentverletzung

Liegt eine Patentverletzung oder ein verdichteter Verdacht auf eine Patentverletzung vor, können die geschädigten Unternehmen verschiedene Ansprüche geltend machen. Das Unternehmen hat nicht nur Anspruch auf eine Schadensersatzleistung, sondern u.a. auch auf die Unterlassung und Vernichtung aber auch auf weitere Auskünfte zu den Handlungen des Patentverletzers auf Grundlage des verletzten Patents. Jedoch hat auch der Patentverletzer die Möglichkeit sich gegen den Verletzungsvorwurf zu wehren. Die häufigste Abwehrstrategie ist die Nichtigkeitsklage.[177]

---

[176] Vgl. Goldscheider/Gordon (2006), S. 180.
[177] Vgl. Miele (2000), S. 83 f.

2.4.1 Vorliegen einer Patentverletzung nach deutschem Recht

Grundsätzlich liegt eine Patentverletzung vor, wenn gegen §9 PatG bzw. auch §10 PatG verstoßen wird. Um eine Patentverletzung zu beurteilen, muss jedoch festgestellt werden, welche Gegenstände im Einzelnen durch das Patent geschützt sind. Somit ist der Inhalt der Patentansprüche maßgebend für die Klärung der Frage, ob eine Patentverletzung vorliegt.[178]

2.4.1.1 Merkmalsanalyse

Ein Patentanspruch hat eine Reihe von Merkmalen, die bei der Beurteilung, ob eine Patentverletzung vorliegt, geprüft werden. Die Merkmale umfassen sowohl die Oberbegriffe als auch die kennzeichnenden Teile, die dem Patentanspruch zu Grunde liegen. Dabei gilt sich strikt an den Wortlaut des Patentanspruchs zu halten. Üblicherweise liegen Bezugszeichnungen als auch Figurenbeschreibungen vor, die zur Erläuterung der Erfindung dienen. Bezugszeichnungen dienen zum besseren Verständnis der Patentansprüche. Anhand der Bezugszeichnungen werden die Merkmale im Einzelnen erläutert. Beim Vorliegen einer Patentverletzung werden alle diese Merkmale mit dem Gegenstand verglichen, der gegen das Patent verstoßen soll. Dieser Gegenstand wird als Verletzungsgegenstand bezeichnet. Bei der Prüfung einer Patentverletzung ist der genaue und objektive Vergleich zwischen der Merkmalsdefinition und dem Verletzungsgegenstand der wichtigste Vorgang. Ein Fachmann führt die Prüfung aus. Eine Patentverletzung liegt vor, wenn der Verletzungsgegenstand die Merkmale aus dem Patentanspruch aufweist.[179]

2.4.1.2 Mittelbare und unmittelbare Patentverletzung

Der Patentinhaber erlangt durch das Patent ein positives Benutzungsrecht und gleichzeitig ein Verbietungsrecht gegenüber Dritten.[180] Eine mittelbare Patentverletzung liegt vor, wenn der Patentverletzer bestimmte Mittel verwendet, die für die Anwendung der Erfindung bestimmt sind. Voraussetzung ist, dass dies dem Patentverletzer bekannt ist, oder aufgrund der Umstände angenommen werden kann, dass dies für ihn offensichtlich ist. Bei einer mittelbaren Patentverletzung greifen Dritte folglich nicht unmittelbar das Patent an, wie bei einer unmittelbaren Patentverletzung. Letztere lässt sich leicht beweisen. Stattdessen wird im Zusammenhang der mittelbaren Patentverletzung von einem sog. ‚Gefährdungstatbestand‘ gesprochen.[181] Das bedeutet, dass durch die Ermittlung einer mittelbaren Patentverletzung eine unmittelbare Patentverletzung bereits im Vorfeld verhindert werden kann.[182] In der Praxis ist es jedoch sehr leicht für den mutmaßlichen mittelbaren Patentverletzer, dem Vorwurf der mittelbaren Patentverletzung

[178] Vgl. Rebel (2003), S. 252 ff.
[179] Vgl. Gross (2009), S. 31 ff.
[180] Vgl. Bernhardt (1974), S. 25.
[181] Vgl. Osterrieth (2000), S. 75.
[182] Vgl. Hesse (1982), S. 191 ff.

durch entsprechende Vorkehrungen auszuweichen, da die mittelbare Patentverletzung nicht eindeutig nachweisbar ist.[183]

Die genaue Definition des Begriffs „unmittelbar" ist streitig.[184] Im deutschen Gesetz werden die unmittelbare Patentverletzung im §9 PatG und die mittelbare Patentverletzung im §10 PatG geregelt. Nach §139 PatG sind die Rechtsfolgen bei einer mittelbaren Patentverletzung grundsätzlich dieselben, wie bei einer unmittelbaren Patentverletzung. Jedoch ist, wie bereits erwähnt, eine eindeutige Zuordnung einer mittelbaren Patentverletzung in der Praxis eher schwierig, da der mutmaßliche Patentverletzer behaupten kann, dass er auf eine alternative Anwendung abgezielt hat und somit keine mittelbare Patentverletzung begangen hat.[185]

2.4.1.3 Identische und äquivalente Patentverletzung und Übereinstimmung

Grundsätzlich kann zwischen identischer und äquivalenter Patentverletzung unterschieden werden. Eine identische Patentverletzung liegt vor, wenn alle Merkmale einer patentierten Erfindung im Wortsinn beim Verletzungsgegenstand nachgewiesen werden können. Diese wird auch häufig wortsinngemäße Patentverletzung genannt.[186]

Wenn stattdessen nur eine ähnliche Verwirklichung von Patentmerkmalen im Verletzungsgegenstand vorliegt, spricht man von einer äquivalenten Patentverletzung. Dies bedeutet, dass beispielsweise ein Merkmal aus dem Patentanspruch im Verletzungsgegenstand nicht gegeben ist. Der Patentschutz umfasst daher nicht nur die wortsinngemäße Patentverletzung, sondern auch vergleichbare Abwandlungen. Um prüfen zu können, ob eine äquivalente Patentverletzung vorliegt, müssen die drei Voraussetzungen Gleichwirkung, Naheliegen und Gleichwertigkeit geprüft werden. Eine Gleichwirkung liegt vor, wenn die Lösung eines Problems durch eine Erfindung mit technisch gleichwirkenden Mitteln erfolgt. Eine naheliegende Patentverletzung liegt vor, wenn der Fachmann ohne besondere Überlegungen, nur aufgrund seines Fachwissens den Verletzungsgegenstand als solchen erkennt. Gleichwertigkeit bedeutet in diesem Zusammenhang, dass der Fachmann Überlegungen anstellt, den Patentanspruch prüft und den Verletzungsgegenstand schließlich als gleichwertig einstuft.[187]

Die äquivalente Patentverletzung tritt in der Praxis am häufigsten auf. Der Schwerpunkt des Streits bei derartigen Patentverletzungen liegt auf der Frage, ob eine Äquivalenz tatsächlich vorliegt. Hierbei vertreten der Patentinhaber und der mögliche Patentverletzer verschiedene

[183] Vgl. Mes (1997), S. 89.
[184] Vgl. Osterrieth (2000), S. 74.
[185] Vgl. Rinken (2012), S. 2 f.
[186] Vgl. Gross (2009), S. 35 f.
[187] Vgl. Kühnen (2011), S. 39 ff.

Standpunkte. Hinzu kommt, dass die äquivalente Patentverletzung in verschiedenen Rechtsordnungen unterschiedlich geregelt ist.[188] Dies hat zur Folge, dass Erfahrungen, die im Inland gemacht werden, nicht auf das Ausland übertragen werden können.

Ob der Verletzungsgegenstand besser oder schlechter ist als der patentierte Gegenstand ist für die Beurteilung, ob eine Patentverletzung vorliegt, unerheblich. Bei einer verschlechterten Ausführung spricht man dann von einer äquivalenten Patentverletzung, wenn die Vorteile, die das Patent ermöglicht, im erheblichen Umfang realisiert worden sind. Eine verbesserte Ausführung kann das Patent ebenso verletzen, da ein jüngeres Patent grundsätzlich immer von dem älteren Patent abhängig ist. Dies gilt selbst dann, wenn die verbesserte Ausführung patentfähig ist.[189]

Neben der wortsinngemäßen und äquivalenten Patenverletzung kann selbst dann eine Übereinstimmung vorliegen, wenn keine Ansprüche auf die Merkmale zutreffen. Nach Osterrieth (2000) handelt es sich bei solchen Merkmalen, die nicht durch die angegriffene Ausführungsart verletzt wurden, um „erkennbar nicht wesentliche oder nicht notwendige technische Elemente", die für die Lösung der „patentgemäßen Aufgabe" verwendet worden sind.[190]

2.4.2 Patentverletzungen aus ökonomischer Sicht

Neben der Betrachtung der juristischen Definitionen einer Patentverletzung ist die ökonomische Analyse von großer Bedeutung. Hierbei werden die Bedrohungen der eigenen Patente als Vorstufe der eigentlichen Patentverletzung – somit als ökonomische Art von Patentverletzung – angesehen.[191]

Im Rahmen der ökonomischen Sicht lassen sich die Patente von Unternehmen in fünf Kategorien einteilen.[192] Insbesondere beleuchten die letzten beiden Punkte die ökonomischen Aspekte einer Patentverletzung, welche über die juristischen Aspekte, die insbesondere in den ersten beiden Punkten aufgegriffen werden, hinausgehen.

- Patente, welche die Unternehmen selbst nutzen
  Durch die drei Dimensionen der potenziellen Patentverletzung – die Patent-Breite, Patent-Höhe und Patent-Länge – haben potenzielle Patentverletzer nach Van Dijk (1994) viele Angriffsmöglichkeiten auf Patente, welche die Unternehmen selbst nutzen. Abbildung 2.12 veranschaulicht die drei Dimensionen.

[188] Vgl. Chien (2012), S. 1 f.
[189] Vgl. Gross (2009), S. 37 f.
[190] Vgl. Osterrieth (2000), S. 115 f.
[191] Vgl. Schramm et al. (1987), S. 124.
[192] Vgl. Mehnert (2002), S. 233 ff.

Die Patent-Breite bezieht sich auf die Frage, welche Ansprüche das Patent abdeckt. Die Patent-Höhe beantwortet die Frage, welchen Aufwand ein Dritter betreiben muss, um das Patent zu umgehen. Die Patent-Länge zeigt auf, wie lange der Patentschutz gilt.[193] Bei den beiden Dimensionen Patent-Breite und Patent-Länge besteht die Gefahr der Imitation. Verbesserte Versionen des patentierten Produktes, die neu in den Markt eingeführt werden, stellen eine Gefahr für die Patent-Höhe dar.[194]

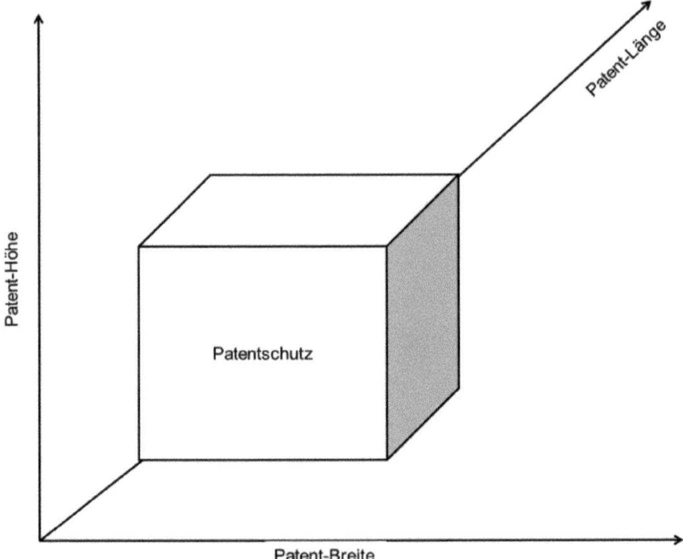

Abb. 2.12: Die Dimensionen des Patentschutzes (Mehnert, 2002, S. 234)

- Patente, die durch Lizenzvergabe Dritten zur Nutzung überlassen werden
  Ein Unternehmen hat die Möglichkeit, sein Patent per Lizenz an Dritte zu vergeben. Die Lizenzvergabe kann beispielsweise auch im Rahmen eines Lizenzangebots an einen Wettbewerber erfolgen, der evtl. unbewusst ein Patent verletzt hat.

- Patente, die weder vom Unternehmen selbst, noch von Dritten genutzt werden
  Patente, die weder das Unternehmen, das im Besitz dieser Patente ist, noch Dritte durch eine Lizenz nutzen, sind beispielsweise Vorratspatente oder Sperrpatente. Bei Patentverletzungen in diesem Bereich ist es für den Geschädigten besonders schwierig nachzuweisen, dass ihm durch die Patentverletzung Gewinne entgangen sind.[195]

---

[193] Vgl. Van Dijk (1994), S. 15 f.
[194] Vgl. Hess (1987), S. 128.
[195] Vgl. Strebel (1968), S. 195 f.

- „Potenzielle Patente“
  Unter dem Begriff potenzielle Patente werden nicht-patentierte aber patentierungsfähige Erfindungen zusammengefasst.[196] Da in einigen Branchen häufig parallel an ähnlichen Projekten geforscht wird, besteht die Gefahr, dass Wettbewerber Patente anmelden, die den eigenen Entwicklungen eines Unternehmens sehr Nahe kommen. Die Wettbewerber nutzen diese Patente entweder selbst oder setzen diese als Sperrpatente ein. Dies kann die eigene Patentanmeldung erschweren bzw. sogar unmöglich machen.[197]

- Verletzung eines Teilmitglieds einer Patentgruppe
  „Firmen sollten um ihre Spitzenprodukte eine Mauer aus Patenten ziehen.“[198] Unternehmen, die forschungsintensive Produkte herstellen, sichern sich normalerweise durch mehrere umgebende Patente – auch Patentgruppen genannt – ab. Auf diese Weise kann der Schutzbereich des Basispatents sehr weit ausgedehnt werden.[199] Bei einer Patentverletzung muss der Geschädigte zunächst gründlich analysieren, ob es sich um eine zufällige Patentverletzung handelt, oder ob strategische Motive dahinterstehen, die zur Folge haben, dass wichtigere Patente verletzt oder gar vernichtet werden.[200]

2.4.3 Beurteilung einer Patentverletzung im internationalen Kontext

Grundsätzlich ist die Beurteilung einer Patentverletzung im internationalen Raum nur eingeschränkt möglich. Dies liegt u.a. daran, dass fast alle Staaten ihr eigenes Patentrecht haben. So gibt es keine länderübergreifende Regelung, die das Vorliegen einer Patentverletzung klar definiert.

Die meisten Staaten sind Mitglied der Pariser Union bzw. der Pariser-Verbands-Übereinkunft zum Schutz des geistigen Eigentums (PVÜ). Diese Staaten müssen insbesondere die Mindestanforderungen für den Patentschutz erfüllen, die in Artikel 2 – 5 PVÜ geregelt sind. Das Prioritätsrecht ist dabei von besonderer Bedeutung. Dies bedeutet, dass wenn innerhalb eines Jahres nach der Patentanmeldung in einem PVÜ-Staat eine weitere Patentanmeldung für die gleiche Erfindung in einem anderen Staat erfolgt, die Prioritätsfrist nicht tangiert wird. Der Patentanmelder erhält folglich für die zweite Anmeldung den Zeitrang der ersten Anmeldung. Der Zeitrang beschreibt den Zeitpunkt, ab welchem ein Patentanspruch verfolgt werden kann.

---

[196] Vgl. Faix (1998), S. 151.
[197] Vgl. Grupp (1994), S. 175 ff.
[198] Rivette/Kline (2000), S. 30.
[199] Vgl. Mehnert (2002), S. 239.
[200] Vgl. Ernst (1996), S. 35.

Im internationalen Raum muss bei der Beobachtung von Patentaktivitäten der Inlandsvorteil berücksichtigt werden. Inländische Unternehmen sind in der Regel bei der Erlangung eines inländischen Patentes bessergestellt als ausländische. Beispielsweise sind die Kosten, die mit der Patentanmeldung verbunden sind, für inländische Unternehmen niedriger. Die Qualität der ausländischen Patente ist in der Regel jedoch höherwertiger, so dass die niedrigeren Kosten oftmals keinen tatsächlichen Vorteil für die inländischen Unternehmen darstellen.[201]

Das TRIPS-Abkommen (Agreement on Trade-Related Aspects of Intellectual Property Rights) ist ein internationales Abkommen über geistiges Eigentum. Staaten, die dieses Abkommen unterzeichnet haben, müssen einige grundlegende Anforderungen an ihr nationales Rechtssystem umsetzen. Eine wichtige Grundlage bildet die Gleichbehandlung der Mitgliedsstaaten und der damit verbundene Schutz zur Förderung von Innovationen und Technologietransfer. Ziel ist es, den wirtschaftlichen und sozialen Wohlstand der Mitgliedsstaaten zu steigern.[202]

Das TRIPS-Abkommen regelt verschiedene Rechtsbereiche wie z.B. Patente, aber auch die Bekämpfung von Praktiken in Lizenzverträgen, die wettbewerbswidrig sind.[203] Das Abkommen dient insbesondere der Gleichbehandlung von inländischen und ausländischen Unternehmen und der Bewilligung von Patenten in allen technischen Bereichen. Jedoch existiert keine einheitliche, grenzübergreifende Definition des Begriffs Technizität. Obwohl viele Schwellenländer von diesem Abkommen profitieren würden, haben die meisten seine Anforderungen noch nicht oder nur eingeschränkt umgesetzt.[204]

Im Rahmen der Beurteilung, ob eine Patentverletzung im grenzüberschreitenden Kontext vorliegt, legt das Territorialitätsprinzip den räumlichen Schutzbereich eines Patentes fest. Es setzt voraus, dass die Patentverletzung auf irgendeiner Art und Weise eine Verbindung zum Schutzland hat. Im globalen Kontext spielt das Territorialitätsprinzip eine eher untergeordnete Rolle. In erster Linie wird das Vorliegen einer Patentverletzung durch die Benutzungshandlung determiniert. Eine Besonderheit, die es hierbei im internationalen Kontext zu beachten gilt, ist, dass es ausreicht, wenn lediglich eine Benutzungshandlung im Schutzland erfolgt ist, selbst wenn alle anderen Benutzungshandlungen im patentfreien Ausland erfolgt sind. Wann genau eine Benutzungshandlung im internationalen Kontext vorliegt, kann neben einer wirtschaftlichen Betrachtung auch anhand einer Systematisierung der typischen Sachverhalte bei bestimmten Verletzungsarten analysiert werden. Es gilt die Interessen beider Parteien sorgfältig abzuwägen. Auf dieser Grundlage kann zwischen dem Schutzbereich des Patentinhabers und seinen damit verbundenen Rechten zur Erfindungsverwertung und dem Schutzbereich des Landes, das den

---

[201] Vgl. Schmoch et al. (1988), S. 5.
[202] Vgl. Liebig (2001), S. 45.
[203] Vgl. o.V. (o.J.), o.S.
[204] Vgl. Koshy (1995), S. 18 f.

Wirtschaftsraum im Inland vor unverhältnismäßiger Belästigung des Patentinhabers im internationalen Wirtschaftsverkehr schützt, differenziert werden.[205]

2.4.4 Patentverletzungsbegriff im Kontext der vorliegenden Arbeit

In den vorangegangenen Ausführungen wird deutlich, dass das Vorliegen einer Patentverletzung nicht eindeutig bestimmbar ist. Der Begriff Patentverletzung wird vor allem im juristischen Rahmen gebraucht. Das Vorliegen einer Patentverletzung wird im Grunde gerichtlich festgestellt. Mit Hinblick auf das Ziel dieser Arbeit beschränken sich die Begriffe Patentverletzung und Patentverletzer auf mutmaßliche Patentverletzungen. Der Terminus „mutmaßliche Patentverletzung" beschreibt den verdichteten Verdacht eines Unternehmens, dass entweder vorsätzlich oder unbeabsichtigt die unrechtmäßige Nutzung eines Patents vorliegt und somit eine Patentverletzung begangen wurde. Das Vorliegen eines Rechtsstreits ist hierfür nicht zwangsläufig notwendig. Daher wird in der vorliegenden Arbeit unter dem Begriff Patentverletzung der Terminus mutmaßliche Patentverletzung verstanden.

2.4.4.1 Abgrenzung zum Begriff Produktpiraterie

Die Begriffe Patentverletzung und Produktpiraterie überschneiden sich in vielen Teilen. Der Begriff Produktpiraterie beschreibt die absichtliche Verletzung von Urheber-, Marken- und gewerblichen Schutzrechten. Die Produktpiraterie umfasst auch die illegale Nutzung dieser Produkte. Die Grundlage für diese Begriffsdefinition bildet das im Jahr 1990 in Kraft getretene „Gesetz zur Stärkung des Schutzes des geistigen Eigentums und zur Bekämpfung der Produktpiraterie" (PrPG). Internationale Maßnahmen wie das TRIPS-Abkommen oder das GATT-Abkommen, die in ihren Inhalten parallel zu dem PrPG gestaltet wurden, werden bei der Begriffsabgrenzung ebenso berücksichtigt.

Maul und Maul (1999) fassen verschiedene Varianten von Schutzrechtsverletzungen zusammen[206]:

- Der Verkauf eines Produktes unter einem ähnlichen Namen wie das Original Das Produkt ist dabei materiell gleich.
- Der Verkauf eines im funktionellen Sinne gleichwertigen Produktes, das zu einem niedrigeren Preis angeboten wird
- Der Verkauf eines ähnlichen Produktes zu einem günstigeren Preis, bei der das Image des Originals genutzt wird

[205] Vgl. Stauder (1975), S. 197.
[206] Vgl. Maul/Maul (1999), S. 1059 f.

- Der Verkauf eines anderen Produktes, das Bilder und Zeichen des Originalprodukts verwendet

Es wird deutlich, dass die Art und Weise des Vorgehens, die Produktpiraterie von der Patentverletzung unterscheidet. Eine absichtliche Täuschung im Rahmen der Produktvermarktung steht bei der Produktpiraterie im Fokus, während die Patentverletzung sich nicht ausschließlich auf die Vermarktung bezieht und auch nicht immer absichtlich geschehen muss.

2.4.5 Patentverletzungsklage nach deutschem Recht

Zunächst kann der Geschädigte den Patentverletzer abmahnen.[207] Im Falle, dass die Abmahnung nicht erfolgreich verläuft, kann es zu einer Klage kommen. Die rechtlichen Ansprüche des Geschädigten und die Verteidigungsmöglichkeiten des mutmaßlichen Patentverletzers werden im Folgenden aufgezeigt. Hierzu wird grundsätzlich das deutsche Recht herangezogen. Die Ansprüche des Geschädigten, aber auch die Abwehrmöglichkeiten des mutmaßlichen Patentverletzers ergeben sich im internationalen Kontext vor allem aus dem Patentrecht und dem Patentsystem des jeweiligen Landes.

2.4.5.1 Rechtliche Ansprüche des Geschädigten nach deutschem Recht

Der Geschädigte kann gegenüber dem mutmaßlichen Patentverletzer verschiedene Abwehransprüche, die sich aus dem Vorliegen der Patentverletzung ergeben, geltend machen.

2.4.5.1.1 Unterlassungsanspruch

Bei Vorliegen einer Patentverletzung kann der Patentinhaber oder der Patentlizenznehmer gemäß §139 Abs. 1 PatG von dem Patentverletzer verlangen, die patentverletzenden Handlungen zu unterlassen. Durch sogenannte Unterlassungsverpflichtungserklärungen mit entsprechenden Vertragsstrafen kann der Geschädigte sicherstellen, dass eine Wiederholung der Patentverletzung durch den Patentverletzer, der diese Erklärung unterzeichnet, nicht mehr geschieht. Falls eine Unterlassung bereits vor Eintritt der Patentverletzungshandlung vom Kläger aufgrund der sogenannten Erstbegehungsgefahr eingefordert wird, hat dieser nachzuweisen, dass eine Patentverletzung durch den Beklagten unmittelbar bevorsteht.[208]

2.4.5.1.2 Vernichtungsanspruch

Neben dem Unterlassungsanspruch hat der Geschädigte aus der Patentverletzung auch einen Anspruch auf Vernichtung der entsprechenden Gegenstände. Dieser kann auch gleichzeitig mit dem Unterlassungsanspruch verfolgt werden.[209] Diese Form des Beseitigungsanspruches zielt nach §140a PatG darauf ab, dass patentverletzende Erzeugnisse oder Vorrichtungen, die zur

[207] Vgl. Kühnen/Geschke (2002), S. 211.
[208] Vgl. Kühnen (2011), S. 297 f.
[209] Vgl. Nieder (2004), S. 111 f.

nahezu ausschließlichen Herstellung eines patengeschützten Erzeugnisses dienen, vernichtet werden können.

2.4.5.1.3 Schadensersatzanspruch

Falls der Patentverletzer vorsätzlich oder fahrlässig, d.h. aus eigenem Verschulden ein Patent verletzt hat, steht dem Geschädigten gemäß §139, Abs. 2 PatG neben dem Unterlassungs- und Vernichtungsanspruch auch ein Schadensersatzanspruch zu. Der Schadensersatz ist umso höher, je höher der Grad der Fahrlässigkeit ist. Um einen Schadensersatzanspruch durchzusetzen, muss der Umfang des Schadens durch die Patentverletzung ermittelt werden.[210]

2.4.5.1.4 Bereicherungsanspruch

Im Falle, dass dem mutmaßlichen Patentverletzer kein Verschulden nachgewiesen werden kann, kann von ihm zumindest die Herausgabe der ungerechtfertigten Bereicherung verlangt werden.[211] Dies setzt voraus, dass der Patentverletzer sich ungerechtfertigt auf Grundlage des Verletzungsgegenstandes bereichert hat. §§812 Abs.1 und 818, Abs.2 begründen diesen Anspruch des Geschädigten. Der Bereicherungsausgleich bemisst sich auf Grundlage der Lizenzanalogie.[212]

2.4.5.1.5 Entschädigungsanspruch

Der Entschädigungsanspruch bezieht sich auf den Zeitraum zwischen Offenlegung und Erteilung eines Patentes. Gemäß §33, Abs. 1 PatG kann der Geschädigte nach der Patenterteilung rückwirkend eine angemessene Entschädigung von dem Patentverletzer einfordern, vorausgesetzt dem Patentverletzer war bekannt oder hätte bekannt sein können, dass es sich um einen Gegenstand der Anmeldung handelt. Die Benutzung eines angemeldeten Gegenstandes bis zur Patenterteilung ist nicht rechtswidrig.[213]

2.4.5.1.6 Auskunftsanspruch

Dem Geschädigten muss der Umfang der Verletzungshandlungen bekannt sein, damit er entsprechende Maßnahmen ergreifen und seine Ansprüche konkretisieren kann. Grundsätzlich hat der Geschädigte gemäß §140b, Abs. 1 und Abs. 2 PatG Anspruch auf eine sofortige Auskunft über den Vertriebsweg, die Herkunft, somit die Abnehmer und Lieferanten, sowie die Mengen und Auftraggeber. Der Patentverletzer hat dem Geschädigten diese Informationen zur Verfügung zu stellen. Falls der Patentverletzer vertragliche Vereinbarungen mit Dritten hat, die ihm eine Weitergabe dieser Informationen verbieten, kann der Patentverletzer von der Auskunftspflicht befreit werden.[214]

---

[210] Vgl. Gross (2009), S. 43 f.
[211] Vgl. Rebel (2003), S. 257 f.
[212] Vgl. Kühnen/Geschke (2002), S. 106.
[213] Vgl. Rebel (2003), S. 257.
[214] Vgl. Nieder (2004), S. 95 f.

2.4.5.2 Abwehrstrategien und Verteidigungsmöglichkeiten des mutmaßlichen Patentverletzers nach deutschem Recht

Der mutmaßliche Patentverletzer kann den Vorwurf der Patentverletzung mit verschiedenen Strategien abwehren. Dabei lässt sich die formelle Verteidigungsform von der materiellen Verteidigungsform unterscheiden. Bei aussichtslosen Klagen ist das Ziel des Patentverletzers vor allem die Minimierung der Verfahrenskosten.[215]

2.4.5.2.1 Formelle Verteidigung

Eine Klage kann wegen formeller Mängel abgewiesen werden, aber auch durch ein Einspruchsverfahren, eine Nichtigkeitsklage oder eine Zwangslizenzklage durch den mutmaßlichen Patentverletzer.

Bei einem Einspruchsverfahren erhebt der mutmaßliche Patentverletzer Einspruch gegen das Patent. Dies muss bei einem deutschen Patent innerhalb von drei Monaten nach Veröffentlichung geschehen, bei einem europäischen Patent beispielweise aber innerhalb von neun Monaten. In der Regel muss der Einspruch genau begründet werden. Im Erfolgsfall wird das Patent z.B. wegen mangelnder Neuheit oder mangelnder erfinderischer Tätigkeit widerrufen.[216]

Eine Nichtigkeitsklage dient nach Ablauf der Einspruchsfrist dazu das Patent anzugreifen. Nichtigkeitsgründe sind gemäß § 21 PatG mangelnde Patentfähigkeit, mangelnde Offenbarung, eine widerrechtliche Entnahme von anderen Verfahren und bzw. oder die Tatsache, dass der Patentgegenstand über die angemeldete Fassung hinausgeht.

Eine Zwangslizenzklage, bei der der Gesetzgeber gegen den Willen des Patentinhabers eine Lizenzerteilung erzwingt, erfordert, dass ein öffentliches Interesse an der Erteilung einer derartigen Zwangslizenz besteht. Dies geschieht in der Praxis sehr selten. Das Verfahrensrisiko ist in solchen Prozessen sehr hoch.[217]

Der Beklagte kann das Verfahren verzögern, indem er eine Aussetzung erzwingt. Das Gericht lässt in der Regel aber nur dann eine Aussetzung zu, wenn das beklagte Patent mit einer hohen Wahrscheinlichkeit auf Grundlage dieser Einspruchs- oder Nichtigkeitsklage tatsächlich vernichtet oder widerrufen wird.[218]

2.4.5.2.2 Materielle Verteidigung

Die materielle Verteidigung umfasst mehrere Möglichkeiten für den Beklagten. Der Beklagte kann den Verletzungsvorwurf bzw. die Passivlegitimation bestreiten, wenn er an der Benutzungshandlung nicht beteiligt war, die Behauptung des Klägers zur Benutzungshandlung nicht

[215] Vgl. Kühnen/Geschke (2002), S. 123.
[216] Vgl. Gross (2009), S. 53 f.
[217] Vgl. Buhrow/Nordemann (2005), S. 408.
[218] Vgl. Kühnen/Geschke (2002), S. 147 f.

in dieser Form stattgefunden hat, oder die Benutzungshandlung das Patent und dessen Schutzbereich nicht tangiert.[219]

Weitere materielle Verteidigungsmöglichkeiten des Beklagten sind der Lizenzvertrag, die Lizenzbereitschaftserklärung und das positive Benutzungsrecht. Der Beklagte kann sich auf ein prioritätsälteres Recht berufen, auch wenn dies zum Zeitpunkt der Anmeldung des Klagepatentes nicht offengelegt war.[220] Liegt laut dem Beklagten ein Lizenzvertrag zwischen ihm und dem Kläger vor, muss zunächst das Vorliegen dieses Lizenzvertrages geprüft werden. Darüber hinaus müssen auch die Gültigkeit des Vertrags zum Zeitpunkt der scheinbaren Patentverletzung und die Frage, ob die beklagte Handlung unter den Lizenzvertrag fällt, geklärt werden.[221] Es ergibt sich außerdem ein Benutzungsrecht aus der Lizenzbereitschaftserklärung. Durch Anzeige an den Patentbesitzer kann sich jeder für zukünftige Aktivitäten eine Berechtigung zur Benutzung in Form eines Lizenzvertrages verschaffen. Benutzungshandlungen, die vorher stattgefunden haben, sind demnach Patentverletzungen.[222]

Die Vorbenutzungs- und Weiterbenutzungsrechte sind weitere Formen der materiellen Verteidigung. Wenn die Erfindung zum Zeitpunkt der Anmeldung einer Erfindung bereits in Betrieb genommen wurde bzw. hierzu die notwendigen Vorkehrungen getroffen wurden, tritt laut § 12, Abs. 1 PatG die Wirkung des Patents gegenüber demjenigen nicht ein. Auch wenn ein erloschenes Patent wieder in Kraft tritt, gilt nach § 123, Abs. 5 PatG, dass die Wirkung des Patents demjenigen gegenüber nicht gilt.

Ein Widerrufsgrund oder eine Nichtigkeitsklage durch den Beklagten ist möglich, wenn seine Erfindung ohne Einwilligung entnommen worden ist.[223]

Erzeugnisse, die geschützt sind, aber durch den Patentinhaber oder mit dessen Einverständnis in Verkehr gebracht worden sind, dürfen benutzt, vertrieben, eingeführt und frei besessen werden. Die Nutzung kann der Patentinhaber in diesem Fall nicht verbieten.[224]

Drei Jahre nach Kenntnisnahme der Patentverletzungshandlung und des Schädigers verjähren die Ansprüche des Geschädigten. Wenn der Geschädigte nach nachweisbarer Kenntnis über den Verstoß gegen seine eigenen Rechte über einen längeren Zeitraum untätig bleibt, kann sein Schadensersatzanspruch bzw. auch sein Herausgabeanspruch verwirkt sein. Jedoch erweist sich

---

[219] Vgl. Kühnen/Geschke (2002), S. 134 ff.
[220] Vgl. Kühnen/Geschke (2002), S. 140.
[221] Vgl. Nieder (2004), S. 224.
[222] Vgl. Nieder (2004), S. 142.
[223] Vgl. Nitsche (2007), S. 199.
[224] Vgl. Nieder (2004), S. 226 f.

solch eine Abwägung in der Praxis als schwierig, da Patentverletzungen oftmals nicht leicht erkennbar sind.[225]

Das sogenannte Doppelschutzverbot greift innerhalb der EU unter anderem dann, wenn es eine Übereinstimmung im Schutzbereich gibt. Dies ist in §8 IntPatÜG geregelt.

2.5 Lizenzvergabe als Strategie der Markterschließung

Die Lizenzvergabe als Strategie der Markterschließung liegt vom Intensitätsgrad der Bearbeitung eines ausländischen Marktes, zwischen Export und Direktinvestition. Der Export stellt dabei die am wenigsten, intensive Form des Markteintritts dar, während die Direktinvestition die intensivste Form darstellt. Abbildung 2.13 liefert einen systematisierten Überblick über die Markteintritts- und Marktbearbeitungsstrategien.

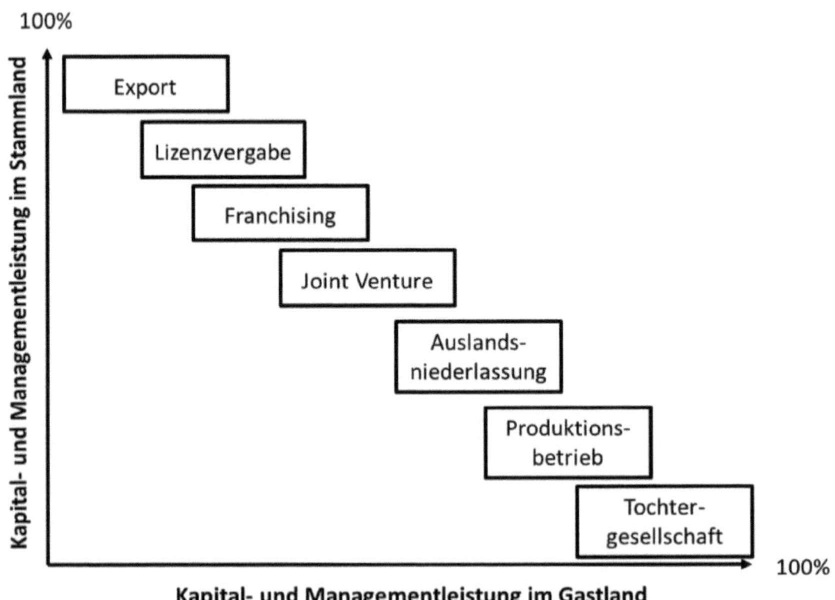

Abb. 2.13: Systematisierung von Markteintritts- und Marktbearbeitungsstrategien (Meissner/Gerber, 1980, S. 224)

[225] Vgl. Nieder (2004), S. 229 f.

Im Rahmen der Lizenzvergabe entsteht lediglich eine Knowhow- bzw. Schutzrechtsübertragung, nicht jedoch eine kapitalgebundene Verflechtung.[226] Dies bedeutet nicht, dass eine kapitalgebundene Verflechtung auf Grundlage einer Lizenz zwangsweise ausgeschlossen werden muss. Nach Weihermüller lässt sich der Lizenztransferprozess ins Ausland wie folgt darstellen:

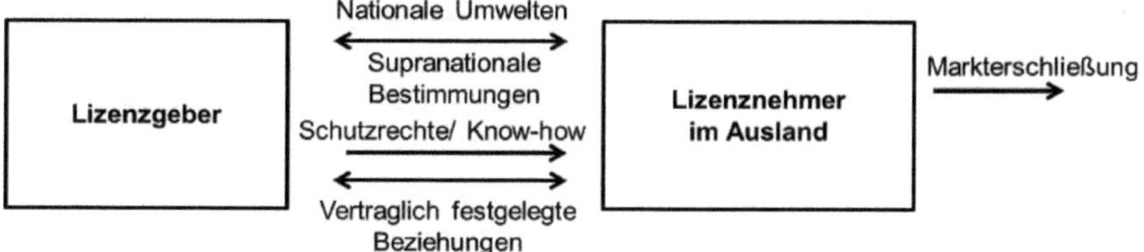

Abb. 2.14: Der Lizenztransferprozess im Ausland (in Anlehnung an Weihermüller, 1982, S. 22)

Der Lizenznehmer ist für die Verwertung der übertragenen Schutzrechte und des Knowhows im Ausland verantwortlich, die ihm der Lizenzgeber überträgt. Das gemeinsame Ziel ist die Markterschließung. Ein Lizenzvertrag bildet die Kooperationsgrundlage. Der Lizenztransfer wird von den jeweiligen nationalen Umwelten und supranationalen Bestimmungen determiniert. Diese werden in den folgenden Unterkapiteln näher erläutert.

Im internationalen Raum haben Unternehmen mit wenig Auslands- und Lizenzerfahrungen die Möglichkeit des indirekten, einseitigen Lizenztransfers, bei dem Lizenzvermittler wie Patentverwertungsgesellschaften, Patentanwälte oder Ingenieurbüros in den Lizenzvergabeprozess eingebunden werden.[227] Eine weitere Form der Lizenzvergabe ist die Lizenzvergabe im Dreieckverhältnis. Dies bedeutet, dass ein Lizenzgeber eine Herstellungslizenz an einen ausländischen Fertigungsbetrieb vergibt und gleichzeitig eine Vertriebslizenz an ein ausländisches Vertriebsunternehmen. Um als Lizenzgeber in dieser Konstellation genügend Einfluss nehmen zu können, sollten getrennte Lizenzverträge erstellt werden.[228]

Je nach Interessenslage der beteiligten Parteien ist auch eine tiefergehende Kooperation auf Grundlage einer Lizenzvergabe denkbar. So sind z.B. auch strategische Allianzen, Joint Ventures oder die Gründung von gemeinsamen Tochtergesellschaften, die auf einer Lizenz beruhen, durchführbare Optionen.[229] Dies verdeutlicht, dass Lizenzvergabe und Direktinvestitionen sich nicht zwangsläufig ausschließen müssen. Die Lizenzgebühr kann beispielsweise auch in Form einer Unternehmensbeteiligung geleistet werden, was auch die Verflechtung beider Unternehmen intensiver macht, als wenn der Lizenznehmer lediglich eine monetäre Lizenzgebühr erbringt.

---

[226] Vgl. Lovell (1969), S. 7; Weihermüller (1982), S. 21 ff.
[227] Vgl. Martin et al. (1977), S. 49 f.
[228] Vgl. Siech (1961), S. 44 f.
[229] Vgl. Kulhavy (1986), S. 13; Weiss (1996), S. 7.

Eine Unternehmensbeteiligung kann das Engagement des Lizenznehmers im Ausland verstärken. Unter Berücksichtigung der im Ausland oft vorherrschenden Defizite hinsichtlich technischen Knowhows und Management ist die Unternehmensbeteiligung für den Lizenzgeber vorteilhaft, falls er direkten Einfluss auf den ausländischen Partner nehmen will.[230] In Entwicklungs- und Schwellenländern birgt die Unternehmensbeteiligung auch signifikante Vorteile insbesondere unter Berücksichtigung von Zahlungsbilanzschwierigkeiten einiger Staaten und steuerlichen Aspekten. Hier werden häufig durch den Staat Obergrenzen für Dividenden- und Lizenzgebührzahlungen gesetzt. Durch die Unternehmensbeteiligung und die gleichzeitige Erhebung von Lizenzgebühren können diese umgangen werden. Auch die Steuerbelastungen fallen dadurch geringer aus.[231]

2.5.1 Voraussetzungen für die Lizenzvergabe im Ausland

Voraussetzung für die Lizenzvergabe im Ausland ist die Anmeldung von Schutzrechten im jeweiligen Land. Grundsätzlich ist eine Anmeldung im jeweiligen Ausland vor Ort auf nationaler Ebene möglich. Eine Anmeldung kann aber auch in Deutschland als internationale Anmeldung nach PCT erfolgen. Das Patent Corporation Treaty bzw. der PCT-Vertrag ist ein weltweiter Vertrag, in dem verschiedene, vorwiegend Industrie- und Schwellenländer ein Abkommen zur globalen Vereinheitlichung des Patentanmeldeverfahrens unterzeichnet haben.[232]

Für die Identifikation von Patentverletzern muss zunächst geklärt werden, wann eine Patentverletzung vorliegt. Dies ist besonders bei Patentverletzungen im Ausland schwierig, da die Voraussetzungen für das Vorliegen einer Patentverletzung national unterschiedlich geregelt sind. Im Rahmen der grenzübergreifenden Ermittlung und Beurteilung von Patentverletzungen müssen die Patentsysteme des jeweiligen Landes und supranationale Regelungen berücksichtigt werden.[233] Für die Praxis der Lizenzvergabe an einen Patentverletzer ist die Bewertung einer Patentverletzung aus ökonomischer Sicht daher besonders zentral.

2.5.2 Wirtschaftliche und rechtliche Aspekte bei der Evaluierung der Attraktivität des Zielmarktes

Neue Märkte wie beispielsweise die Schwellenländer weisen zwar höhere Risiken aber auch höheres Potenzial im Rahmen der Lizenzvergabe auf.[234] Insbesondere in Entwicklungs- und Schwellenländern ist es wichtig, sich hinreichend über die Marktgegebenheiten zu informieren. Einen großen Anteil der Informationen erhält der Lizenzgeber von dem Lizenznehmer, jedoch

[230] Vgl. Jacobi (1972), S. 72; Friedmann/Kalmanoff (1961), S. 38.
[231] Vgl. Fröhlich (1974), S. 148.
[232] Vgl. Bülow (1976), S. 71.
[233] Vgl. Eto/Lee (1993), S. 221.
[234] Vgl. Russell/Smith (2005), S. 388.

sollten auch weitere Informationen eingeholt werden, um die Kaufkraft und die Zielgruppen und somit auch das Marktpotenzial besser einschätzen zu können. Auch juristische Gegebenheiten sollten näher beleuchtet werden, z.B. durch die Einbindung von Patent- und Rechtsanwälten, die im Zielmarkt tätig sind.

Im Rahmen der Marktanalyse werden das Marktpotenzial und die Marktattraktivität, d.h. Marktgröße und -wachstum, die heterogene oder homogene Beschaffenheit der Produkte und die Marktstruktur hinsichtlich Lieferanten, Wettbewerber und Abnehmer, näher untersucht.[235] Für die Bewertung der wirtschaftlichen Aspekte des Zielmarktes ist die Aufnahmekapazität des Marktes für ein bestimmtes Produkt oder für eine bestimmte Technologie, die dort über den Lizenznehmer vermarktet werden soll, ein zu bestimmender, entscheidender Faktor. Handelspolitische Beziehungen sollten in diesem Zusammenhang auch überprüft werden, um festzustellen, ob weitere Vertriebsmärkte über den Zielmarkt erschlossen werden können. Die Stabilität der wirtschaftlichen, politischen und sozialen Entwicklung im Zielland ist ein wichtiger Aspekt.[236]

Neben den wirtschaftlichen Aspekten sind die rechtlichen Rahmenbedingungen und Handelsbräuche für die Bestimmung der Marktattraktivität wesentlich. Grundsätzlich sollte der potenzielle Lizenzgeber die im Zielmarkt vorherrschenden patentrechtlichen Aspekte kennen, bevor er eine Lizenz vergibt. Für eine Lizenzvergabe im Ausland sind insbesondere die drei Rechtsbereiche gewerblicher Rechtsschutz, Wettbewerbs- und Kartellrecht sowie die Bestimmungen über die Ausgestaltung und Bewertung von Lizenzen von besonderer Bedeutung. Im Rahmen des gewerblichen Rechtschutzes ist zunächst zu prüfen, ob dieser im Ausland ausreichenden Schutz bietet. Neben den länderspezifischen Regelungen sollten auch die relevanten Übereinkommen wie beispielsweise das PCT oder das PVÜ geprüft werden.[237] Bei der Prüfung des Wettbewerbsrechts sollten sowohl die Regelungen im Geberland als auch die im Nehmerland geprüft werden. Auch supranationale Regelungen und die Verhältnisse der jeweiligen Regelungen im Hinblick auf Vorrangstellungen müssen berücksichtigt werden. Spezifische gesetzliche Bestimmungen für die Ausgestaltung und Bewertung von Lizenzverträgen beziehen sich z.B. auf die Höhe der Lizenzgebühr, die Vertragslaufzeit und die Gebietseinschränkung.[238]

Die sozial- und steuerrechtlichen Regelungen im Zielmarkt müssen betrachtet werden und auch die spezifischen Regelungen zum Technologietransfer. In einigen Ländern ist beispielsweise eine Genehmigung für den Import einer Technologie erforderlich. Diese wird nicht erteilt, wenn die Lizenzgebühr eine bestimmte Höhe überschreitet oder wenn Klauseln im Vertrag genannt

[235] Vgl. Bea/Haas (2005), S. 95 f.
[236] Vgl. Vejborny (1986), S. 4 ff.
[237] Vgl. Wöller (1968), S. 47.
[238] Vgl. Wolf/Werth (1972), S. 164.

werden, die im Zielland verboten sind. Derartige Klauseln umfassen u.a. Exportbeschränkungen und Produktionsmengenbeschränkungen. Das Ziel solcher Maßnahmen ist es, Steuervermeidung zu verhindern, einen besseren Rahmen für inländische Unternehmen zu schaffen und wettbewerbspolitische Ziele zu erreichen. Nach der Fair Trade Commission (FTC) sind beispielsweise in Japan einige Vertragsklauseln aus Wettbewerbsgründen verboten. Diese betreffen u.a. das Verbot für die Lizenznehmer mit Wettbewerbsprodukten zu handeln, Beschränkungen hinsichtlich eigener F&E-Aktivitäten auf Grundlage der patentierten Technologie und vorgegebene Verkaufspreise.[239]

Weitere sozial- und steuerrechtliche Fragen, die im Rahmen einer Zielmarktevaluierung überprüft werden sollten, sind z.B. ob es Förderungen und sonstige Begünstigungen gibt, die durch den Lizenznehmer oder -geber in Anspruch genommen werden können. Weiterhin sollten die devisenrechtlichen Bestimmungen näher beleuchtet werden, um den Gebührentransfer entsprechend zu planen. Es sollte auch geprüft werden, wie ausländisches Kapital im Zielland gesetzlich behandelt wird. Hier könnte es eventuell Einschränkungen im Beteiligungsverhältnis geben. In einigen Ländern dürfen keine Gebührentransferleistungen erbracht werden. Eine entscheidende Rolle spielt auch die Möglichkeit, Rechtsansprüche durchsetzen zu können oder Schiedssprüche vollstrecken zu dürfen. Die staatliche zentrale Planung und die Transparenz von Informationen muss insbesondere in Ländern mit Staatshandelsstrukturen bedacht werden. Weiterhin sind behördliche Genehmigungen, die notwendig sind, einzuholen. Beispielsweise müssen in einigen Ländern Lizenzverträge für die Devisenkontrolle genehmigt werden. Häufig wird auch eine bedingungslose Offenlegung des geheimen Knowhows gefordert. Um eine negative Auswirkung in anderen Lizenzierungsländern zu vermeiden, sollte dieser Aspekt besonders berücksichtigt werden. Die Einbindung von Anwälten im Zielland ist daher unabdingbar.[240]

Die Besteuerung hat einen erheblichen Einfluss auf die Rentabilität der Auslandstätigkeit und wird in erster Linie durch die Quellensteuer und die etwaige Doppelbesteuerung bestimmt. Der Lizenzgeber zahlt die Quellensteuer an den inländischen Fiskus, jedoch sind sowohl die Steuersätze als auch die Bemessungsgrundlage von Land zu Land unterschiedlich. Es könnte weiterhin zu einer Doppelbesteuerung kommen. Dies bedeutet, dass bei einer grenzübergreifenden Lizenzvergabe sowohl eine Quellensteuer im Ausland gezahlt werden muss, als auch nach dem Wohnsitzprinzip die unbeschränkte Steuerpflicht im Inland gilt. Um im Sinne des Technologietransfers eine Doppelbesteuerung zu vermeiden, haben einige Staaten ein Doppelbesteue-

[239] Vgl. Sell (2002), S. 119 f.
[240] Vgl. o.V. (2007), S. 10 ff.

rungsabkommen abgeschlossen, wo häufig beide oder einzelne Staaten auf Quellensteuern verzichten. Es sollte daher geprüft werden, ob ein solches Doppelbesteuerungsabkommen vorliegt und wie dies im Einzelnen geregelt wird.[241]

2.5.3 Motive und Ziele der Patentlizensierung

Die Patentlizensierung stellt eine Möglichkeit dar, Patente unternehmensextern zu verwerten. Die zu Grunde liegenden Motive des Unternehmens spielen dabei eine wichtige Rolle.

Neben den finanziellen Motiven sind auch strategische Motive wesentliche Gründe für die Lizensierung von Patenten. Gambardella, Giuri und Torrisi (2014) fassen sechs wesentliche Motive zusammen[242]:

1. Die Patentlizensierung schwächt den Anreiz von anderen Marktteilnehmern eine eigene, gegebenenfalls bessere Technologie zu entwickeln. Zudem kann der Technologieinhaber eine Patentlizenz an einen schwächeren Wettbewerber vergeben, um auf diese Art stärkere Wettbewerber abzuschrecken.[243]
2. Die Patentlizensierung dient dem Erhalt der Marktmacht. Obwohl Absprachen verboten sind, kann der Technologieinhaber durch die gezielte Lizensierung an einen Wettbewerber Lizenzeinnahmen generieren, die in ihrer Höhe dem Ertrag aus einer Kartellbildung ähneln.[244]
3. Der Technologie-Wettbewerb im Markt kann strategische Anreize für die Patentlizensierung schaffen.[245] Der Inhaber einer Technologie sollte lizensieren, wenn der potenzielle Lizenznehmer in der Lage ist, auch von anderen Unternehmen Lizenzen zu erhalten und somit als Wettbewerber aufzutreten.
4. Die Patentlizensierung kann als sekundäre Beschaffungsstrategie dienen oder sich aus dem jeweiligen Unternehmensfokus ergeben.[246]
5. Die Patentlizensierung kann mit dem Ziel erfolgen Marktstandards zu erschaffen bzw. zu kontrollieren.[247]
6. In Industrien, die von komplexen Produkten und zunehmendem technologischem Wandel geprägt sind, werden Unternehmen dazu gedrängt, Lizenzen von Technologieinhabern anzunehmen, wenn diese die Patente des Letzteren verletzt haben. In diesen Industrien sind

[241] Vgl. Sell (2002), S. 121 ff.
[242] Vgl. Gambardella et al. (2014), S. 235 f.
[243] Vgl. Rockett (1990), S. 161 ff.
[244] Vgl. Fershtman/Kamien (1992), S. 329 ff.
[245] Vgl. Arora/Fosfuri (2003), S. 277 ff.
[246] Vgl. Shepard (1987), S. 360 ff.
[247] Vgl. Khazam/Mowery (1994), S. 89 ff.

Unternehmen auch dazu gezwungen Kreuzlizensierungsverträge anzunehmen, um so Zugang zu Kerntechnologien zu haben, deren Patente bei anderen Unternehmen liegen.

Insbesondere für kleine und mittelständische Unternehmen ist die internationale Lizenzvergabe ein einfacher Weg Marktzugang und Wettbewerbsvorteile im ausländischen Raum zu sichern.[248]

Eine Umfrage der WHU Beisheim School of Management im Jahr 2006 fasst die wesentlichen Motive für die internationale Lizenzvergabe der 154 befragten mittelständischen Unternehmen und Konzerne aus Deutschland, der Schweiz und Österreich zusammen. Die Unternehmen haben in der Regel ein Bündel von Zielen, die sie mit einer Lizenzvergabe verfolgen, von denen die Meisten strategischer Natur sind. Eine produktorientierte Lizensierungsstrategie ist das wesentliche Ziel im Rahmen des Einstiegs in einen ausländischen Markt. Die häufigste Antwort war jedoch „guaranteeing freedom to operate“. Dies bezieht sich auf eine Sonderform der Kreuzlizensierung, bei der Schutzrechte als Druckmittel gegen ein gerichtliches Vorgehen bei Patentverletzungen genutzt werden. Weitere Motive sind der Zugang zu Wissen, die Erschließung neuer Märkte, der Verkauf von zusätzlichen Produkten und die Sicherstellung der technologischen Führerschaft. Eher unwichtig sind den Unternehmen hingegen die Erfüllung der gesetzlichen Anforderungen und die Lerneffekte, die durch die Lizenzvergabe erzielt werden können.[249]

2.5.3.1 Finanzwirtschaftliche Ziele

Die finanzwirtschaftlichen Motive und Ziele vieler Unternehmen Lizenzen zu vergeben, bestehen in der Generierung von Lizenzeinnahmen, die generiert werden können, um damit die von ihnen erbrachten F&E-Leistungen zu kompensieren. Die Lizenzeinnahmen kann der Lizenzgeber beispielsweise in weitere F&E-Aktivitäten investieren.[250] Ein weiterer Aspekt für multinationale Großunternehmen ist, dass die globale Steuerlast gesenkt werden kann.[251]

Ein weiterer Faktor ist, dass die Lizenzvergabe die Wettbewerbsfähigkeit eines Unternehmens stärkt, weil der Markt für die Technologie des Lizenzgebers vergrößert wird. Ein Unternehmen kann auf diese Weise einen relevanten Markt mit geringem Risiko betreten. Die Risikoverminderung beim Einstieg in ausländische Märkte ist somit ein weiterer Vorteil, der aufgrund des verminderten finanziellen und personellen Aufwands entsteht.[252] Kapital- und Managementressourcen können eingespart werden, weil abgesehen von Knowhow bei der Lizenzvergabe keine

[248] Vgl. Welch et al. (2008), S. 107 ff.
[249] Vgl. Lichtenthaler (2007), S. 118.
[250] Vgl. Herstatt/Walch (1999), S. 5 ff.
[251] Vgl. Ferrantino (1993), S. 304 f.
[252] Vgl. Vejborny (1986), S. 2 f.

Vermögenswerte ins Ausland übertragen werden. Außerdem können die Transportkosten gesenkt werden. Eine kontrollierte Verbreitung der Innovation kann durch die entsprechende Einschränkung des Lizenznehmers z.B. regional, zeitlich oder sachlich sichergestellt werden.[253]

2.5.3.2 Absatzwirtschaftliche Ziele

Eine wichtige Rolle spielen auch die absatzwirtschaftlichen und marktorientierten Ziele. Der Lizenznehmer bietet deutlich größere Marktkenntnisse als der Lizenzgeber. Daher können Technologien und Produkte durch die Lizenzvergabe an ein ausländisches Unternehmen schneller im Markt etabliert werden. Bestehende Fertigungskapazitäten und Vermarktungswege können genutzt werden. Da auf diese Art mehrere Märkte gleichzeitig bearbeitet werden können, kann der globale Bekanntheitsgrad des Unternehmens schneller wachsen. Häufig werden Lizenzen auf sogenannte Überschusstechnologien im Ausland vergeben. Überschusstechnologien sind solche, die das Unternehmen selbst nicht nutzt. Das wichtigste Motiv hierbei sind die Zusatzgewinne, die erzielt werden können. Ein weiterer Vorteil ist die Reputation, die sich positiv auf das lizenzgebende Unternehmen auswirkt.[254] Es können zudem Exportmöglichkeiten im Rahmen des Lizenzvertrages geregelt werden. Auch kann durch die Lizenzvergabe eine Importnachfrage seitens des Lizenzgebers entstehen, beispielsweise dann, wenn die Produktionskosten beim ausländischen Partner niedriger sind.[255]

2.5.3.3 Produktionswirtschaftliche Ziele

Produktionswirtschaftliche Ziele der Lizenzvergabe ergeben sich aus dem Abbau von Kapazitätsengpässen, die entstehen, wenn die Marktnachfrage zu hoch wird, oder wenn Kapazitäten für andere, profitablere Aktivitäten genutzt werden sollen. Weitere produktionswirtschaftliche Motive umfassen die Möglichkeit, Erzeugnisse kostengünstiger im Ausland herzustellen z.B. wegen der niedrigen Arbeitskosten.[256]

2.5.3.4 Volkswirtschaftliche Ziele

Volkswirtschaftliche Ziele hängen mit der Überwindung von protektionistischen Vorschriften in ausländischen Märkten zusammen. Tarifäre und nicht-tarifäre Handelsbarrieren können durch Lizensierung umgangen werden, weil sich beispielsweise Schutzzölle, Einfuhrbeschränkungen oder die technischen Vorschriften im ausländischen Markt nur geringfügig auf die Erträge des Lizenzgebers auswirken. Hinzu kommt, dass viele ausländische Regierungen oftmals

---

[253] Vgl. Mordhorst (1994), S. 69 ff.
[254] Vgl. Mordhorst (1994), S. 69 ff.
[255] Vgl. Diller (1992), S. 622.
[256] Vgl. Herstatt/Walch (1999), S. 7.

aus Angst vor Überfremdung und aufgrund von Erwägungen hinsichtlich der Zahlungsbilanzen Lizenzverträge bevorzugen.[257]

2.5.3.5 Schutzrechtspolitische Ziele

Auch schutzrechtspolitische Ziele spielen eine Rolle, da eine Anfechtung des Schutzrechts aufgrund einer Monopolstellung im Rahmen einer Lizenzvergabe verhindert werden kann. Vorteil sind bei der Lizenzvergabe auch die geringeren politischen Risiken, insbesondere in politisch instabilen Märkten.[258]

Cross Licensing ist auch einer der wichtigsten Gründe, weshalb Unternehmen Lizenzen auf Technologien ins Ausland vergeben. Sowohl Lizenznehmer als auch Lizenzgeber profitieren von der Kreativität des Lizenzpartners. Der Rückfluss aus verbesserten Technologien kann durch sog. Grant-back-Klauseln gesichert werden, so dass auch der Lizenzgeber davon profitiert.[259]

Auf Grundlage von Anti-trust-Überlegungen werden in einigen Fällen auch Lizenzen vergeben um Gerichtsprozesse zu vermeiden, denn Gerichtsprozesse sind kosten- und zeitintensiv. Lizenzen werden beispielsweise dann vergeben, wenn eine marktbeherrschende Stellung vermieden werden soll, oder wenn zwei Unternehmen ähnliche Technologien entwickelt haben.[260] Der Lizenznehmer könnte sich in diesen Fällen an den Markteinführungskosten beteiligen. Durch den Lizenzvertrag ist der Lizenznehmer darüber hinaus dazu verpflichtet, die Erfahrungen, die er auf dem Markt gesammelt hat, mit dem Lizenzgeber zu teilen. Des Weiteren kann er hinsichtlich der Qualitätsnormen, der Preispolitik und des Nutzungsumfangs besser von dem Lizenzgeber überwacht werden. Auch die Signalwirkung dieser Handlung für andere Mitbewerber sollte hierbei berücksichtigt werden.[261]

2.5.4 Risiken der Patentlizensierung

Um zu entscheiden, wie mit einer Patentverletzung umgegangen werden soll und ob die Lizenzvergabe in einer solchen Situation eine Alternative darstellt, müssen die Risiken der Patentlizensierung betrachtet werden.

Die Risiken für den Lizenzgeber ergeben sich vor allem daraus, dass dieser das Wachstum eines möglichen Wettbewerbers unterstützt, ohne dass er dies effektiv verhindern kann. Dies ist die größte Gefahr, die das Lizenzgeschäft in sich birgt. Die Folge wäre, dass der Lizenzgeber seinen

[257] Vgl. Schanz (1995), S. 34 f.
[258] Vgl. Herstatt/Walch (1999), S. 7.
[259] Vgl. Kriependorf (1989), S. 1324 ff.
[260] Vgl. Perlitz (1995), S. 126 ff.
[261] Vgl. Gaul/Bartenbach (1993), S. 373.

eigenen Wettbewerbsvorteil verliert oder Probleme bei der Realisierung seiner eigenen Strategie insbesondere hinsichtlich der Internationalisierung bekommt.[262] Der temporäre Kontrollverlust über die Schutzrechte, die durch die Lizensierung entstehen, bildet folglich die Grundlage für die potenziellen Risiken.[263]

Weiterhin besteht die Gefahr, dass der Lizenznehmer das geheime Knowhow an Dritte weitergibt oder lizenzfrei die Technologie selbstständig weiterentwickelt. Dies kann im Extremfall dazu führen, dass die Technologie frei am Markt verfügbar wird. Eine besondere Gefahr besteht, wenn es im Zielland keinen wirksamen Patentschutz auf die Technologie bzw. auf das Produkt gibt.[264]

Der Lizenzgeber muss einen hohen Aufwand betreiben, um den Lizenznehmer zu kontrollieren und den Qualitätsstandard sicherzustellen insbesondere im Hinblick auf die Reputation des Lizenzgebers im Zielmarkt. Eine schlechte Reputation kann zu verminderten Lizenzeinnahmen führen, was wiederrum die Investitionsmöglichkeit in die eigene F&E beeinträchtigen kann. Die Einflussrechte des Lizenzgebers sind jedoch nur schwer zu verhandeln. Oftmals wird der Lizenzgeber im Rahmen von Produktion und Marketing seine Mitsprache- und Kontrollrechte geltend machen, um damit sicherzustellen, dass seine Reputation nicht beschädigt wird.[265]

Ein weiterer Aspekt bei der internationalen Lizenzvergabe sind die Informationskosten, die für den Lizenzgeber im Rahmen der Lizenzverhandlung entstehen können. Der Lizenzgeber erwartet aufgrund seines Kenntnisstandes häufig eine höhere Lizenzgebühr, als der Lizenznehmer zu zahlen gewillt ist. Dies führt dazu, dass der Lizenzgeber Informationen zum geschützten Gegenstand herausgeben muss, um seine Forderung zu rechtfertigen. Umso komplexer eine Technologie ist, desto schwieriger ist es, diese genau zu evaluieren. Hierbei muss der Lizenzgeber jedoch beachten, dass er nicht zu viele Informationen herausgibt. Bei der Vergabe von Patentlizenzen kann der Lizenzgeber jedoch auf die Patentschrift verweisen.[266] Die erwirtschafteten Lizenzgebühren decken oftmals nicht die Kosten, die dem Lizenzgeber durch den F&E-Aufwand des geschützten und lizensierten Gegenstandes entstehen.[267] Zudem entstehen durch einen schwierigen Lizenznehmer erhöhte administrative Kosten.[268]

Ein weiteres nicht zu vernachlässigendes Risiko ist das des Stillstandes bei den Verhandlungen. Dies stellt insbesondere für kleine Unternehmen ein großes finanzielles Risiko dar. Große Unternehmen hingegen können Verzögerungen und einen Stillstand eher riskieren. Dennoch birgt

[262] Vgl. Ball/McCulloch (1990), S. 60.
[263] Vgl. Parr/Smith (2005), S. 334.
[264] Vgl. Berekoven (1985), S. 44.
[265] Vgl. Paliwoda (1989), S. 68.
[266] Vgl. Hennart (1982), S. 104 ff.
[267] Vgl. Mordhorst (1994), S. 87 ff.
[268] Vgl. Smith/Parr (2005), S. 334.

ein Stillstand immer die Gefahr, dass eine Verhandlung nicht abgeschlossen wird.[269] Eine klar strukturierte Vorgehensweise und die Dokumentation der Verhandlungsschritte und Zwischenergebnisse können dieses Risiko verringern.

Die Lizenzvergabe an ausländische Partner birgt noch besondere Risiken, die beispielsweise durch rechtliche, politische oder betriebswirtschaftliche Aspekte entstehen. Die Sicherstellung der rechtlichen Zulässigkeit von Verträgen wird durch die Anzahl juristischer Normen aus den verschiedenen Rechtsgebieten erschwert. Politische Risiken sind beispielsweise das Risiko der Enteignung oder Schwierigkeiten beim Transfer von Lizenzzahlungen.[270] Abbildung 2.15 veranschaulicht die potenziellen betriebswirtschaftlichen Probleme, die durch eine internationale Lizenzvergabe entstehen.

Die betriebswirtschaftlichen Risiken der internationalen Lizenzvergabe unterteilen sich nach Berndt und Sander in kalkulierbare Wagnisse und allgemeine Unternehmerwagnisse. Die kalkulierbaren Wagnisse unterteilen sich wiederrum in wirtschaftliche Risiken und Geldwertrisiken. Die kalkulierbaren Risiken setzen sich aus dem Delkredere-Risiko zusammen, das entsteht, wenn der Lizenznehmer nicht, nur teilweise oder nicht fristgerecht seine Lizenzzahlung erbringt, sowie dem Fabrikationsrisiko und dem Risiko aus der Produkthaftpflicht. Im Rahmen der Geldwertrisiken spielen das Inflations- und das Wechselkursrisiko eine bedeutende Rolle. Allgemeine Unternehmerrisiken umfassen das Risiko einer schlechten Partnerwahl, die beispielsweise auf einer Fehleinschätzung des Marktes oder des Lizenznehmers basieren kann. Dies kann zu einem unkontrollierbaren Knowhow-Abfluss führen. Eine unzureichende Vertragsgestaltung verstärkt dieses Risiko. Der Lizenznehmer könnte entweder eine unzureichende Qualität hervorbringen oder sich selbst als Konkurrent auf dem Markt positionieren. Hier gilt es, durch entsprechende Vertragsgestaltung und Einholung von Informationen vor der Entstehung der Kooperation diese Risiken einzudämmen. Die Vertragsgestaltung wird vom Schutzbedürfnis des Lizenzgebers, seiner Einschätzung des Lizenznehmers und der Marktsituation determiniert.[271]

Auch die kulturelle und sprachliche Komponente sollte bei der Evaluation der Risiken berücksichtigt werden. Diese betrifft sowohl die Kultur, die im Zielmarkt vorzufinden ist, als auch die Unternehmenskultur des Lizenzpartners. Diese Faktoren determinieren das Vertrauen das beide Parteien dem anderen gegenüber zu erbringen bereit sind. Auch die von der eigenen Kultur gegebenenfalls abweichenden unterschiedlichen Geschäftspraktiken im Zielmarkt sollten in diesem Zusammenhang berücksichtigt werden.[272]

---

[269] Vgl. Gambardella/ Torrisi (2010), S. 33 f.
[270] Vgl. Berndt/Sander (1997), S. 529 ff.
[271] Vgl. Berndt/Sander (1997), S. 522; Kolde (1968), S. 184; Barnes (1968), S. 28.
[272] Vgl. Gambardella/Torrisi (2010), S. 28 ff.

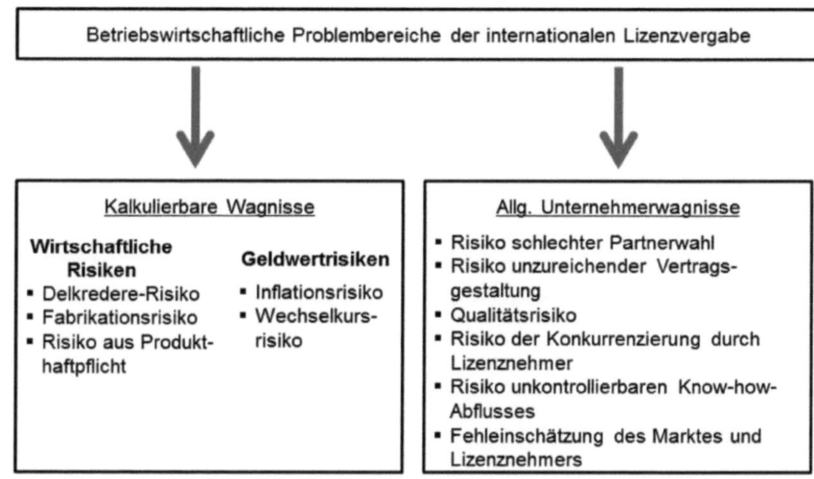

Abb. 2.15: Betriebswirtschaftliche Problembereiche der internationalen Lizenzvergabe (in Anlehnung an Berndt/Sander, 1997, S. 522)

2.5.5 Anforderungen an den Lizenznehmer

Welche Anforderungen ein Lizenznehmer erfüllen sollte, hängt von vielen verschiedenen Faktoren ab. Die kommerzielle Bedeutung des Produktes oder Verfahrens spielt dabei eine große Rolle, da dieser Faktor entscheidet, welche Leistungsfähigkeit im Vertrieb der Lizenznehmer mitbringen sollte. Um eine hohe Distributionsquote zu erreichen, sollte der Lizenzgeber idealerweise von den Vertriebskanälen und dem Marketingwissen des Lizenznehmers profitieren können. Auf diese Weise kann die Anlaufzeit, bis ein Produkt oder eine Technologie erfolgreich im Markt platziert werden kann, verkürzt werden. Auch die Ressourcenausstattung ist ein wichtiger Faktor. Bei der Auswahl des Lizenznehmers sollte daher seine technische Kapazität beleuchtet werden. Weiterhin ist die Kenntnis der Kapitalausstattung des potenziellen Lizenznehmers wesentlich, damit der Lizenzgeber abschätzen kann, ob der Lizenznehmer in der Lage ist, die Anlaufphase, in welcher der Lizenznehmer noch keine, oder nur geringfügige Einnahmen durch das Lizenzprodukt oder die Lizenztechnologie erzielt, zu überstehen. Auch die Versorgung des Lizenznehmers mit notwendigen Rohstoffen sollte beachtet werden, falls es im Rahmen der lizensierten Technologie oder des lizensierten Produktes notwendig wird. Die Personalausstattung sollte hierbei auch beachtet werden.[273]

Es sollte zudem berücksichtigt werden, ob die Lizenz an ein großes oder kleines Unternehmen vergeben wird. Ein kleines Unternehmen hat den Nachteil, dass die finanzielle Ausstattung oftmals schlechter ist als bei größeren Unternehmen, so dass der Lizenznehmer beispielsweise den

[273] Vgl. Weihermüller (1982), S. 86 f.

Ausbau von Produktionsanlagen finanziell kaum unterstützen kann. Ein großes Unternehmen hingegen birgt die Gefahr, dass das lizensierte Produkt oder Verfahren nur einen kleinen Teil des Unternehmens-Portfolios bildet und daher eher vernachlässigt wird. Eine wesentlich höhere Gefahr bei großen Unternehmen, die insbesondere bei der Lizenzvergabe an Patentverletzer eine Rolle spielt, ist, dass diese darauf abzielen Lizenzen einzufrieren und auf diese Art den Markt abzusichern. Eine sorgfältige Vertragsgestaltung ist in diesen Fällen daher unabdingbar.[274] Zuletzt ist zu erwähnen, dass die Beziehung zwischen Lizenzgeber und Lizenznehmer von gegenseitigem Verständnis und gutem Kontakt geprägt sein sollte, um damit eine dauerhafte Zusammenarbeit sicherzustellen, bei der die Interessen beider berücksichtigt werden.[275]

[274] Vgl. Girschner (1963), S. 485.
[275] Vgl. Martin et al. (1977), S. 15.

3 Theoretischer Bezugsrahmen

Nach Kubicek (1977) bildet der theoretische Bezugsrahmen den ersten Schritt für die wissenschaftliche Betrachtung eines theoretischen Problems, das noch nicht ausreichend verstanden wurde. Hierfür ist es zunächst notwendig, ein konsistentes System aus Begriffen und den angenommenen Kausalbeziehungen zu schaffen. Mit Hilfe einer anschließenden Darstellung des Standes der Forschung, die auf Erklärungsansätze und Konzepte aus der Literatur zurückgreift, soll das bestehende Wissen in das Verständnis, das geschaffen werden soll, eingebracht und zugleich auch das gewonnene Verständnis in das vorhandene Wissen eingebettet werden.[276] Ziel ist die Hypothesengenerierung.

Für die Hypothesengenerierung leistet der theoretische Bezugsrahmen drei Beiträge. So dient der Bezugsrahmen zunächst als Werkzeug für die Betrachtung eines Phänomens. Hierbei wird das theoretische Gerüst für ein Erklärungsmodell durch Begriffe und kausale Beziehungen geschaffen. Der theoretische Bezugsrahmen zeigt, welche Bestandteile des Phänomens wesentlich sind und wo die Grenzen der Betrachtung liegen. Der theoretische Bezugsrahmen bildet die Grundlage für eine nachvollziehbare Betrachtung eines Phänomens.[277] Des Weiteren dient der theoretische Bezugsrahmen als Vorstufe zur Entwicklung eines Modells. Es werden tendenzielle Zusammenhänge, Konzepte und Beziehungen hergestellt, die einer Modellentwicklung dienen.[278] Zuletzt dient der Bezugsrahmen auch als Kommunikationsmedium, das einem gemeinsamen Verständnis eines Phänomens dient und somit die Grundlage für eine wissenschaftliche Diskussion eines Phänomens darstellt.[279]

In diesem Abschnitt erfolgt zunächst eine Erläuterung der Begriffe, die für diese Arbeit eine besondere Revelanz haben. Im Anschluss werden die Ansätze der Neuen Institutionenökonomik und dabei insbesondere der Transaktionskostenansatz näher erläutert. Abschließend erfolgt die Darstellung des aktuellen Stands der Forschung. Auf Basis dessen werden Vorüberlegungen getroffen und Forschungsfragen entwickelt.

3.1 Begriffserläuterungen

Die Begriffe Kooperation, Vertrauen und Verhandlung bilden eine wesentliche Grundlage im Kontext dieser Arbeit und werden daher in den folgenden Abschnitten näher erläutert. Da sich diese Arbeit mit der Lizenzvergabe und somit einer Form der Kooperation mit einem Patent-

---

[276] Vgl. Kubicek (1977), S. 17.
[277] Vgl. Porter (1991), S. 98.
[278] Vgl. Kirsch (1971), S. 241.
[279] Vgl. Muhle (2010), S. 75.

verletzer beschäftigt, sind Vertrauen und Verhandlung die Schlüsselelemente einer Kooperation mit einem Patentverletzer. Auf Grundlage dieser beiden Faktoren wird über die Kooperationsintensität mit einem Patentverletzer entschieden. Diese beiden Faktoren wirken sich nicht nur auf die Kooperationsanbahnung und die Vertragsgestaltung aus, sondern auch auf die tatsächliche Zusammenarbeit mit einem Patentverletzer.

3.1.1 Begriffliche Abgrenzung Kooperation

Der Begriff Kooperation stammt von dem lateinischen Begriff „cooperatio" und bedeutet Mitwirkung bzw. Zusammenwirkung. Kooperation beschreibt das zweckgebundene Zusammenwirken von mindestens zwei Akteuren für die Erreichung eines Ziels. Ziel einer Kooperation ist es, ein Konkurrenzverhältnis in eine Zusammenarbeit zu transformieren.[280] Eine Kooperation ist nur dann möglich, wenn neben der Interessendivergenz der Akteure auch eine Schnittmenge an gemeinsamen Interessen existiert. Durch eine Kooperation sollten Vorteile bzw. ein Nutzen erzielt werden können, die ein Akteur alleine nicht erzielen kann.[281] Die Akteure kooperieren entweder aus altruistischen Gründen, aufgrund von Pflichtgefühl oder aus rational kalkuliertem Eigeninteresse. Der Kooperation liegen bestimmte Verhaltenserwartungen an den Kooperationspartner zu Grunde, welche als Rechte und Pflichten vertraglich festgelegt werden können. Im Rahmen der Neuen Institutionenökonomik wird einer Kooperation unterstellt, dass sich die Akteure freiwillig entsprechend der Regeln des Kooperationsvertrages verhalten. Zwar werden damit die individuellen Handlungsmöglichkeiten begrenzt, aber durch die Kooperation kann ein größerer Nutzen erzielt werden.[282]

3.1.2 Begriffliche Abgrenzung Vertrauen

Der Begriff Vertrauen wird in vielen verschiedenen Dimensionen verwendet, so dass eine eindeutige Abgrenzung kaum möglich ist. Im Folgenden werden die wichtigsten Dimensionen dargestellt.

Die ursprüngliche Bedeutung des Begriffs Vertrauen leitet sich aus dem Glauben ab.[283] Dieser nicht-rationale Ansatz des Vertrauensbegriffs wird heutzutage weitestgehend abgelehnt. Coleman beschreibt Vertrauen als eine Dimension des Risikos, während Luhmann das Risiko als Grundlage für die Entstehung von Vertrauen betrachtet.[284] Luhmann beschreibt Vertrauen als das bewusste Eingehen eines Risikos.[285] Eine weitere Dimension des Begriffs Vertrauen leitet

[280] Vgl. Müller (1993), S. 4 ff.
[281] Vgl. Axelrod/Keohane (1993), S. 91.
[282] Vgl. Nienaber (2002), S. 78 ff.
[283] Vgl. Simmel (1992), S. 393.
[284] Vgl. Coleman (1990), S. 91; Luhmann (1989), S. 16.
[285] Vgl. Luhmann (1988), S. 97.

sich aus der Erwartungshaltung bzw. aus der Berechenbarkeit ab. Berechenbarkeit und Vertrauen reduzieren die Unsicherheit und somit die Komplexität von Transaktionen zwischen Menschen und Institutionen. Aufgrund der eingeschränkten kognitiven Möglichkeiten des Akteurs ist eine Komplexitätsreduktion wichtig. Beim Vertrauen ist der Akteur bereit, sich einem Risiko auszusetzen, während er bei der Berechenbarkeit des Verhaltens der anderen Partei diese Bereitschaft nicht benötigt.[286] Bei der Dimension Zukunftsbezogenheit besteht Konsens in der Literatur. Vertrauen ist demnach immer zukunftsbezogen.[287]

In der Ökonomie umfasst der Begriff Vertrauen nach dem Prinzip der Rationalität auch das sog. „kalkulierte Vertrauen“, bei der die Vertrauenshandlung einer positiven Erwartung unterliegt. Bhattacharya, Devinney und Pillutla (1998) bieten folgende ökonomisch-rationale Definition des Begriffs Vertrauen an: „an expectancy of positiv (or nonnegative) outcomes that one can receive based on the expected action of another party in an interaction characterized by uncertainty”[288]. Grundsätzlich basiert Vertrauen in einer Geschäftsbeziehung somit auf der Annahme, dass sich die Handlungen des Geschäftspartners vorteilhaft, zumindest aber nicht nachteilig auf das eigene Unternehmen auswirken.

Nach Morgan und Hunt (1994) existiert Vertrauen in einer Geschäftsbeziehung, wenn beide Beteiligten ihren Partner als integer und verlässlich ansehen. Vertrauenswürdige Partner lassen sich noch näher mit den Begriffen ehrlich, fair, wohlwollend, behilflich, verantwortungsvoll und konsistent beschreiben.[289] Der Glaubwürdigkeit des Partners kommt somit eine entscheidende Rolle zu.[290]

3.1.3 Begriffliche Abgrenzung Verhandlung

Der Begriff Verhandlung ist auf den lateinischen Begriff ‚negotium‘ zurückzuführen und bedeutet Geschäft. Der Ursprung des Begriffs liegt somit im wirtschaftlichen Bereich und findet seine Wurzeln in der kaufmännischen Sprache.[291]

Gegensätzliche Interessen an einem Gut und eine Interessensüberlappung bilden die Grundlagen einer Verhandlung. Eine Verhandlung ist ein Informationsaustausch, der dem gegenseitigen Interessensausgleich und der Befriedigung der jeweils unterschiedlichen Interessen dient.[292] Sie zielt dabei auf Ergebnisse ab, die von allen Parteien mitgetragen werden können.

---

[286] Vgl. Lewis/Weigert (1985), S. 969; Mayer et al. (1995), S. 714.
[287] Vgl. Luhmann (1989), S. 17 ff.
[288] Bhattacharya et al. (1998), S. 462.
[289] Vgl. Morgan/Hunt (1994), S. 23.
[290] Vgl. Mauritz (1996), S. 244.
[291] Vgl. Pfetsch (2006), S. 15 f.
[292] Vgl. Winkler (2006), S. 9.

Der Verhandlungsprozess wird dabei durch das Konsensprinzip gesteuert. Verhandlungen machen Kooperationen und Transaktionen möglich.[293]

3.2 Ansätze der Neuen Institutionenökonomik

Anhand der Ansätze der Neuen Institutionenökonomik kann die Problematik der Lizenzvergabe bei Patentverletzungen verdeutlicht werden, ohne dass hierbei der internationale Aspekt vernachlässigt wird. Nach der Neuen Institutionenökonomik dienen Institutionen zur Rationalisierung von Kommunikations- und Informationsprozessen.[294]

Der Begriff Institution beschreibt ein Gedankengebilde, das zur Ordnung der Umwelt dient. Die Grundlage für diese Handlungsordnung ist dabei der Zweck. Die Verhaltenserwartungen der Akteure und der Handlungsspielraum der Institution werden durch die Handlungsordnung definiert.[295] Die Fragen, die es im Rahmen der Neuen Institutionenökonomie zu klären gilt, lauten nach Ebers und Gotsch (1999) folgendermaßen:

a) Welche möglichen Institutionen verursachen bei welcher Art von Koordinationsproblem im Rahmen des ökonomischen Austausches die größte Effizienz und die relativ geringsten Kosten?
b) Wie wirken sich Koordinationsprobleme, die Effizienz und die Kosten einer ökonomischen Austauschbeziehung auf die Gestaltung von Institutionen und deren Wandel aus?[296]

Einen Überblick über die Ansätze der Neuen Institutionenökonomik bietet Abbildung 3.1 Die Ansätze der Neuen Institutionenökonomik im engeren Sinne setzen sich aus der Property-Rights-Theorie, der Transaktionstheorie und der Prinzipal-Agent-Theorie zusammen.

---

[293] Vgl. Zartmann (1974), S. 388.
[294] Vgl. Picot et al. (2009), S. 39 ff.
[295] Vgl. Picot et al. (2009), S. 39.
[296] Vgl. Ebers/Gotsch (1999), S. 193 ff.

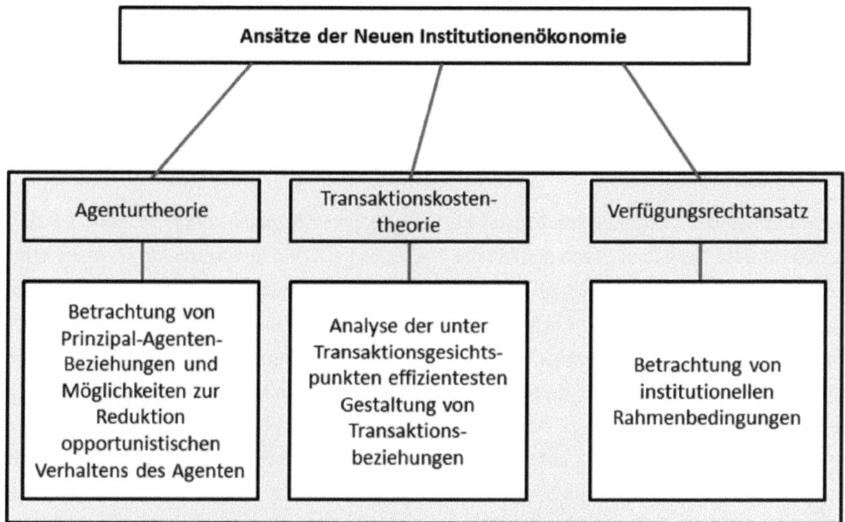

Abb. 3.1: Ansätze der Institutionenökonomik (in Anlehnung an Stock-Homburg, 2003, S. 75)

3.2.1 Bedeutung der Neuen Institutionenökonomik für die Lizenzvergabe an ausländische Patentverletzer

Die Theorie der Verfügungsrechte ist die juristische Komponente der Neuen Institutionenökonomik. Geistiges Eigentum, somit auch Patentlizenzen sind Verfügungsrechte. Die Theorie der Verfügungsrechte dient der theoretischen Betrachtung der institutionellen Rahmenbedingungen und der Beurteilung über die Effizienz eines Wirtschaftssystems sowohl in wirtschaftlicher als auch in rechtlicher Hinsicht.[297]

Die Transaktionskostentheorie und die Prinzipal-Agent-Theorie decken die ökonomische Komponente ab. Beide Theorien liefern Ansätze zur Koordination der Leistungsbeziehung und ergänzen somit die Theorie der Verfügungsrechte.[298] Der Transaktionskostenansatz definiert z.B. die Kosten, die bei der strategischen Lizenzvergabe entstehen und liefert damit auch Hinweise zu den wesentlichen Prozessschritten und Phasen einer Lizenzvergabe. Die zentrale Frage, die sich hierbei stellt ist, ob und wann sich die Lizenzvergabe an einen Patentverletzer lohnt. Auf Grundlage der Transaktionskostenanalyse kann eine Lizenzvergabe dann im nächsten Schritt effizient gestaltet werden. Die Prinzipal-Agent-Theorie umfasst die spezifischen Probleme der Kooperationsanbahnung und Kooperation mit einem Patentverletzer auf individueller Ebene. Sie bietet zudem eine Grundlage für die vertragliche Gestaltung der Kooperation, mit dem Ziel die Gefahr des opportunistischen Verhaltens des Kooperationspartners zu reduzieren. Auch im

[297] Vgl. Picot (1991), S. 154.
[298] Vgl. Picot (1991), S. 154.

Hinblick auf die grenzüberschreitende Tätigkeit sind diese beiden Ansätze bedeutend, da die subjektiv empfundene Gefahr des opportunistischen Verhaltens und der individuellen Nutzenmaximierung bei grenzüberschreitenden Tätigkeiten höher ist.

3.2.2 Verfügungsrechtansatz

Die Grundidee des Verfügungsrechtansatzes, auch Property-Rights-Theorie genannt, ist, dass das individuelle Verhalten durch die Art der Verteilung der Verfügungsrechte reguliert wird. Dabei ist die Kernfrage, wie das ökonomische Motivationsproblem, das im Rahmen von vertraglichen Schuldverhältnissen entsteht, gelöst werden kann. Das ökonomische Motivationsproblem wirkt sich auf die Bereitschaft, eine erwartete Leistung zu erbringen, aus. [299] Göbel (2002) umfasst mit dem Begriff Verfügungsrechte jede Form von Berechtigung über (materielle oder immaterielle) Ressourcen zu verfügen, unabhängig davon, ob die Berechtigung aus einem Vertrag, von Gesetz wegen oder aufgrund sozialer Verpflichtungen hervorgeht.[300] Zu den wichtigsten Vertretern des Verfügungsrechtansatzes gehören Coase (1960), Alchian (1965) und Demsetz (1967).

Den zentralen Untersuchungsgegenstand des Property-Rights-Ansatzes bilden die institutionellen Rahmenbedingungen. Somit werden in diesem Ansatz die wirtschaftlichen und rechtlichen Aspekte verbunden. Die Effizienz eines Wirtschaftssystems wird beim Property-Rights-Ansatz im Hinblick auf die verfügbaren Institutionen untersucht. Die Handlungs- und Verfügungsstrukturen bilden die zentrale Gestaltungsvariable.[301] Der Property-Rights-Theorie liegen vier Annahmen zu Grunde:

- Individuelle Nutzenmaximierung
- Konzept der Verfügungsrechte
- Transaktionskosten
- Externe Effekte

Die wichtigste Grundannahme der Property-Rights-Theorie ist die individuelle Nutzenmaximierung. Demnach ist jedes Individuum daran interessiert, innerhalb seiner Handlungsmöglichkeiten sein Eigeninteresse zu verwirklichen und seinen Nutzen zu maximieren. Die individuellen Handlungsmöglichkeiten werden von den Verfügungsrechten determiniert, die in einer Rechtsordnung gegeben sind. Des Weiteren entstehen Transaktionskosten durch die Spezifizierung, Zuordnung, Übertragung und Durchsetzung dieser Rechte.[302] Diese sind nicht nur mone-

[299] Vgl. Demsetz (1967), S. 347 ff.
[300] Vgl. Göbel (2002), S. 67.
[301] Vgl. Picot (1991), S. 154.
[302] Vgl. Kieser (2006), S. 249.

tär, sondern umfassen auch Aspekte wie Zeit und Aufwand. Externe Effekte und damit verbundene mögliche Wohlfahrtsverluste entstehen, wenn die wirtschaftlichen Folgen der Ressourcennutzung einem Individuum nicht eindeutig zugeordnet werden können. Hohe Transaktionskosten und externe Effekte bedeuten gleichzeitig, dass alternative institutionelle Lösungen notwendig sind.[303]

Es existieren fünf Möglichkeiten über ein Recht zu verfügen. Diese werden in der folgenden Abbildung dargestellt:

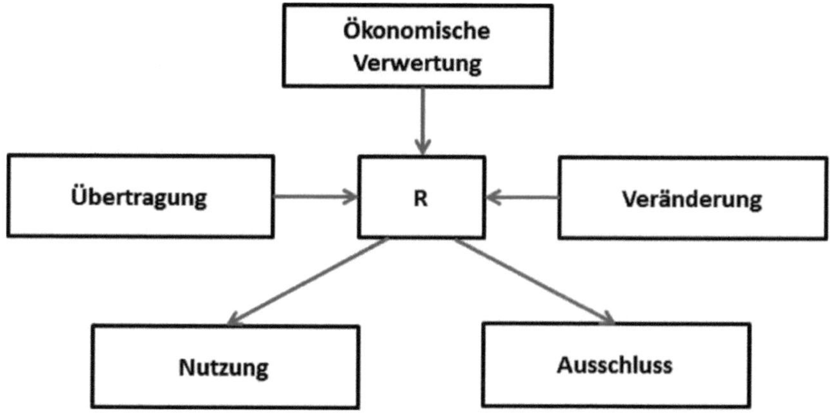

Abb. 3.2: Verfügungsrechte an einer Ressource (eigene Darstellung in Anlehnung an Furubotn/Pejovich, 1972, S. 1140 und Tietzel, 1981, S. 210)

Die Verfügungsrechte an einer Ressource unterteilen sich demnach in die Nutzung einer Ressource (usus), die ökonomische Verwertung einer Ressource und die Einbehaltung der Erträge (usus fructus), sowie in das Recht die Form und Substanz der Ressource zu verändern (abusus), das Recht alle oder einzelne Verfügungsrechte auf Dritte zu übertragen und das Recht andere von einer Nutzung auszuschließen. Das umfassendste Nutzungsrecht hat derjenige, der über ein Exklusivrecht bzw. das Recht andere auszuschließen verfügt und somit folglich alle vier Verfügungsrechte besitzt.[304]

3.2.3 Transaktionskostenansatz

Der Transaktionskostenansatz erklärt die effiziente Gestaltung eines Leistungsaustausches und umfasst somit vor allem dessen Koordination und Überwachung. Dabei steht der Transaktionskostenansatz in enger Beziehung zum Verfügungsrechtsansatz, da nur durch die Übertragung

[303] Vgl. Picot (1991), S. 145 f.

[304] Vgl. Kieser (2006), S. 249.

von Verfügungsrechten eine Transaktion entsteht. Im Gegensatz zum Verfügungsrechtsansatz und zum Prinzipal-Agent-Ansatz steht bei dem Transaktionskostenansatz nicht das Individuum, sondern die Transaktion im Mittelpunkt der Untersuchung.[305]

3.2.3.1 Begriffliche Abgrenzung Transaktion

Transaktionen bilden die Grundlagen für Transaktionskosten. Im Jahr 1931 hat Commons (1931) den Begriff Transaktion in die Wirtschaftstheorie eingeführt. Nach seiner Definition umfasst der Begriff Transaktion vor allem die Regelungen und Vereinbarungen über den Austausch von Gütern und Dienstleistungen.[306] Auf Grundlage dieser Definition unterscheidet Rotering (1993) zwischen der physischen Ebene und der Ebene der Vereinbarungs- und Abwicklungsform.[307] Brand (1990) umfasst mit dem Begriff Transaktion nicht nur die Tauschkomponente, sondern auch eine normative und soziale Komponente. Die normative Komponente begründet er mit dem gesellschaftlichen Rahmen, in dem eine Transaktion stattfindet. Durch die kulturelle und rechtliche Komponente des gesellschaftlichen Rahmens wird der Gestaltungsfreiraum der Transaktion eingeengt. Die soziale Komponente einer Transaktion sieht er in dem sozialen Umfeld, in dem eine Transaktion stattfindet, da hier das Verhalten und die Kommunikation zwischen Individuen bedeutend sind.[308]

Picot betrachtet Transaktionen als Prozesse der Klärung, Regelung und Kontrolle des Leistungsaustausches.[309] Nach Picot und Dietl (2002) sind Transaktionen Übertragungen von Verfügungsrechten an Gütern und Dienstleistungen, die normalerweise dem materiellen Güteraustausch zeitlich vorausgehen.[310] Zusammengefasst kann festgehalten werden, dass der Begriff Transaktion die Regelungs- und Vereinbarungsebene, aber weniger die Leistungserstellung und den tatsächlichen Tausch, umfasst.[311]

3.2.3.2 Komponenten der Transaktionskostenatmosphäre

Die technischen, normativen und sozialen Komponenten bestimmen nach Picot, Dietl und Franck (2002) die Höhe der Transaktionskosten.[312] Auf Grundlage dieser Komponenten kann die Transaktionsatmosphäre definiert werden. Die Transaktionsatmosphäre mit den Einflussgrößen und Wechselwirkungen der Transaktionskosten wird in der folgenden Abbildung dargestellt.

[305] Vgl. Picot (1991), S. 154.
[306] Vgl. Commons (1931), S. 648 ff.
[307] Vgl. Rotering (1993), S. 97.
[308] Vgl. Brand (1990), S. 91.
[309] Vgl. Picot (1982), S. 269.
[310] Vgl. Picot et al. (2002), S. 178.
[311] Vgl. Commons (1931), S. 652.
[312] Vgl. Picot et al. (2002), S. 42.

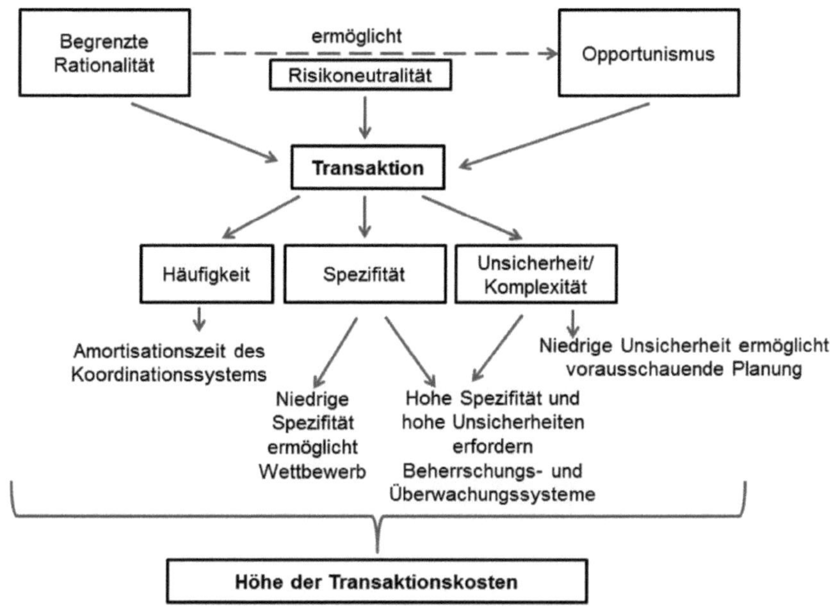

Abb. 3.3: Die Einflussgrößen und die Wechselwirkungen der Transaktionskosten (in Anlehnung an Picot, 1993, S. 148)

Die Transaktionsatmosphäre umfasst neben den Verhaltensannahmen und den Charakteristika der Transaktion auch die Umweltfaktoren, folglich alle rechtlichen, technischen und soziokulturellen Rahmenbedingungen, die Einfluss auf die Transaktionskosten haben.[313] Unterschiedliche rechtliche Rahmenbedingungen und verschiedene Werthaltungen haben unterschiedliche opportunistische Verhaltenspotenziale zur Folge. Technische Erneuerungen ermöglichen z.B. rationalere Verhaltensweisen und niedrigere Kosten für die Informationsübertragung.[314] Die Höhe der Transaktionskosten wird durch die Verhaltensannahmen und die Merkmale einer Transaktion determiniert.

3.2.3.2.1 Verhaltensannahmen der Transaktionstheorie

Nach Williamson wird das Verhalten der Marktteilnehmer durch drei Grundannahmen bestimmt:[315]

- Begrenzte Rationalität
- Opportunismus

[313] Vgl. Picot et al. (2002), S. 73.
[314] Vgl. Picot (1991), S. 148.
[315] Vgl. Williamson (1985), S. 44 ff.

- Risikoneutralität

Eine Grundannahme der Transaktionskostentheorie ist, dass die handelnden Marktteilnehmer nur begrenzt rational sind. Aufgrund von unvollständigem Wissen und beschränkter menschlicher Fähigkeiten hinsichtlich Informationsaufnahme und -verarbeitung ist es nach der Transaktionskostentheorie den Marktteilnehmern nicht möglich, rational zu handeln.[316] Die Marktteilnehmer sind nur unzureichend über Angebot und Nachfrage ihrer potenziellen Partner informiert. Hinzu kommt, dass der Prozess der Einholung von Informationen aufwändig ist und somit Kosten verursacht. Simon (1961) definiert dieses Verhalten als „intendedly rational, but only limitedly so“[317]. Die begrenzte Rationalität ist die Ursache für unvollkommene Verträge und die damit verbundenen Risiken, die u.a. durch Veränderungen der Umweltbedingungen oder durch opportunistisches Verhalten des Vertragspartners entstehen.[318]

Eine weitere Grundannahme der Transaktionskostentheorie ist der Opportunismus, der unterstellt, dass die Marktteilnehmer auf eine individuelle Nutzenmaximierung abzielen und deshalb auch gewillt sein können, vertragliche Verpflichtungen absichtlich zu verletzen und somit dem Transaktionspartner zu schädigen bzw. sich selbst auf diese Weise besser zu stellen.[319] Hinzu kommt, dass die Marktteilnehmer nicht bereit sind ihre wahren Absichten zu offenbaren. Dieses Eigeninteresse des Transaktionspartners beschreibt Knight (1965) mit dem Begriff „moral hazard“[320]. Es entsteht, wenn der Transaktionspartner seinen Wissensvorsprung zu seinem eigenen Vorteil nutzt.[321] Durch Absicherungsmechanismen, die dem opportunistischen Verhalten entgegenwirken, steigen die Transaktionskosten.[322]

Williamson (1993) benennt die Risikoneutralität als dritte Grundannahme des Verhaltens der Marktteilnehmer, gewichtet diese jedoch weniger stark als die beiden anderen Verhaltensannahmen begrenzte Rationalität und Opportunismus.[323] Der geringere Stellenwert der Risikoneutralität wird insbesondere dadurch verdeutlicht, dass dieser Begriff in der Transaktionstheorie nicht direkt definiert ist. Dies ist auch darauf zurückzuführen, dass das Individuum – und somit auch die Risikoneigung des Akteurs – nicht den Untersuchungsgegenstand in der Transaktionskostentheorie darstellt. Die Risikoneutralität dient nach Aoki (1984) lediglich zur Vereinfachung und unterstellt den Transaktionspartnern, dass sie nicht zwischen sicheren und unsicheren Alternativen unterscheiden, solange die erwarteten Transaktionskosten bei beiden

[316] Vgl. Picot et al. (2009), S. 45; Döring (1998), S. 82 ff.; Jost (2001), S. 17.
[317] Simon (1961), S. XXIV.
[318] Vgl. Hanslik (2012), S. 20.
[319] Vgl. Picot et al. (2002), S. 38.
[320] Knight (1965), S. 251.
[321] Vgl. Jost (2001), S. 45.
[322] Vgl. Williamson (1975), S. 26.
[323] Vgl. Williamson (1993), S. 458.

Alternativen als gleich einzustufen sind.[324] Chiles-McMackin (1996) betrachtet die Risikoneutralität als unkritische Methode, um die Realitätsnähe der Transaktionskostentheorie zu erhöhen.[325]

3.2.3.2.2 Transaktionscharakteristika

Neben den Verhaltensannahmen werden die folgenden drei Transaktionscharakteristika unterschieden:

- Häufigkeit
- Spezifität
- Unsicherheit/Komplexität

Mit dem Transaktionsmerkmal Häufigkeit wird beschrieben, wie oft eine Transaktion zwischen den Transaktionspartnern erfolgt. Umso häufiger eine Transaktion durchgeführt wird, desto geringer sind die Transaktionskosten bzw. desto mehr können Skalen- und Lerneffekte realisiert werden. Dies wirkt sich kostensenkend auf die Transaktion aus.[326] Hierbei gilt, je höher der Fixkostenanteil einer Transaktion, desto höher die Skaleneffekte. Lerneffekte wirken sich aufgrund der zunehmenden Standardisierung vor allem auf die variablen Kosten aus.[327] Die Transaktionshäufigkeit bestimmt die Amortisationszeit und somit auch die Vorteilhaftigkeit der aufwändigen Überwachungs- und Kontrollsysteme.[328]

Die (Faktor-)Spezifität drückt die Einzigartigkeit einer Leistung bzw. Investition aus und bildet somit den Gegenpol zu standardisierten Leistungen. Nach Williamson (1959) bildet die Spezifität das bedeutendste Merkmal der Transaktion.[329] Transaktionsspezifische Kosten beziehen sich auf eine bestimmte Transaktion. Je höher diese liegen, desto eher zielen die Parteien darauf ab, eine langfristige Bindung miteinander einzugehen. Die Bindungsabsicht erfordert eine entsprechende vertragliche Regelung. Eine hohe Spezifität benötigt auch Kontroll- und Überwachungssysteme. Der Spezifitätsgrad ist umso höher, je höher der Wertverlust des Gutes oder der Leistung bei der nächstbesten alternativen Einsatzmöglichkeit ist.[330] Klein, Crawford und Alchian (2001) definieren in diesem Zusammenhang den Begriff der „Quasi-Rente“, der die Differenz der Rendite zwischen der gewählten Transaktion und der nächstbesten Alternative bezeichnet.[331] Es lassen sich u.a. folgende verschiedene Formen der Faktorspezifität unterschieden[332]:

---

[324] Vgl. Aoki (1984), S. 15.
[325] Vgl. Chiles-McMackin (1996), S. 80.
[326] Vgl. Williamson (1990), S. 69; Döring (1998), S. 39.
[327] Vgl. Picot (1982), S. 272.
[328] Vgl. Picot (1991), S. 148.
[329] Vgl. Williamson (1979), S. 239.
[330] Vgl. Picot (1993), S. 4198.
[331] Vgl. Klein et al. (1978), S. 314.
[332] Vgl. Lohtia et al. (1994), S. 263; Williamson (1985), S. 95 f.; Jost (2001), S. 12 f.

- Standortspezifität z.B. Nähe des Zulieferers zum Abnehmer
- Sachkapitalspezifität z.B. hochspezialisierte Maschinen und Werkzeuge
- Kundenspezifität z.B. Veränderung von Anlagen oder Kapazitätserweiterung auf Kundenwunsch
- Humankapitalspezifität z.B. spezielles, auf eine bestimmte Anwendung bezogenes Knowhow von Mitarbeitern
- Aufbau von Reputation und Markenname z.B. lokaler, nicht übertragbarer Marktbezug von Marketingaktivitäten
- Zeitliche Spezifität z.B. zeitliche Reaktionsfähigkeit von standortgebundenem Humankapital

Das dritte Transaktionsmerkmal Unsicherheit bezieht sich auf das Produkt oder das Verfahren selbst, auf die Rechte, aber auch auf die Glaubwürdigkeit des Partners. Demnach kann zwischen externer und interner Unsicherheit unterschieden werden.[333] Die externe Unsicherheit beschreibt die rechtlichen, politischen oder gesellschaftlichen Veränderungen die sich auf die wirtschaftliche Lage des Unternehmens auswirken können.[334] Die externe Unsicherheit wird durch die Dimensionen Dynamik und Komplexität determiniert. Die Dynamik bezieht sich auf die Stärke, Häufigkeit und Regularität der Umweltveränderungen. In einem dynamischen Marktumfeld sind die Unsicherheiten größer.[335] Die Komplexität bezieht sich auf die Quantität und Heterogenität der Einflussfaktoren. Demnach zeichnet sich eine wenig komplexe Umwelt durch eine niedrige Anzahl externer Einflussfaktoren aus.[336]

Die interne Unsicherheit ergibt sich vor allem durch Verhaltensunsicherheiten, die aufgrund der Annahme von opportunistischem Verhalten entstehen. Verhaltensunsicherheiten entstehen nicht nur dann, wenn von einem vorsätzlichen Fehlverhalten des Transaktionspartners ausgegangen werden kann, sondern auch wenn ein Akteur nicht dazu in der Lage ist, sich über die Entscheidungen des Transaktionspartners einen Überblick zu verschaffen.[337] Durch eine hohe interne Unsicherheit entstehen höhere Transaktionskosten.

3.2.3.3 Transaktionskostenarten und -phasen

Die verschiedenen Kostenarten einer Transaktion unterteilen sich in ex-ante Transaktionskosten, die bis zum Vertragsabschluss entstehen, und ex-post Transaktionskosten, die erst nach dem Vertragsabschluss entstehen. Die nachfolgende Abbildung verdeutlicht die einzelnen Kostenarten:

---

[333] Vgl. Williamson (1985), S. 57 ff.
[334] Vgl. Ebers/Gotsch (1999), S. 229.
[335] Vgl. Meyer (1988), S. 21 f.
[336] Vgl. Jost (2001), S. 13.
[337] Vgl. Williamson (1990), S. 95 f.

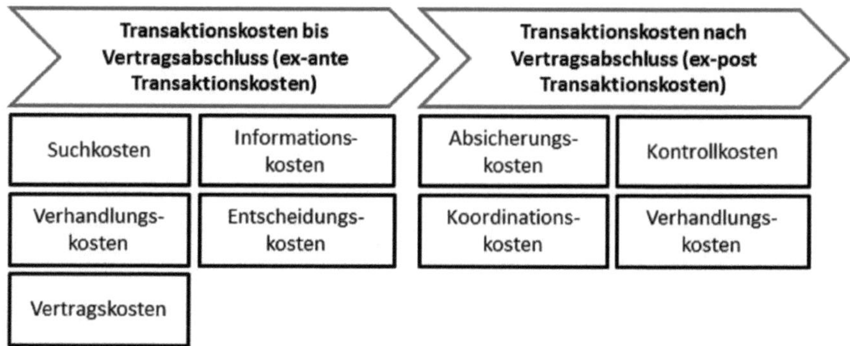

Abb. 3.4: Ex-ante und ex-post Transaktionskostenarten (in Anlehnung an Schoppe, 1995, S. 150; Rindfleisch/Heide, 1997, S. 46; Erlei /Jost, 2001, S. 39)

Zeitlich betrachtet entstehen ex-ante Transaktionskosten in der Transaktionsanbahnungsphase. Diese Phase beginnt mit dem Transaktionsvorhaben und endet mit der Transaktionsentscheidung. Ex-post Transaktionskosten entstehen in der Transaktionsdurchführungsphase, die mit der Transaktionsentscheidung beginnt und mit der Kontrolle der abgeschlossenen Transaktion endet.[338]

Zunächst fallen ex-ante in der Phase der Transaktionsanbahnung Suchkosten an, die aufgrund der Suche und Identifikation der potenziellen Verhandlungspartner entstehen. Außerdem fallen in dieser Phase auch Informationskosten an, da vor einer Entscheidung alternative Transaktionen verglichen und bewertet werden müssen. Es besteht ein Informationsbedarf bei den Akteuren, auf dessen Grundlage eine möglichst rationale Entscheidung realisiert werden kann. Auf Grundlage der Bewertung der Transaktionsalternativen werden die Transaktionspartner ausgewählt. Im Anschluss daran erfolgen Verhandlungen mit den Transaktionspartnern, wodurch Verhandlungskosten entstehen. In dieser Phase entstehen außerdem Entscheidungskosten, deren Höhe durch den zeitlichen und personellen Aufwand bestimmt wird. In der darauffolgenden Vereinbarungsphase entstehen durch den Vertragsabschluss mit dem Partner Vertragskosten. In dieser Phase müssen auch Kosten durch ineffiziente Vertragsergebnisse berücksichtigt werden.[339]

Ex-post-Transaktionskosten fallen in der Absicherungsphase in Form von Kontrollkosten an, die vor allem durch die Überprüfung und Überwachung der Vertragseinhaltung entstehen. Hierzu werden notwendige organisatorische Strukturen aufgebaut und umgesetzt, wie z.B. die Etablierung von Kontrollsystemen. Folglich entstehen vor allem Kosten durch die Umsetzung

[338] Vgl. Windsperger (1996), S. 12 ff.
[339] Vgl. Rotering (1993), S. 104.

der Vertragsinhalte.[340] Zu den Absicherungs- und Kontrollkosten zählen auch die Vertragsdurchsetzungskosten und Kosten durch Reputationsschädigung. Ex-post entstehen weiterhin Koordinationskosten und Verhandlungskosten. Koordinationskosten entstehen durch die Abstimmung der durchzuführenden Aufgaben. Verhandlungskosten entstehen ex-post durch die Nachverhandlung bereits vereinbarter Vertragsinhalte, die entweder wegen Lücken in den ursprünglichen Verträgen oder durch veränderte Rahmenbedingungen notwendig werden. Konfliktschlichtungskosten können ebenso ex-post entstehen. Auch die Vertragsbeendigung verursacht Kosten.[341]

Die einzelnen Transaktionskostenarten stehen in Wechselwirkung zueinander. Grundsätzlich kann festgehalten werden, dass je höher die ex-ante-Transaktionskosten sind, desto niedriger sind die ex-post-Transaktionskosten.[342] Wird eine Vertragsverhandlung ex-ante sehr sorgfältig durchgeführt, so fallen etwaige Vertragsanpassungskosten oder Konfliktschlichtungskosten ex-post geringer aus.

3.2.3.4 Quantifizierbarkeit der Transaktionskosten

Die Höhe der Transaktionskosten wird durch das Verhalten der Akteure, die an einer Transaktion beteiligt sind, durch die transaktionsspezifischen Umweltbedingungen und die auszutauschende Leistung bestimmt.[343]

Die Messung und Quantifizierbarkeit von Transaktionskosten ist nur eingeschränkt möglich. Dies liegt daran, dass Faktoren wie zeitlicher Aufwand und Mühe nur schwer zu erfassen sind.[344] Zudem sind Transaktionen in der Praxis oftmals komplex und Transaktionskosten miteinander verbunden, so dass es kaum möglich ist, einen einzelnen Transaktionskostenpunkt isoliert zu betrachten. Eine detaillierte Messung ist in der Praxis jedoch auch nicht zwangsläufig notwendig, da für eine Beurteilung der Effizienz einer Transaktion zum einen nur die entscheidungsrelevanten Kosten benötigt werden und zum anderen die einzelnen Kostenarten nur als Hilfsgrößen dienen und daher nicht im Einzelnen zugeordnet werden müssen.[345] Jedoch müssen die Transaktionskosten für eine Kosten-Nutzen-Abschätzung zumindest ansatzweise verglichen werden können.

340 Vgl. Stock-Homburg (2003), S. 79.
341 Vgl. Schoppe (1995), S. 150.
342 Vgl. Williamson (1990), S. 24; Kappich (1989), S. 94 f.
343 Vgl. Picot et al. (2002), S. 69.
344 Vgl. Döring (1998), S. 31 f.; Picot et al. (2002), S. 68.
345 Vgl. Döring (1998), S. 31; Picot (1993), S. 4196 f.

3.2.4 Prinzipal-Agent-Ansatz

Der Prinzipal-Agent-Ansatz beschäftigt sich mit der Bewältigung des Vertragsproblems zwischen dem Prinzipal und dem Agenten. Die Kernfrage dabei lautet, wie ein gerechter Tausch zwischen rationalen und nutzenmaximierenden Marktteilnehmern stattfinden kann.[346] Jensen und Meckling (1976) sind die wichtigsten Vertreter der Prinzipal-Agenten-Theorie. Prinzipal-Agent-Probleme entstehen, weil der Agent Einfluss auf das Wohlergehen des Prinzipals hat, Informationsasymmetrien zwischen beiden Parteien existieren, beide Parteien rationale Nutzenmaximierer sind, aber jede Partei unterschiedliche Interessen hat. In der Regel hat der Agent einen Informationsvorsprung gegenüber dem Prinzipal. Ziel des Prinzipal-Agent-Ansatzes ist die Entwicklung von Rahmenbedingungen, die dem Prinzipal die Eingrenzung der Handlungsspielräume des Agenten ermöglicht.[347]

Es besteht eine Diskrepanz zwischen dem Idealzustand, bei dem vollständige und kostenlose Informationen verfügbar sind und dem Realzustand der asymmetrischen Informationsverteilung. Die Abweichungen vom Idealzustand verursachen Agency-Kosten. Sie sind in Abbildung 3.5 veranschaulicht:

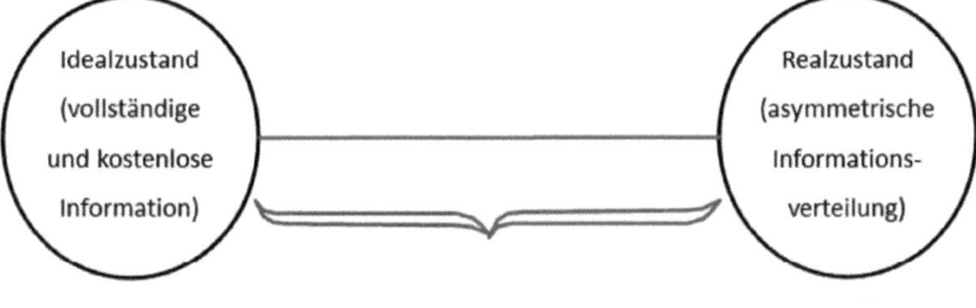

Agency-Kosten =
Kontrollkosten des Principal (K_1)
+ Garantiekosten des Agent (K_2)
+ Residualverlust (verbleibender Wohlfahrtsverlust) (K_3)

Abb. 3.5: Agency-Kosten (in Anlehnung an Picot, 1991, S. 151)

Die Agency-Kosten setzen sich aus den Kontrollkosten des Prinzipals, den Garantiekosten des Agenten und dem Residualverlust zusammen. Durch Kontrollmaßnahmen lässt sich der Residualverlust bzw. der verbleibende Wohlfahrtsverlust reduzieren. Die Kontrollkosten lassen sich wiederum durch Garantiekosten und Verpflichtungen des Agenten reduzieren.[348]

---

[346] Vgl. Jensen/Meckling (1976), S. 305 ff.
[347] Vgl. Ebers/Gotsch (1999), S. 213.
[348] Vgl. Picot (1991), S. 150.

Der Prinzipal-Agenten-Theorie liegen vier Verhaltensannahmen zu Grunde[349]:

- Individuelle Nutzenmaximierung
- Opportunismus
- Begrenzte Rationalität
- Risikoneigung des Agenten

Die Begriffe individuelle Nutzenmaximierung, Opportunismus und begrenzte Rationalität wurden in den theoretischen Grundlagen des Verfügungsrechtansatzes und des Transaktionskostenansatzes erläutert. Im Rahmen des Transaktionskostenansatzes wird die Annahme der Risikoneutralität getroffen, wohingegen im Prinzipal-Agent-Ansatz die Risikoneigung des Agenten berücksichtigt wird. Dies ist darauf zurück zu führen, dass im Rahmen des Transaktionsansatzes lediglich die Transaktion selbst untersucht wird, während im Rahmen des Prinzipal-Agent-Ansatzes das Individuum den zentralen Untersuchungsgegenstand darstellt. Somit werden die individuellen Risikoneigungen des Prinzipals und des Agenten berücksichtigt.[350]

Des Weiteren liegen dem Prinzipal-Agenten-Ansatz die drei folgenden Umweltannahmen bzw. Typen der asymmetrischen Informationsverteilung zu Grunde:[351]

- Hidden characteristics
- Hidden action
- Hidden intention

Hidden characteristics beschreiben die Qualifikationen des Agenten selbst, die dem Prinzipal ex-ante unbekannt sind und ex-post erst offengelegt werden. Entsprechend kann der Agent vor Vertragsabschluss nicht vorhandene Qualifikationen vorlegen. Eine Beseitigung dieser Form der asymmetrischen Informationsverteilung ist durch ein besseres „screening" des Agenten möglich. Der Prinzipal sollte sich in diesem Zusammenhang vor Vertragsabschluss möglichst viele Informationen über den Agenten einholen. Eine weitere Maßnahme ist das ‚signaling', d.h. der Agent muss eindeutige Signale zu seinen Qualifikationen senden. Eine dritte Möglichkeit ergibt sich durch die ‚self selection'. Hier legt der Prinzipal dem Agenten mehrere Vertragsoptionen vor, aus denen der Agent wählen kann. Daraus könnten Rückschlüsse auf die Qualifikation des Agenten gezogen werden.[352]

Als hidden action wird bezeichnet, wenn der Prinzipal nicht in der Lage ist die Handlungen des Agenten zu beobachten oder zu beurteilen, letzter aber möglicherweise seinen Informations-

[349] Vgl. Schreyögg (1998), S. 82 ff.; Ebers/Gotsch (1999), S. 209.
[350] Vgl. Picot (1991), S. 150.
[351] Vgl. Picot et al. (2009), S. 60; Jensen/Meckling (1979), S. 305 ff.
[352] Vgl. Picot et al. (2009), S. 60.

vorsprung zu seinen Gunsten nutzt. Ferner ist es auch nicht möglich, die Handlungen des Agenten aus den Ergebnissen der Handlungen abzuleiten. Die Agency-Kosten, die durch hidden action entstehen, können durch Kontrollsysteme oder bei einem risikoneutralen Agenten durch eine Beteiligung am Ergebnis begrenzt werden.[353] Der nachvertragliche Opportunismus wird auch als „moral hazard" bezeichnet. Für den Prinzipal besteht hierbei die Gefahr einen falschen Vertragspartner auszuwählen.[354]

Hidden intention beschreibt, dass der Prinzipal ex-ante nicht weiß, wie der Agent sich im Laufe der Vertragsbeziehung verhalten wird und welche Absichten er hat. Aus der hidden intention entsteht die Gefahr des „hold up", welcher das Ausbeutungsrisiko beschreibt dem der Prinzipal unterliegt. Dieser steht in einem Abhängigkeitsverhältnis zum Agenten und kann den Agenten nach Vertragsabschluss nicht zu einem interessenskonformen Verhalten in seinem eigenen Interesse motivieren.[355]

Das Risiko des opportunistischen Verhaltens kann mit entsprechenden Vertragsregelungen und Anreiz-, Kontroll- und Informationsmechanismen beschränkt werden.[356] Mit Anreizmechanismen wird der Agent im Idealfall auf der Motivationsebene dazu bewegt, seine Ziele an die des Prinzipals anzugleichen. Dies kann über eine erfolgsabhängige Vergütung erfolgen. Über Kontrollmechanismen kann der Prinzipal das Verhalten des Agenten steuern, in dem er seine Handlungen überwacht und kontrolliert. Ein funktionierender Sanktionsmechanismus ist hier wesentlich. Mit Hilfe von Informationsmechanismen sollte der Prinzipal darauf achten, möglichst viele für die Vertragsbeziehung relevante Informationen über den Agenten einzuholen. Im Rahmen dessen sollten Aufklärungs- und Rechenschaftspflichten des Agenten vertraglich vereinbart werden.[357]

3.3 Prozessdefinition und Stand der Forschung

In diesem Abschnitt wird der theoretische Bezugsrahmen für die anschließend vorzustellende empirische Studie konkret definiert. Hierzu wird zunächst auf Grundlage der Transaktionskostentheorie der Prozess der Lizenzvergabe an einen Patentverletzer definiert. Zudem wird der Stand der Forschung dargestellt, der die Grundlage für die empirische Studie bildet. Weiterhin werden Vorüberlegungen für die Theoriefortschreibung getroffen und Forschungsfragen daraus abgeleitet.

---

[353] Vgl. Picot (1991), S. 151.
[354] Vgl. Alchian/Woodward (1988), S. 77 f.
[355] Vgl. Picot et al. (2009), S. 60.
[356] Vgl. Ganske (1996), S. 118 ff.
[357] Vgl. Ebers/Gotsch (1999), S. 215.

3.3.1 Definition des Prozesses der Lizenzvergabe an Patentverletzer

Den wichtigsten theoretischen Bezugsrahmen dieser Arbeit bildet die Transaktionskostentheorie. In Anlehnung an den Transaktionskostenansatz und die damit verbundenen Transaktionsphasen[358], werden im Folgenden die einzelnen Schritte des Prozesses der Lizenzvergabe an einen Patentverletzer abgeleitet. Die verschiedenen Phasen innerhalb des gesamten Transaktionsprozesses werden in Abbildung 3.6 dargestellt.

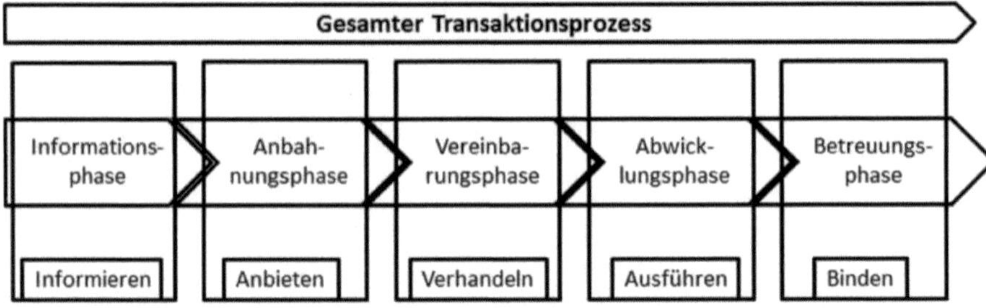

Abb. 3.6: Transaktionsprozess und -phasen (in Anlehnung an Zerdick, 2001, S. 222)

Die Transaktionsphasen lassen sich in ex-ante- und ex-post-Phasen unterteilen. Die ex-ante-Phase umfasst den Zeitraum bis zum Vertragsabschluss, die ex-post-Phase ist der Zeitraum nach dem Vertragsabschluss. Auf Grundlage dieses Phasenmodells lässt sich auch der Prozess der Lizenzvergabe an einen Patentverletzer ableiten.

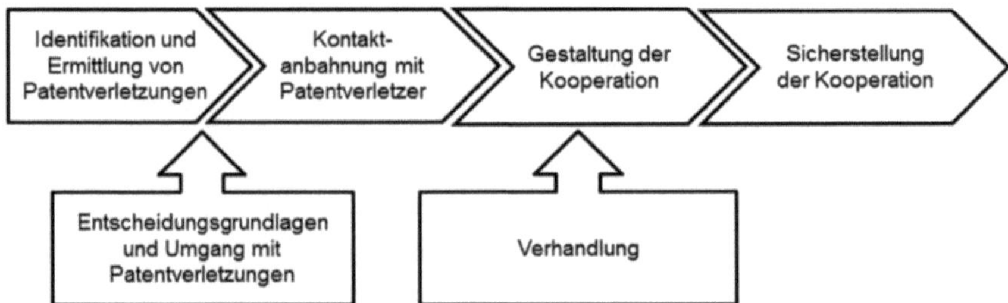

Abb. 3.7: Modell: Der Prozess der Lizenzvergabe an einen Patentverletzer in Anlehnung an den Transaktionskostenansatz (eigene Darstellung)

Auf Grundlage des Transaktionskostenansatzes wird davon ausgegangen, dass der Prozess der Lizenzvergabe an einen Patentverletzer mit der Identifikation und Ermittlung der Patentverletzung bzw. des Patentverletzers beginnt. Diese Phase wird in der Transaktionskostentheorie als Informationsphase bezeichnet.[359] In dieser Phase wird unternehmensintern analysiert, ob eine

[358] Vgl. Windsperger (1996), S. 12 ff.
[359] Vgl. Zerdick (2001), S. 222.

Patentverletzung vorliegt und wer das Patent verletzt hat. Um zu entscheiden, ob eine Lizenzvergabe in Frage kommt, spielt daneben auch das Ausmaß der Patentverletzung und die Einschätzung über die Markt- und Wettbewerbssituation eine Rolle. Falls die Entscheidung getroffen wird, den Weg der Lizenzvergabe zu gehen, ist der nächste konsequente Schritt die Kontaktanbahnung mit dem Patentverletzer.

In der Anbahnungsphase wird dem Patentverletzer eine Lizenz angeboten, die er entweder annehmen oder ablehnen kann. Wenn die Kontaktanbahnung erfolgreich verläuft und beide Parteien den Weg der Lizenzierung anstreben, geht es in der Vereinbarungsphase um die Gestaltung des Lizenzvertrags. In dieser Phase werden nicht nur der Lizensierungsumfang und das Entgelt verhandelt, sondern auch etwaige Kontrollvereinbarungen getroffen. Letztere sind für die Sicherstellung einer funktionierenden lizenzbasierten Kooperation im nächsten Schritt wesentlich.

Im Rahmen der Betreuungsphase und der Sicherstellung einer funktionierenden Kooperation nimmt die Vertragsüberwachung einen entscheidenden Stellenwert ein. In einigen Fällen erfolgt eine vorzeitige Beendigung der Kooperation, auch die Gründe hierfür und die Umsetzung werden in der vorliegenden Arbeit behandelt.

3.3.2 Stand der Forschung

Die Strategie einer Lizenzvergabe im Rahmen von Patentverletzungsfällen wird in der Literatur als sog. „Stick Licensing“ bezeichnet. Diese spezielle Form der Lizenzvergabe, die sich an Patentverletzer richtet, ist zu unterscheiden von der des „Carrot Licensing“, bei dem eine Lizenz an einen Dritten vergeben wird, der nicht zuvor das der Lizenz zu Grunde liegende Patent verletzt hat. Den beiden Begriffe Carrot Licensing und Stick Licensing liegt die Idee von „Zuckerbrot und Peitsche“ bzw. des Anreizes und der Sanktion zu Grunde. Diese beiden Begriffe sind nicht nur in der Praxis weit verbreitet, sondern werden auch in der theoretischen Literatur verwendet. Eine klare Trennung dieser beiden Begrifflichkeiten erfolgt in der Theorie jedoch nicht. Ein Vergleich der beiden Begriffe ergibt, dass die Carrot License eine verschleierte Version einer Stick License darstellt, bei der die Drohung in Form eines gerichtlichen Vorgehens nicht offen, sondern verdeckt vorliegt. Die Begriffe und darauf basierenden Vorgehensweisen können nur unter Betrachtung der Art der Kontaktanbahnung unterschieden werden. Dennoch ist die Literatur zu diesen beiden Begriffen wegen der zu Grunde liegenden Thematik der Lizenzvergabe an Patentverletzer von hoher Bedeutung für die vorliegende Arbeit.

Bramson (2000) vergleicht Stick und Carrot Licensing und liefert gedankliche Ansätze zur Kombination dieser beiden Lizensierungsstrategien. Im Rahmen der vorliegenden Arbeit wird dieser Gedanke weitergeführt. Cronin (2007) hat einen Leitfaden entwickelt, wie vor allem bei neuen Technologien eine freundliche Lizenzvergabe erfolgen kann und damit vermieden werden kann, dass im Anschluss an eine neue Entwicklung gerichtliche Auseinandersetzungen mit Wettbewerbern erfolgen müssen. Er schlägt verschiedene Maßnahmen vor, die Unternehmen im Zuge einer freundlichen Lizenzvergabe in der Pre-Lizensierungsphase, während der Lizenzverhandlung und in der Post-Lizensierungsphase sinnvoll sein können. Diese werden im Rahmen der Dokumentenanalyse für die einzelnen Prozessschritte näher betrachtet.

Der Prozess der Lizenzvergabe an Patentverletzer wird in der Literatur oft nicht ganzheitlich beleuchtet. Zwar werden einzelne Prozessschritte näher untersucht wie etwa die juristischen Grundlagen zur Gestaltung des Lizenzvertrages, aber die Einordnung in einen prozessbasierten Kontext erfolgt nicht immer. Empirische Analysen zu der Lizenzvergabe an Patentverletzer insbesondere seitens der Unternehmen existieren in der Literatur kaum. Es wird angenommen, dass dies auf die Sensibilität des Themas Patentverletzung zurückzuführen ist.

Mehnert (2002) beschäftigt sich in seinem Werk mit der Ermittlung von Patentverletzungen und definiert darüber hinaus ein Entscheidungsmodell für den Umgang mit Patentverletzungen, auf welches insbesondere im Rahmen des ersten und zweiten Prozessschrittes, in der Informationsphase zurückgegriffen wird. Auf den Prozess der Lizenzvergabe geht Mehnert (2002) nicht konkret ein. Zudem beschränkt er sich auf eine spezielle Branche, indem er sich ausschließlich auf die Pharmaindustrie konzentriert. Smith und Parr (2005) haben ein umfangreiches Handbuch zum Umgang mit Patentverletzungen veröffentlicht, in dem eine Reihe von Möglichkeiten und Hintergrundinformationen zur Lizensierung beschrieben werden. Besonders interessant für die vorliegende Arbeit sind die Ausführungen zur Kontaktanbahnung mit einem Patentverletzer und zur Überwachung der Vertragseinhaltung in der Post-Lizensierungsphase. In dem Handbuch werden auch Methoden zur Berechnung der Lizenzgebühren bei Patentverletzungsfällen erläutert. Vor allem liefern sie Grundlagen für die Berechnung der entgangenen Gewinne bei Patentverletzungsfällen. Diese werden vor allem im Prozessschritt der Vereinbarungsphase im Rahmen dieser Arbeit näher erläutert. Auch für die Erarbeitung der Anbahnungs- und Betreuungsphase wird auf das Werk von Smith und Parr (2005) zurückgegriffen.

Poltorak (2006) geht in einem kurzen Auszug auf die Kontaktanbahnung mit einem Patentverletzer ein. Diese werden bei der Erarbeitung des Prozessschrittes der Anpassungsphase und entsprechend bei der Entwicklung der Fallstudienanalyse berücksichtigt. Matsunaga (1983) veranschaulicht den Entscheidungsprozess bei Lizenzverhandlungen, berücksichtigt dabei jedoch nicht, ob es sich bei dem Lizenznehmer um einen Patentverletzer handelt. Der von ihm definierte Entscheidungsprozess ist eine Grundlage für die Entwicklung des Verhandlungsrahmens bei Patentverletzungsfällen. Poltorak und Lerner (2004) beschreiben wie die Kalkulation einer Lizenzgebühr in der Praxis erfolgen kann, auch hier wird nicht berücksichtigt, dass es sich bei dem Lizenznehmer um einen Patentverletzer handelt. Die Berechnungsmethoden werden bei der Erarbeitung der Fallstudienanalyse berücksichtigt. Für die Erarbeitung des Prozessschrittes der Betreungsphase wird vor allem Weihermüller (1982) herangezogen. In seinem Werk wird verdeutlicht, wie die Vereinbarung zur Absicherung der Lizenzgebührzahlung juristisch erfolgen kann.

Die Lizensierungstätigkeiten von Patentverwertungsgesellschaften, die aufgrund ihrer Lizensierungstätigkeit an Patentverletzern eine besondere Rolle im Kontext dieser Arbeit einnehmen, werden u.a. in den wissenschaftlichen Veröffentlichungen von Rüther (2012) und von Pohlmann und Opitz (2010) diskutiert. Rüther (2010) kommt zu der Erkenntnis, dass Patentverwertungsgesellschaften eine wesentliche Rolle im Rahmen der Patentverwertung einnehmen und empfiehlt, dass Unternehmen Geschäftsmodelle entwickeln sollten, die diese Gesellschaften mit in den Prozess einbeziehen bzw. berücksichtigen.[360] Pohlmann und Opitz (2010) diskutieren die verschiedenen Typen von Patentverwertungsgesellschaften, die sie in ihren Ausführungen Patentrolle nennen. Sie kommen zu der Erkenntnis, dass die Einbindung von Patentverwertungsgesellschaften zu hohen Verhandlungskosten und auch zu hohen Lizenzgebühren führen. Sie empfehlen, dass Unternehmen frühzeitig Lizenzen nehmen sollen, wenn die Gefahr einer Patentverletzung bestehen könnte.[361] Ferner ist im Zusammenhang mit der Transaktionskostenanalyse die wissenschaftliche Veröffentlichung von Ball und Kesan (2009) als relevante Literaturquelle zu nennen. In dieser wissenschaftlichen Ausarbeitung wird darauf eingegangen, welche Rolle die Unternehmensgröße für die Transaktionskosten und die Einbindung von Patentverwertungsgesellschaften spielt. Er kommt u.a. zu dem Schluss, dass es sich aus Transaktionskostensicht für große Unternehmen nicht lohnt, bei Patentverletzungsfällen zu stark gegen kleinere Unternehmen vorzugehen.[362]

3.3.3 Vorüberlegungen und Forschungsfragen

Aus den bisher vorliegenden Ausarbeitungen und Studien lassen sich die grundlegenden Fragen dieser Arbeit ableiten:

- **Allgemeine Daten**
    - Welche Rolle spielen Innovation und Patentwesen für die Unternehmen?
- **Informationsphase**
    - Wie werden Patentverletzungen und Patentverletzer identifiziert und ermittelt?
    - Was sind die Entscheidungsgrundlagen für die Prüfung einer Lizenzvergabe an mutmaßliche Patentverletzer?

[360] Vgl. Rüther (2012), S. 187 ff.
[361] Vgl. Pohlmann/Opitz (2010), S. 22 f.
[362] Vgl. Ball/Kesan (2009), S. 19 f.

- **Anbahnungsphase**
  - Wie erfolgt die Kontaktanbahnung an den Patentverletzer?
- **Vereinbarungsphase**
  - Welche Aspekte sind wesentlich im Rahmen der Verhandlung und Gestaltung des Lizenzvertrages?
  - Welche Rolle spielt Vertrauen hierbei? Wie kann Vertrauen entstehen, wenn der Beginn einer Kooperation schwierig ist?
- **Betreuungsphase**
  - Wie wird eine funktionierende Kooperation sichergestellt?
  - In welchen Fällen wird die Kooperation beendet?

Im Rahmen der empirischen Untersuchung sollen die Inhalte zu den einzelnen Prozessschritten näher untersucht und erläutert werden. Ein weiteres Ziel ist die Analyse der Transaktionskosten in jedem Prozessschritt. Zudem werden die Maßnahmen betrachtet, mit welchen die befragten Unternehmen und Organisationen diese reduzieren.

4 Design der eigenen empirischen Untersuchung

Mit Hilfe einer empirischen Erhebung wird die Lizenzvergabe im Rahmen von Patentverletzungen näher untersucht. Die empirischen Untersuchungen werden nicht nur auf Basis von Dokumentenanalysen ausgearbeitet, sondern es wurden auch Expertengespräche durchgeführt. Der Entschluss zur Durchführung einer primären Datenerhebung resultiert aus der Tatsache, dass das die strategische Lizenzvergabe an einen Patentverletzer bisher in der Literatur kaum untersucht wurde. Die Entscheidungskriterien wurden in der existierenden Literatur nicht erforscht, aber auch der gesamte Abwicklungsprozess wird nur eingeschränkt dargestellt. In dieser Arbeit sollen vor allem die strategischen Überlegungen zu einer Lizenzvergabe an einen Patentverletzer näher untersucht werden. Neuenschwander (2004), Poltorak (2006, 2010), Bramson (1999, 2000) und Cronin (2007) liefern gedankliche Ansätze, die auf das Potenzial einer Kooperation mit einem Patentverletzer hindeuten – dies wird im Rahmen der empirischen Analyse näher betrachtet. Bisher wurde dieser Faktor noch nicht wissenschaftlich untersucht. Zudem bleibt der internationale Kontext in der existierenden Literatur weitestgehend unberücksichtigt.

Als Methodik für die Datenerhebung wird eine qualitative Untersuchung durchgeführt. Diese erfolgt in Form einer Fallstudienanalyse. Die theoretischen Grundlagen zu den Methoden der Fallstudienanalyse und des theoretischen Bezugsrahmens werden nachfolgend beschrieben. Außerdem wird das theoretische Konzept zur Datenauswertung dargestellt. Im nächsten Schritt wird beschrieben, wie die Generierung der Fallstudien erfolgt. Abschließend erfolgt die Beschreibung der generierten Fallstudien.

4.1 Fallstudienanalyse

Die empirische Untersuchung ist primär explorativ angelegt. Das Ziel dieser Arbeit ist die Hypothesengenerierung und Theorieentwicklung, nicht die Prüfung von existierenden Hypothesen. Einem solchen Forschungsansatz wird ein Forschungsparadigma qualitativer Natur am besten gerecht. Eine qualitative Forschung ist immer dann sinnvoll, wenn wenig wissenschaftliche Informationen zu einem Thema verfügbar sind. Bei qualitativen Analysen werden keine Zahlbegriffe in Beziehung zueinander gesetzt wie in der quantitativen Forschung.[363]

[363] Vgl. Mayring (2003), S. 16.

Explorativ bedeutet, dass eine Vorstudie erstellt wird, auf deren Grundlage in einem späteren Schritt quantitative Untersuchungen durchgeführt werden können.[364] Mit Hilfe von Arbeitshypothesen und Forschungsfragen, die jedoch nicht mit der Hypothesendefinition gleichzusetzen sind, werden die Untersuchungen durchgeführt.

Nach Yin (1984) ist die Fallstudienforschung eine geeignete Forschungsstrategie, um im Rahmen einer explorativ angelegten Untersuchung ein neues Forschungsfeld aufzuspannen und mögliche Anknüpfungspunkte für weitere Untersuchungen zu definieren.[365] Auch Eisenhardt (1989) kommt zu dem Schluss, dass Fallstudien besonders dafür geeignet sind, neue Forschungsfelder zu beleuchten.[366]

Für die Bestimmung der erforderlichen Anzahl der Fallstudien unterscheidet Yin (1984) zwischen Einzelfallstudien und Mehrfallstudien. Einzelfallstudien werden immer dann angewendet, wenn neue theoretische Erkenntnisse gewonnen werden oder bestehende theoretische Erkenntnisse hinterfragt werden sollen. Im Rahmen von Mehrfallstudien erfolgt die bewusste Auswahl mehrerer Fälle zur Beantwortung von Fragestellungen innerhalb eines theoretischen Rahmens.[367] Die Ergebnisse von Mehrfallstudien gelten als robuster, weil gewonnene Erkenntnisse durch Vergleiche kritisch betrachtet werden können und eine gewisse Verallgemeinerung möglich ist. Mehrfallstudien sind mit einem vergleichsweise hohen Kosten- und Zeitaufwand verbunden. Einzelfallstudien werden in der Literatur kritisch betrachtet, da sie sich nur bedingt zur Hypothesengenerierung eignen.[368]

Nach Yin (1984) eignen sich Mehrfallstudien für die Vorhersage von ähnlichen Ergebnissen, aber auch für die Differenzierung auf Basis verschiedener Gründe. Die Anzahl der Fallstudien sollte dabei mindestens zwei bis drei Fälle umfassen, um die Vorhersage ähnlicher Ergebnisse zu ermöglichen. Um eine Differenzierung zu erzielen sollten sechs bis zehn Fälle vorliegen.[369] Eisenhardt (1989) betrachtet eine Anzahl von weniger als vier Fällen kritisch, da diese Anzahl für eine Hypothesenbildung nicht hinreichend ist, wohingegen in der Literatur auch gleichzeitig die Gefahr gesehen wird, dass bei mehr als zehn Fallstudien das Datenvolumen zu hoch ist.[370] Ein erweiterter Ansatz in der Literatur betrachtet einen Forschungsprozess als abgeschlossen, wenn der Grenznutzen eines weiteren Falls niedriger liegt als die Grenzkosten seiner Erhebung und dieser Fall somit keinen Mehrwert für die Theoriebildung bedeutet.[371]

---

[364] Vgl. Diekmann (2001), S. 30 f.
[365] Vgl. Yin (1984), S. 17 f.
[366] Vgl. Eisenhardt (1989), S. 532 ff.
[367] Vgl. Yin (1984), S. 38 ff.
[368] Vgl. Boos (1992), S. 9.
[369] Vgl. Yin (1984), S. 46.
[370] Vgl. Eisenhardt (1989), S. 545.
[371] Vgl. z.B. Eisenhardt (1989); Lamnek (2005); Gummesson (2000).

Der Forschungsablauf im Rahmen der Mehrfallstudien wird in Abbildung 4.1 veranschaulicht:

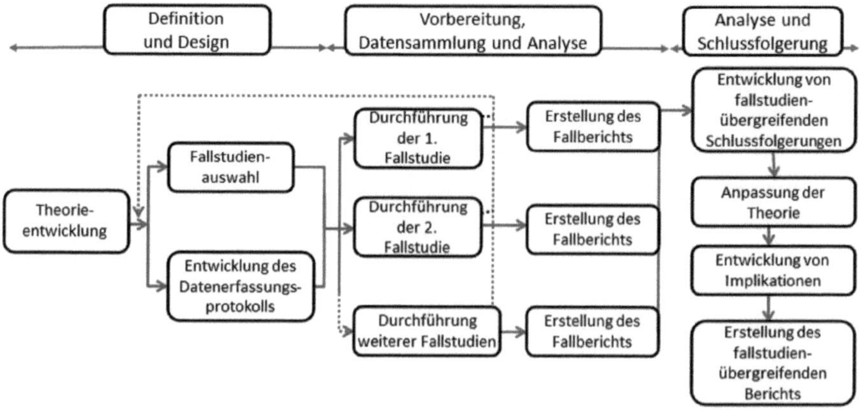

Abb. 4.1: Forschungsablauf bei der Mehrfallstudienanalyse (in Anlehnung an Yin, 1984, S. 51)

Im ersten Schritt der Mehrfallstudienanalyse wird der theoretische Rahmen definiert und das Forschungsdesign bestimmt. Im zweiten Schritt wird die Datenerhebung vorbereitet, durchgeführt und die werden Daten analysiert. Im dritten Schritt erfolgt die Schlussfolgerung auf Basis der Analysen.

Auf Grundlage der Analyse der existierenden Literatur wird also zunächst ein theoretischer Bezugsrahmen entwickelt, der dem Vorverständnis dient. Dieser bildet den ersten Schritt und die Grundlage der Fallstudienanalyse. In dieser Arbeit werden hierfür im Vorfeld theoretische Annahmen getroffen, die den Prozess der Datenerhebung und Datenanalyse prägen. Ziel ist es, diesen theoretischen Bezugsrahmen durch neue und tiefergehende Erkenntnisse, die mit Hilfe der Fallstudienanalyse gewonnen werden, zu verfeinern und zu erweitern.

Im zweiten Schritt werden geeignete Fälle analysiert, mit deren Hilfe neue Erkenntnisse gewonnen werden können. Zudem wird das Forschungsdesign bestimmt. Charakteristisch für die Fallstudienforschung ist die hohe Anzahl an Variablen. Aufgrund der vielen Variablen werden bei der Fallstudienanalyse verschiedene Datenquellen zusammengetragen.[372] Zusätzlich zu den Interviews mit Experten werden demzufolge Beobachtungen, Dokumentenanalysen, Archivmaterialanalysen und weitere Datenanalysen durchgeführt, um aussagekräftige Ergebnisse sicherzustellen.[373]

Im dritten Schritt erfolgt die Durchführung der Fallstudienanalyse. Diese werden im vierten Schritt schriftlich protokolliert. Im letzten Schritt werden zunächst fallstudienübergreifende

[372] Vgl. Yin (1984), S. 16 ff.
[373] Vgl. Bortz/Döring (1995), S. 281 ff.

Schlussfolgerungen gezogen, auf deren Grundlage der theoretische Bezugsrahmen ergänzt bzw. modifiziert wird. Ein fallstudienübergreifender Analysebericht bildet das Ergebnis der Untersuchung.

In der vorliegenden Arbeit wird eine interviewbasierte Mehrfallstudie durchgeführt, um so die Belastbarkeit der generierten Hypothesen sicherzustellen. Weiterhin erfolgt eine Analyse von verschiedenem Daten- und Archivmaterial. Neben der relevanten wissenschaftlichen Literatur werden sämtliche relevante Pressemitteilungen, nicht-wissenschaftliche Ausarbeitungen und Veröffentlichungen, relevante Internetseiten, Artikel und Berichte für die Analyse herangezogen.

Ziel der Fallstudienanalyse ist eine ganzheitliche Sichtweise. Hierzu wird eine konvergente Auswertung der Datenquellen angestrebt. Um die Konvergenz sicherzustellen, wird die Triangulation genutzt, bei der unterschiedliche Methoden für die Gewinnung von Daten herangezogen werden. So kann die Validität der Forschungsergebnisse gesteigert werden.[374]

Die genaue Prüfung der Validität ist eine wichtige Voraussetzung für die wissenschaftliche Verallgemeinerung im Rahmen der Fallstudienforschung. Für die Beurteilung des Aufbaus und der Logik von Fallstudien werden in der Literatur vier Kriterien betrachtet.[375]

- Konstruktvalidität
- Interne Validität
- Externe Validität
- Reliabilität

Konstruktvalidität beschreibt die Auswahl der richtigen Untersuchungsinstrumente. Das ist erforderlich, um den Effekt des subjektiven Urteils des Forschers bei der Datensammlung zu verringern. Durch die Benutzung verschiedener Quellen kann der Forscher-Bias[376], der durch subjektive Urteile und Voreingenommenheit entsteht, verringert werden. In der qualitativen Forschung kann der Forscher-Bias durch den Aufbau einer klaren Kausalkette verkleinert werden. Hierfür müssen die Vorgänge, die untersucht werden sollen, klar ausgewählt und die Verknüpfung zu den eigentlichen Forschungsfragen deutlich gemacht werden. Zudem muss beschrieben werden, weshalb die gewählten Kriterien geeignet sind, die Vorgänge zu beschreiben.[377]

Das wichtigste Gütekriterium einer Fallstudienanalyse ist die interne Validität. Die interne Validität bezieht sich auf die kausalen Zusammenhänge, deren intersubjektive Überprüfbarkeit

[374] Vgl. Lamnek (2005), S. 248; Villar/Marcelo (1992), S. 182.
[375] Vgl. Kidder (1981), S. 7 f.
[376] Vgl. Sackett (1979), S. 51 f.
[377] Vgl. Yin (1984), S. 89 f.

und Reliabilität. Interne Validität ist dann gegeben, wenn die Schlussfolgerungen klar nachvollziehbar sind; das bedeutet, dass alle weiteren Erklärungsansätze für ein Phänomen auf Basis der vorhandenen Daten ausgeschlossen werden können und sich ein Ergebnis aus den Daten bildet. Im Rahmen der Datenanalyse kann die interne Validität erzielt werden, indem logische Kausalbeziehungen zwischen den Variablen hergestellt, etwaige Muster abgeglichen und eine klare Argumentationskette verwendet werden.[378]

Die externe Validität umfasst Kriterien, die sich außerhalb der Untersuchung bewegen. Es wird untersucht, inwiefern sich die Ergebnisse einer Untersuchung generalisieren lassen und somit repräsentativ sind. Eine Fallstudienanalyse beruft sich hierbei insbesondere auf die analytische Generalisierbarkeit. Eine statistische Generalisierbarkeit, wie in der quantitativen Forschung, ist im Rahmen der Fallstudienforschung nicht möglich. Die logische Replikation durch weitere Fallstudien, bei denen ähnliche Ergebnisse erzielt wurden, dient jedoch theoretischen Schlussfolgerungen.[379]

Die Reliabilität ist das bekannteste Gütekriterium. Die Reliabilität ist gegeben, wenn weitere Forscher, die mit den gleichen Methoden dieselbe Fallstudienanalyse erneut durchführen, zu den gleichen Ergebnissen kommen. Dafür ist die genaue Dokumentation des Vorgehens und der verwendeten Methoden notwendig. Fallstudienprotokolle und die etwaige Entwicklung von Datenbanken für die Aufzeichnung sind hierfür hilfreich.[380]

Damit die Fallstudien dem gesetzten Qualitätsanspruch gerecht werden, werden diese klar beschrieben und strukturiert. So wird die Beantwortung der Forschungsfrage sichergestellt.[381]

Für die Auswertung der per Tonband aufgezeichneten Interviews erfolgt zunächst eine Transkription der Interviews. Hierbei wird die wörtliche Transkription als Protokollierungstechnik gewählt.[382] Die Interviews werden für die Aufbereitung der Daten in schriftlicher Form übertragen. Die Zeilen werden beziffert und die Dokumente mit Großbuchstaben durchnummeriert. Auf diese Weise wird sichergestellt, dass bei der Ergebnisdarstellung genaue Quellenangaben gemacht werden können.

Als Auswertungsmethodik wird die zusammenfassende Inhaltsanalyse gewählt. Das bedeutet, dass die aufbereiteten Daten so reduziert werden müssen, dass die wesentlichen Inhalte weiterhin erhalten bleiben. Für die Vorbereitung der Auswertung müssen Kodier- und Kontexteinheiten definiert werden. Der Begriff Kodiereinheit beschreibt den kleinsten Bestandteil des Textes,

[378] Vgl. Yin (1984), S. 38.
[379] Vgl. Yin (1984), S. 38 ff.
[380] Vgl. Yin (1984), S. 40.
[381] Vgl. Yin (1984), S. 101 ff.
[382] Vgl. Mayring (2002), S. 89 f.

der in eine zu definierende Kategorie eingeordnet wird. Die Kontexteinheit legt dabei den größten Textbestandteil fest. Die Auswertungsschritte unterteilen sich in die Schritte Paraphrasierung im ersten Schritt, danach die Generalisierung, bei der Paraphrasen auf eine Abstraktionsstufe verallgemeinert werden, und zum Schluss die erste und zweite Reduktion. Am Schluss bleiben nur noch die Paragraphen übrig, die zentral und wichtig sind. So entsteht ein Kategoriensystem, mit Hilfe dessen die Antworten auf die Forschungsfragestellungen analysiert und interpretiert werden können und einzelne Interviews miteinander verglichen werden können.[383] Die Auswertung erfolgt gründlich und so, dass die Interpretationen nachvollziehbar sind.

4.2 Datenerhebung

Neben der Analyse des existierenden Dokumenten- und Archivmaterials werden Experteninterviews durchgeführt. Diese sind im Rahmen dieser Arbeit notwendig, da weder die juristischen und ökonomischen Theorien und Ausarbeitungen, noch die alleinige Dokumentenanalyse zur Beantwortung der Forschungsfragen hinreichend sind.

4.2.1 Erhebungsumfang

Das Erhebungsgebiet wird geografisch auf die Bundesrepublik Deutschland beschränkt. Folglich erfolgt die Erhebung der Daten bei Unternehmen, die in Deutschland ansässig sind und von Patentverletzungen direkt oder indirekt betroffen sind. Durch die Eingrenzung wird sichergestellt, dass die Ergebnisse der Befragung nicht durch verschiedene kulturelle oder rechtliche Rahmenbedingungen verzerrt werden. Da der Kern der Arbeit strategischer Natur ist, lassen sich die Ergebnisse jedoch global übertragen.

Für die Auswahl der Industriezweige ist ein maßgebliches Kriterium, dass es sich um einen technologieintensiven Sektor handelt, der ein hohes Innovationspotenzial und eine hohe Wertschöpfung aufweist und folglich potenziell über eine Vielzahl von Patenten verfügt. Eine Eingrenzung auf bestimmte Industriezweige ist an dieser Stelle noch nicht erforderlich, da zunächst Hypothesen zur strategischen Lizenzvergabe an Patentverletzer generiert werden sollen. Der Sektor der Informations- und Kommunikationstechnologien wird nicht betrachtet, weil dieser Sektor häufiger als andere Sektoren von kartellrechtlichen Zwangslizensierungen und sog. „standard-essentiellen Patenten“ betroffen ist. Patente werden als standard-essentiell angese-

[383] Vgl. Mayring (2003), S. 59 ff.

hen, wenn zur Herstellung eines Produktes, das dem Gemeinwohl dient, genau diese eine Technologie benötigt wird und keine Ausweichtechnologien existieren. Dies ist z.B. bei der Entwicklung von Mobiltelefonen der Fall.[384]

Eine Einschränkung nach Unternehmensgröße wird nicht vorgenommen. Eine wesentliche Voraussetzung für die Aufnahme als Fallstudie ist jedoch, dass die Unternehmen über einen eigenen F&E-Bereich und somit über eigene Patente verfügen. Die Unternehmen müssen nicht zwangsläufig über ein eigenes Patentmanagement verfügen, da sie, insbesondere bei Verdacht auf Patentverletzungen auch die Möglichkeit haben, Patentverwertungsgesellschaften oder entsprechende Anwaltskanzleien einzubinden.

Nach Yin (1984) sollte der Erhebungsumfang im Rahmen der Mehrfallstudienanalyse mindestens sechs bis maximal zehn Fälle umfassen, um belastbare Ergebnisse zu erzielen. In dieser Arbeit beträgt der Umfang sechs Fallstudien bzw. Expertengespräche.

4.2.2 Durchführung qualitativer Interviews

Experteninterviews sind qualitativer Natur und haben im Allgemeinen einen narrativen Charakter. So ermöglichen sie einen natürlichen Gesprächsverlauf in alltagsnahen Situationen. Zudem sind qualitative Interviews von Flexibilität und Offenheit geprägt.[385] Das bedeutet vor allem, dass die Befragung nicht unter Einhaltung einer festen Struktur erfolgt und auch offene Fragen gestellt werden.[386] Den Experteninterviews liegt ein Leitfaden zu Grunde, der im Rahmen der Untersuchung um neue Erkenntnisse erweitert wird. Die Vorüberlegungen und die daraus resultierenden Forschungsfragen bilden die Grundlage für den Leitfaden. Der vollständige Leitfaden ist im Anhang zu finden.

Die Befragung erfolgt offen und teilstandardisiert. Diese Befragungsform stellt sicher, dass der Gesprächspartner sich frei zu den gestellten Fragen äußern kann. Es wird davon ausgegangen, dass durch offene Fragen eine höhere Ergiebigkeit erreicht werden kann, als wenn Antwortkategorien vorgegeben oder die Fragen zu stark eingeschränkt werden. Die Fragen werden nicht vorformuliert und erfolgen nicht gezwungenermaßen in einer bestimmten Reihenfolge.[387] Teilstandardisiert bedeutet folglich, dass der Leitfaden lediglich als Stütze dient, damit relevante Themen und Aspekte während der Gesprächssituation nicht vergessen werden. Ziel dieser Be-

[384] Vgl. z.B. Körber (2013).
[385] Vgl. Lamnek (2005), S. 55.
[386] Vgl. Yin (1984), S. 83.
[387] Vgl. Mayring (2002), S. 66.

fragungsform ist es, den Erzählfluss möglichst nicht zu stören. Um den Gesprächsfluss sicherzustellen, wird unter anderem Gesagtes paraphrasiert.[388] Eine offene Atmosphäre ist von wesentlicher Bedeutung.

Für die Einleitung des Gespräches werden das Ziel der Untersuchung genannt und einige Hinweise zum Gesprächsablauf gegeben. Das Interview wird mit einem Tonbandgerät aufgenommen, daher wird in der Gesprächseinleitung auch darauf hingewiesen. Der vordefinierte Prozess wird dem Interviewpartner dargestellt. Dieser soll die Gelegenheit haben, alles zu erzählen, was ihm zu den jeweiligen Prozessschritten einfällt. Die Fragen werden daher zunächst bewusst allgemein gehalten. So wird die Relevanz der vorab definierten Fragestellungen und der getroffenen Annahmen erkennbar. Zudem werden auf diese Weise auch die Erfahrungen des Interviewpartners deutlich. Themen, die nicht genannt werden, können als weniger wichtig interpretiert werden.[389] Sofern ein Thema im Rahmen der Arbeitshypothesen als wichtig empfunden wurde, aber im Interview nicht genannt wird, wird dieses im Laufe des Interviews näher erfragt.[390]

Grundsätzlich sind verschiedene Formen der Datenerhebung denkbar. Diese kann entweder schriftlich, telefonisch oder persönlich erfolgen. Die Kontaktaufnahme erfolgte in dieser Studie telefonisch oder per E-Mail. Die Interviews werden, je nach Fall und Möglichkeit, telefonisch oder persönlich durchgeführt. Die Gesprächsdauer betrug jeweils 45 bis 75 Minuten.

4.2.3 Auswahl und Identifikation der Fallstudienunternehmen

Für die Auswahl und Identifikation der Fallstudienunternehmen ist es zunächst wichtig, die möglichen Wege der Lizenzvergabe zu kennen. Diese werden in Abbildung 4.2 dargestellt.

Die IP-Stabsabteilung agiert typischerweise als eigenständiges Profit-Center in einem Unternehmen und berichtet an die Geschäftsleitung des Unternehmens. Ist das IP in einen Geschäftsbereich integriert, übernimmt dieser die vollständige Verantwortung für das Schutzrechtsmanagement. Externe Technologiegesellschaften sind vollständig aus dem Mutterunternehmen ausgelagert und agieren eigenständig und unabhängig. Die meisten Unternehmen binden externe Patentanwälte ein und konzentrieren sich im Unternehmen auf ihre Kernkompetenzen.

---

[388] Vgl. Lamnek (2005), S. 340.
[389] Vgl. Schnell et al. (1995), S. 353; Lamnek (2005), S. 340.
[390] Vgl. Kromrey (2000), S. 364.

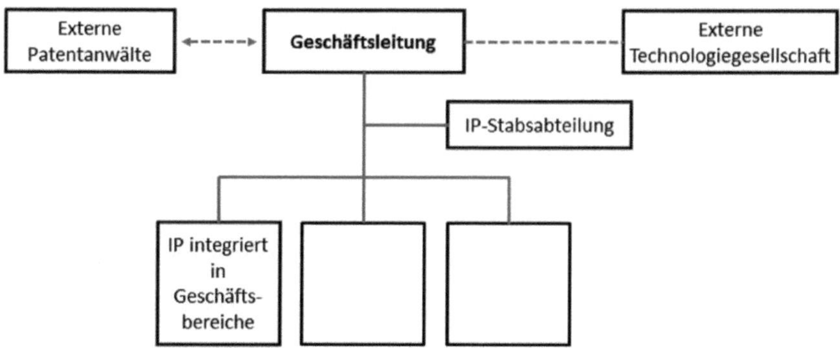

Abb. 4.2: Mögliche Wege der Lizenzvergabe (in Anlehnung an Gassmann/Bader, 2011, S. 140)

Grundsätzlich gibt es zwei Wege der Lizenzvergabe an Patentverletzer. Diese umfassen die direkte Lizenzvergabe durch das Unternehmen selbst und die indirekte Lizenzvergabe durch die Einbindung von Lizenzvermittlern in Form von Technologie- bzw. Patentverwertungsgesellschaften und externen Patentanwälten.[391] Entsprechend können vier Zielgruppen für die Experteninterviews identifiziert werden:

- Technologie- und Patentverwertungsgesellschaften
- Unternehmen, die mit Hilfe von Technologiegesellschaften Lizenzen an Patentverletzer vergeben haben
- Unternehmen, die eigenständig Lizenzen an Patentverletzer vergeben haben
- Externe Patentanwälte

Eine Patentverwertungsgesellschaft ist keine Anwaltskanzlei, jedoch auf die flächendeckende Durchsetzung von Patenten spezialisiert. Im Fokus von Patentverwertungsgesellschaften steht die wirtschaftliche Komponente von Patentverwertungsprozessen. In der Regel arbeiten Patentverwertungsgesellschaften vollständig auf Honorarbasis und kooperieren mit Patentanwaltskanzleien. Einige Patentverwertungsgesellschaften zeichnen sich dadurch aus, dass sie Patente auf eine Zweckgesellschaft übertragen und diese Gesellschaft als Kläger im Rahmen einer Patentverletzungsklage einbinden. Normalerweise wird der Eigentümer des Patentes an der Zweckgesellschaft beteiligt. Er trägt jedoch ein deutlich geringeres Risiko, wenn der Verklagte eine Gegenklage einleitet, als wenn die Patentverletzungsklage über das eigene Unternehmen erfolgen würde.[392] In der Praxis und auch in der Literatur werden Patentverwertungsgesellschaften bzw. solche Organisationen, die Patente lediglich durchsetzen, aber selbst nicht nutzen, mit dem negativ behafteten Begriff „Patent Trolls" bezeichnet.[393]

---

[391] Vgl. Martin et al. (1977), S. 49 f.
[392] Vgl. Poltorak (2010), S. 2.
[393] Vgl. Pohlmann/Opitz (2010), S. 1.

Juristisch betrachtet hat auch eine Patentverwertungsgesellschaft grundsätzlich einen Unterlassungsanspruch gegenüber Dritten auch dann, wenn die Gesellschaft selbst keine patentgemäßen Gegenstände herstellt oder vertreibt. Nach dem Urteil des Landgerichts Mannheim vom 27.02.2009[394] ist die Wahrnehmung der Ausschließlichkeitsbefugnis gemäß § 9, Satz 1 PatG nicht an eine gleichzeitige Benutzung des Patents gemäß § 9, Satz 1 PatG durch den Patentinhaber geknüpft. Aufgrund seiner Absichten, das Patent durch eine Lizenzvergabe zu verwerten und somit seine Ausschließlichkeitsbefugnis durchzusetzen, ist auch der Patentinhaber, der ein Schutzrecht nicht selbst nutzt, im Patentsystem geschützt.[395]

Da Patentverwertungsgesellschaften Patente vor allem in Form von Lizenzvergabe durchsetzen und nur in seltenen Fällen die Unterlassungsklage anstreben, weisen sie entsprechende Erfahrungen im Umgang mit Patentverletzungen auf und bilden somit eine wichtige Zielgruppe für die Experteninterviews. Im ersten Schritt wurden daher die identifizierten Patentverwertungsgesellschaften angesprochen. Zunächst wurden die Adressdaten aller Patentverwertungsgesellschaften in Deutschland erfasst. Dies geschah hauptsächlich durch Internet- und Datenbankrecherche und die Sichtung von Presseberichten.

Die zweite Zielgruppe dieser empirischen Untersuchung sind Unternehmen, die mit Hilfe von Patentverwertungsgesellschaften Lizenzen vergeben haben. Auch sie werden im Rahmen der Fallstudienanalyse näher untersucht. Durch zusätzliche Gespräche mit diesen Unternehmen kann auch der Blickwinkel der Unternehmen, deren Patente verletzt worden sind, berücksichtigt werden. Diese Unternehmen wurden einzeln im Internet recherchiert, z.B. mit Hilfe von Pressemitteilungen. Zudem wurden nach Möglichkeit die Patentverwertungsgesellschaften in den Prozess der Identifikation dieser Unternehmen eingebunden. Jedoch sind Unternehmen, die Patentverwertungsgesellschaften in den Prozess der Lizenzvergabe bei Patentverletzungen eingebunden haben, mittels eigenständiger Recherchen schwer zu ermitteln.

Die dritte Zielgruppe sind Unternehmen, die selbst Lizenzen an Patentverletzer vergeben. Auch diese Zielgruppe wird im Rahmen der Fallstudienanalyse näher untersucht. Eine direkte Identifikation der Unternehmen ist kaum möglich, da nur wenige Unternehmen solche Informationen veröffentlichen. Bei den veröffentlichten Fällen handelt es sich zumeist um Unternehmen aus der Informations- und Telekommunikationsbranche, bei denen vor allem gerichtliche Zwangslizensierungen eingeräumt wurden. Da die gerichtliche Zwangslizensierung jedoch nicht das Thema dieser Arbeit ist, wurde der indirekte Weg zur Identifikation der Unternehmen gewählt. Es wurden Unternehmen analysiert, die ein hohes Innovationspotenzial aufweisen und somit über eine Vielzahl von Patenten verfügen. Hier besteht eine gewisse Wahrscheinlichkeit, dass irgendwann auch Lizenzen an Patentverletzer vergeben werden.

394 Aktenzeichen: 7 O 94/08.
395 Vgl. OpenJur v. 24.07.2013.

Zunächst wurden die Mitglieder der Verband Deutscher Maschinen- und Anlagenbau (VDMA), einer der größten und mitgliedstärksten Verbände in Europa, gesichtet. Auf den Internetseiten des VDMA werden über 3.100 Unternehmen gelistet.[396] Da diese Liste viele Unternehmen umfasst, die aufgrund der Größe und fehlender F&E-Aktivität als Zielgruppe nicht in Frage kommen, erfolgte eine weitere Eingrenzung. Dazu wurde auf die aktuelle VDMA-Studie zur Produktpiraterie zurückgegriffen, mit deren Hilfe die Anzahl der Unternehmen, die sich als Zielgruppe eignen, auf 337 reduziert werden konnte.[397] Jedoch hat der VDMA aus Datenschutzgründen keine näheren Auskünfte zu den Unternehmen, die an der Studie teilgenommen haben, bereitgestellt. Im Rahmen weiterer Recherchen wurde die Studie „German Champions" der TU München und der Munich Innovation Group identifiziert, die 50 mittelständische Unternehmen listet, die ein hohes Technologie- und Innovationspotenzial aufweisen. Laut der Studie erfolgen etwa 90 Prozent der Patentneuanmeldungen pro Jahr durch kleine und mittelständische Unternehmen.[398] Die 50 Unternehmen, die an der Studie teilgenommen haben, erscheinen als geeignetes Sample. Diese Stichprobe lässt gesicherte Schlussfolgerungen zu, da es sich bei den Teilnehmern der Studie um innovationsstarke Unternehmen handelt, die jährlich eine Vielzahl von Patenten anmelden. Diese Unternehmen wurden angeschrieben und angesprochen.

Es wurden außerdem weitere Experteninterviews mit externen Patentanwälten und Technologietransfereinheiten von Universitäten und Forschungseinrichtungen durchgeführt, da auch diese Organisationen Erfahrungen im Prozess der Lizenzvergabe an Patentverletzer aufweisen. Diese wurden einzeln im Internet recherchiert und angesprochen.

4.2.4 Generierung der Fallstudien

Nachdem die Unternehmen, die als geeignet erschienen, identifiziert wurden, konnte mit der empirischen Untersuchung begonnen werden. Hierzu wurden im Zeitraum von März bis Juni 2014 die Geschäftsführer aller in Deutschland ansässigen Patentverwertungsgesellschaften und Patentanwaltskanzleien per E-Mail angeschrieben. Außerdem wurden die Patentabteilungen der in der Studie „German Champions" gelisteten Unternehmen per E-Mail angeschrieben. Außerdem erfolgte die Ansprache der identifizierten Unternehmen und Organisationen, die entweder eigenständig oder mittels einer Patentverwertungsgesellschaft eine Lizenz an einen Patentverletzer vergeben haben.

[396] Vgl. VDMA v. 23.04.2014.
[397] Vgl. o.V. (2014), S. 6.
[398] Vgl. Klenk et.al. (2013), S. 2.

In der E-Mail-Ansprache wurden die Unternehmen über die wesentlichen Inhalte, die Ziele und die Vorgehensweise der Untersuchung informiert. Dies sollte dazu dienen, dass den Interviewpartnern alle Fakten bekannt sind, bevor sie dem Interview zustimmen. Das Anschreiben ist im Anhang dieser Arbeit zu finden.

Insgesamt wurden 71 Unternehmen per E-Mail angeschrieben. Eine vollständige Liste der Unternehmen, die angeschrieben wurden, ist im Anhang zu finden. Es wurde davon ausgegangen, dass einige Unternehmen bei dem Thema Patentverletzungen vor einer Veröffentlichung ihrer Angaben zurückschrecken. Daher wurde auf die Möglichkeit zur Anonymität bei der Untersuchung hingewiesen, falls diese explizit gewünscht sein sollte. Außerdem wurde auch darauf hingewiesen, dass den Unternehmen die Ergebnisse der Auswertung übersendet werden. Dennoch waren einige Unternehmen nicht bereit an der Untersuchung teilzunehmen.

Nach telefonischem Rückruf und der Zusendung der Interviewunterlagen verblieben noch acht Unternehmen im Sample. Die Rücklaufquote lag entsprechend bei 11 Prozent. Tabelle 4.1 fasst die Gründe zusammen, weswegen einige Unternehmen bereits vor der Nachverfolgung ausgeschieden sind.

Die Experteninterviews fanden im Zeitraum von Juli bis Oktober 2014 statt. Zwei Unternehmen lehnten nach Erhalt der Interviewunterlagen und einem informellen Vorgespräch ihre Teilnahme ab. Somit konnten sechs Experteninterviews durchgeführt werden.

Grund	Anzahl
Keine Erfahrungen in diesem Bereich	8
Thema Patentverletzung ist zu sensibel	25
Keine Zeitressourcen	16
Kein Interesse an der Teilnahme an der Studie	9
Keine Rückmeldung	5

Tab. 4.1: Gründe der ausgeschiedenen Unternehmen (eigene Darstellung)

4.3 Beschreibung der einzelnen Fallstudien und Expertengespräche

Insgesamt wurden sechs Experteninterviews geführt. Vier der sechs Experteninterviews werden nachfolgend als Fallstudien aufgeführt, weil diese Unternehmen im Bereich F&E aktiv sind und selbst Patente anmelden. Zwei weitere Fälle werden nachfolgend als Experteninterviews bezeichnet, weil es sich hier um Dienstleistungsunternehmen im Bereich der Patentverwertung handelt.

Abbildung 4.3 veranschaulicht den Aufbau, die Darstellungsmethodik und die Verwertung der Ergebnisse der Fallstudienanalyse im Rahmen dieser Arbeit.

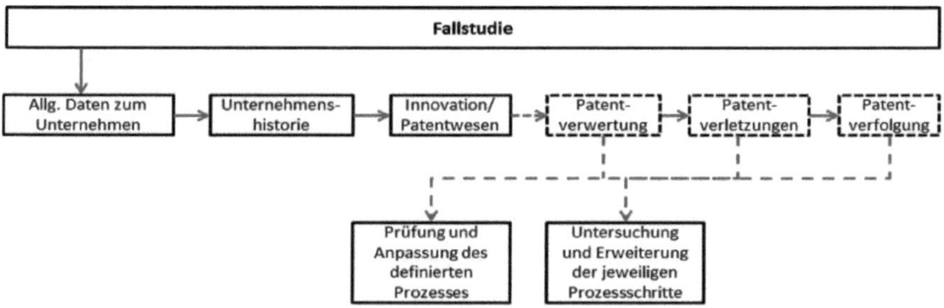

Abb. 4.3: Aufbau der Fallstudien (eigene Darstellung)

Für die Beschreibung der Fallstudien werden die allgemeinen Daten zum Unternehmen, die Unternehmenshistorie und die Rolle von Innovation und Patentwesen im Unternehmen dargestellt. Da die befragten Dienstleistungsunternehmen über keine eigenen Patente verfügen, sondern lediglich eine Dienstleistung im Prozess der Lizenzvergabe erbringen, werden im Rahmen der Beschreibung der Fallstudien lediglich die allgemeinen Daten zu den Unternehmen und die Rolle der Unternehmen bei der Lizenzvergabe bei Patentverletzungen behandelt. So kann dargestellt werden, welche Rolle diese Dienstleistungsunternehmen bezüglich der Lizenzvergabe bei Patentverletzungen einnehmen. Im Rahmen der Theoriefortschreibung sind die Expertengespräche von großer Bedeutung, da diese Unternehmen über wesentliche Erkenntnisse zu den jeweiligen Prozessschritten verfügen. Mit Hilfe der Angaben der Unternehmen zu den Themen Patentverwertung, Patentverletzungen und Patentverfolgung können der definierte Prozess überprüft und die verwendeten Theorien entsprechend angepasst werden.

4.3.1 Fallstudie „Hella KGaA Hueck & Co."

Das Unternehmen Hella hat eine hohe Anzahl an Patentanmeldungen und verfügt daher auch über umfangreiche Erfahrungen in der Lizensierung von Patenten und im Umgang mit Patentverletzungen.

4.3.1.1 Allgemeine Daten zum Unternehmen

Das Familienunternehmen Hella ist mit 70 Standorten in über 30 Ländern vertreten. Der Hauptsitz des Unternehmens liegt in Lippstadt.

Die Beschäftigtenanzahl lag im Geschäftsjahr 2013/14 bei ca. 30.700 Mitarbeitern. Die Unternehmenstätigkeit Hellas liegt in der Konstruktion und Fertigung von Komponenten für die Automobilindustrie. Der Fokus liegt dabei auf Elektronik und Lichttechnik. Hella ist außerdem eine der größten Handelsorganisationen Europas für den Handel von Kraftfahrzeugteilen und Zubehör. Darüber hinaus umfasst das Leistungsspektrum von Hella die Bereiche Diagnose und Serviceleistungen. Im Geschäftsjahr 2013/14 wurde ein Gesamtumsatz von ca. 5,3 Mrd. Euro erwirtschaftet.[399] Hella zählt zu den Top 50 der weltweiten Automobilzulieferer.[400]

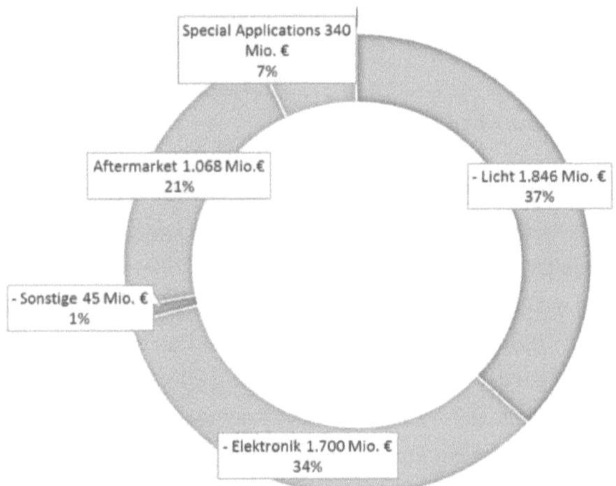

Abb. 4.4: Umsatzverteilung nach Geschäftsaktivitäten (Hella Geschäftsbericht, 2013, S. 21)

Das operative Geschäft von Hella unterteilt sich in die drei Segmente „Automotive", „Aftermarket" und „Special Applications". Der Bereich Automotive konzentriert sich auf die Komponentenfertigung für die Automobilindustrie, dabei insbesondere auf die Lichttechnik und die Elektronik. Im Segment Aftermarket liegt der Schwerpunkt auf dem unabhängigen Teilehandel

[399] Vgl. Hella (2013), S. 3.
[400] Vgl. Klenk et al. (2013), S. 52.

für Werkstätten. Der Bereich Special Applications richtet sich an Baumaschinen- und Bootshersteller, an Kommunen und Energieversorger. Abbildung 4.4 veranschaulicht die Umsatzverteilung nach Geschäftssegment im Geschäftsjahr 2012/2013.

4.3.1.2 Unternehmenshistorie

Das Unternehmen Hella wurde 1899 von Sally Windmüller als Westfälische Metall-Industrie Aktiengesellschaft gegründet und war zunächst eine Spezialfabrik für Scheinwerfer, Laternen, Cornets und Beschläge für Automobile, Wagen und Fahrräder. 1908 wurde das Warenzeichen Hella für einen Acetylenscheinwerfer eingetragen. Im Jahre 1923 übernahm die Familie Hueck die Aktienmehrheit.

Die deutschlandweite Expansion des Unternehmens erfolgte nach dem Zweiten Weltkrieg. 1961 begann das Unternehmen seine Internationalisierung und gründete zahleiche Fabriken im Ausland. 1986 wurde der Firmenname in Hella KG Hueck & Co. geändert.

Im Jahr 2003 wurde Hella in eine Kommanditgesellschaft auf Aktien mit dem Namen Hella KGaA Hueck & Co. umgewandelt. Das Unternehmen verfügt über zahlreiche Joint Ventures, die sich auf die Entwicklung von Klimasystemen, Bordnetze und komplette Fahrzeugmodule konzentrieren. Bedeutende Produktentwicklungen des Unternehmens in jüngster Zeit sind der im Jahr 2012 entwickelte erste Scheinwerfer mit LED-Hauptlichtfunktionen für das Truck-Segment und der im Jahr 2013 entwickelte erste LED-Matrixscheinwerfer mit blendfreiem Fernlicht.

4.3.1.3 Innovation und Patentwesen

Von den insgesamt 30.700 Beschäftigten im gesamten Unternehmen sind ca. 5.600 Beschäftigte im Bereich der F&E angestellt. Im Geschäftsjahr 2012/13 wurden ca. 514 Mio. Euro für F&E-Aktivitäten aufgewendet. Besonders im Bereich der automobilen Lichtsysteme ist Hella Innovationstreiber.

Das Unternehmen reicht jedes Jahr durchschnittlich mehr als 150 neue Patente ein, um Neuentwicklungen zu schützen. Abbildung 4.5 veranschaulicht die jährlichen Patentanmeldungen von Hella zwischen 1995 und 2014. In einigen Jahren wie etwa in 2000, 2002 und 2008 hat Hella sogar mehr als 300 Patente im Jahr angemeldet.

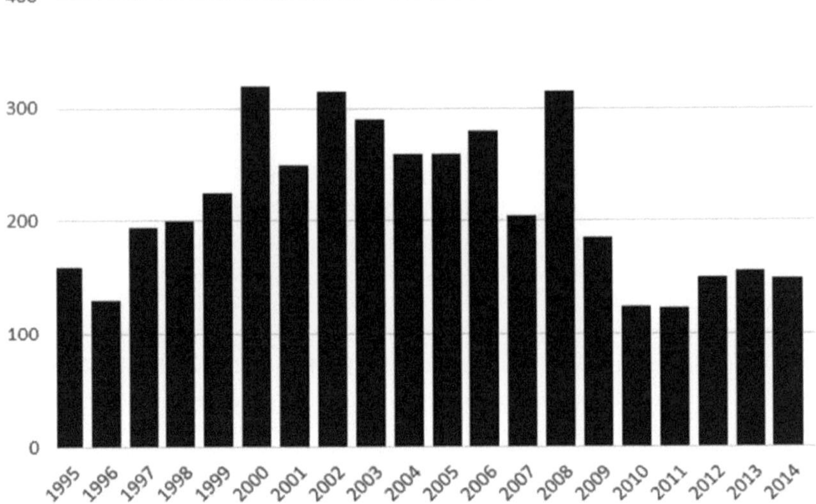

Abb. 4.5: Patentanmeldungen Hella KGaA Hueck & Co. 1995-2014 (DPMA v. 20.09.2015)

Abbildung 4.6 zeigt die Anzahl von Schutzrechtsanmeldungen gegliedert nach dem Tätigkeitsportfolio von Hella. Hella hält 39 Prozent seiner Patente im Bereich „Transportation“ und 33 Prozent im Bereich „Electrical devices, engineering, energy“. 72 Prozent der Patente werden somit in Kernproduktbereichen des Unternehmens gehalten.

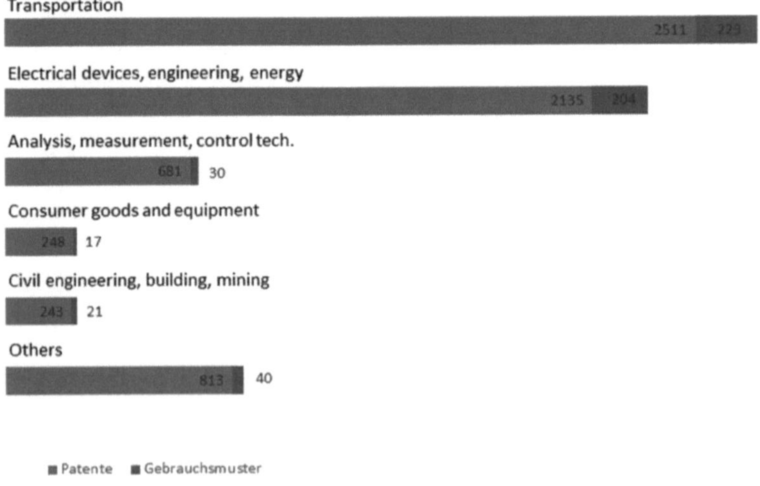

Abb. 4.6: Tätigkeitsportfolio von Hella (Klenk et al., 2013, S. 53)

Obwohl Hella global tätig ist, entstehen die meisten Innovationen in Deutschland. Die nachfolgende Abbildung der Regionalverteilung der Patente verdeutlicht, dass auch die meisten Patente in Deutschland angemeldet werden, gefolgt von Europa. Die Patentanmeldung in Asien nimmt einen niedrigeren Stellenwert ein.

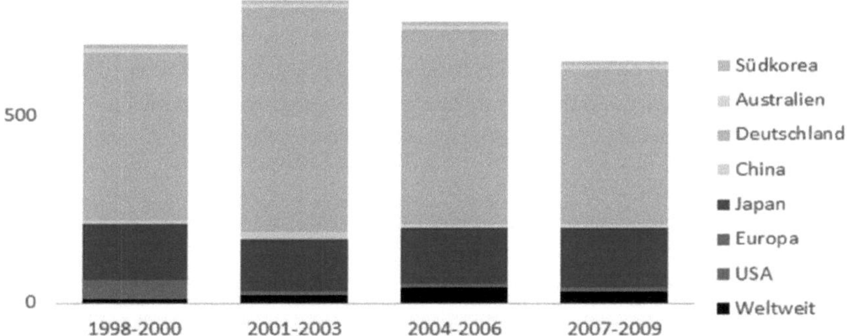

Abb. 4.7: Regionalverteilung der Patentanmeldungen Hella 1998-2009 (Klenk et al., 2013, S. 54)

Hella beschäftigt insgesamt 15 Personen in der Patentabteilung, davon sind acht Beschäftigte vor Ort in Lippstadt tätig. Die Patentabteilung hat ein jährliches Budget von 2,5 Mio. Euro. In 2014 verfügte Hella über ca. 2.500 Patentanmeldungen und lebende Patente in ca. 1000 Patentfamilien.

4.3.2 Fallstudie „Brose GmbH & Co. KG"

Brose weist als führendes, innovatives Automobilzulieferunternehmen umfangreiche Erfahrungen in der Patentlizensierung und im Umgang mit Patentverletzungen auf.

4.3.2.1 Allgemeine Daten zum Unternehmen

Das Familienunternehmen Brose ist als Automobilzulieferer mit 58 Standorten in 23 Ländern weltweit tätig.

Der Hauptsitz des Unternehmens ist in Coburg. Brose entwickelt und fertigt mechatronische Komponenten und Systeme für Fahrzeugsitze, -türen und -karosserien. Das Unternehmen zählt über 80 Automobilhersteller und weitere Automobilzulieferer zu seinen Kunden. Im Jahr 2013 waren über 22.000 Mitarbeiter bei Brose beschäftigt, die einen Gesamtumsatz von 4,7 Mrd.

Euro erwirtschaftet haben.[401] Brose zählt zu den Top 40 der weltweiten Automobilzulieferer. Am Umsatz bemessen ist Brose weltweit der fünftgrößte Automobilzulieferer in Familienbesitz.

Das Unternehmen gliedert sich in vier Geschäftseinheiten: Sitzsysteme in Coburg, Motoren in Würzburg, Türsysteme in Hallstadt und Schließsysteme in Wuppertal.

Das Unternehmen hält einen Marktanteil von weltweit 25 Prozent im Segment der Fensterhebesysteme, europaweit 39 Prozent im Segment der Türsysteme und einen Marktanteil von europaweit 50 Prozent bei elektrischen Sitzverstellungen. Im Segment Seilzieher-EPB (Elektrische Feststellbremse) ist Brose mit über 60 Prozent Marktanteil Weltmarktführer. Im Bereich Schließsysteme ist Brose mit einem Marktanteil von 15 Prozent der drittgrößte Anbieter in Europa.

4.3.2.2 Unternehmenshistorie

1908 eröffnete Max Brose ein Handelsgeschäft für Automobilzubehör in Berlin. Gleichzeitig war er auch Generalvertreter des Karosseriebau-Unternehmens seines Vaters in Wuppertal. Gemeinsam mit Ernst Jühling gründete Brose im Jahr 1919 das Metallwerk Max Brose & Co. Die offene Handelsgesellschaft fertigte und vertrieb Werkzeuge, Metallwaren, Apparate und andere Materialien, die insbesondere dem Bereich Automobile und Flugzeuge dienten.

Im Automobilzubehörbereich stellte Brose zunächst mit dem Warenzeichen „Atlas" Beleuchtungen für Automobile, Benzin- und Ölkanister, Wagenheber, Signalinstrumente und Luftpumpen her. 1926 wurde für den Kurbelantrieb für versenkbare Fenster das erste Patent an das Unternehmen erteilt. Damit begann Brose die Serienfertigung von mechanischen Fensterhebern. Die Produktpalette wurde später um Entlüftungen und Windschutzscheiben erweitert. Nachdem Brose zur Zeit des zweiten Weltkrieges seinen Produktionsschwerpunkt vorübergehend umgestellt hatte, stand das Unternehmen ab 1945 unter der Treuhandverwaltung der amerikanischen Militärregierung. Neben Automobilzubehör wurden Haushaltsgeräte hergestellt, bis sich das Unternehmen 1958 wieder auf die Fertigung und Vertrieb von Automobilzubehör konzentrierte. 1968 begann Brose neben elektrischen Fensterhebern auch Sitzbeschläge, die dem Verstellen der Rückenlehnen dienten, herzustellen.

1982 wurde die Rechtsform in Brose Fahrzeugteile GmbH & Co. KG geändert. 1988 begann Brose seine Internationalisierung mit der Übernahme einer Produktionsstätte in Coventry in England. 1990 erfolgte die innerdeutsche Expansion. Später ist das Unternehmen vor allem in Nordamerika und Asien expandiert.

[401] Vgl. Brose v. 14.09.2014.

In 2002 hat das Unternehmen die Schließsystem-Sparte der Robert Bosch GmbH übernommen. 2004 und 2005 wurden die Fensterheber-Sparte von Maxion Sistemas in Brasilien übernommen und Unternehmensanteile des türkischen Herstellers von Fensterhebern Pressan A.S. erworben. 2008 baute Brose durch den Kauf der Elektromotoren-Sparte der Continental AG seine Produktpalette um Schiebedächer, elektrische Antriebe für Fensterheber und Gurtstraffer aus. 2011 hat Brose mit SEW-Eurodrive ein Joint Venture gegründet, um Antriebe für die Elektromobilität zu entwickeln.

Das Unternehmen investierte im Jahr 2012 rund 300 Mio. Euro für den Auf- und Ausbau seiner Werke. Fast ein Drittel wurde für den Auf- und Ausbau der deutschen Werke verwendet.

4.3.2.3 Innovation und Patentwesen

Brose investiert jährlich rund acht bis zehn Prozent des Umsatzes in die Produktentwicklung. Ein Kernbereich von Brose sind Maßnahmen, die zur Einsparung von Kraftstoff dienen. Wie Abbildung 4.8 verdeutlicht, meldet das Unternehmen seit 1998 jährlich mehr als 100 neue Patente an. In 2004 hat das Unternehmen sogar mehr als 250 Patente angemeldet.

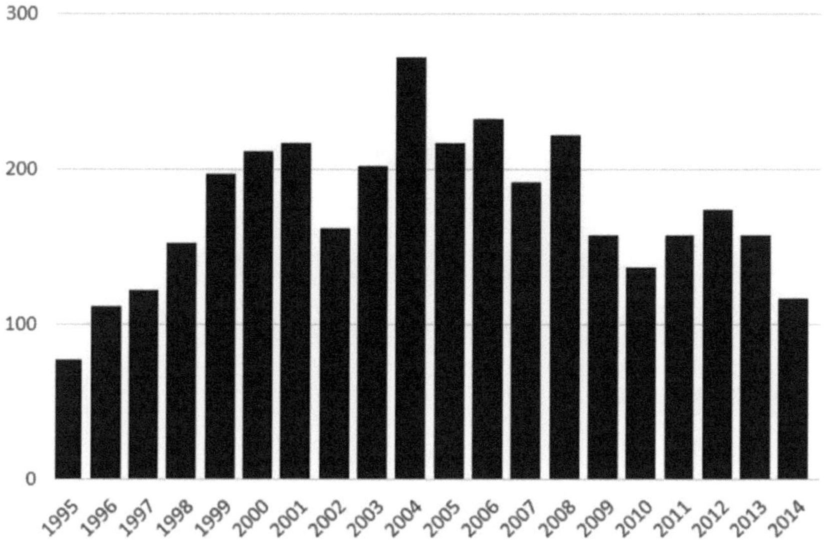

Abb. 4.8: Patentanmeldungen Brose 1995-2014 (DPMA v. 20.09.2015)

Die wichtigsten Kernmärkte von Brose liegen in Deutschland, Europa und den USA. Zudem verstärkt Brose seine Tätigkeit in Asien. Hier liegen die Kernmärkte vor allem in China und Südkorea.

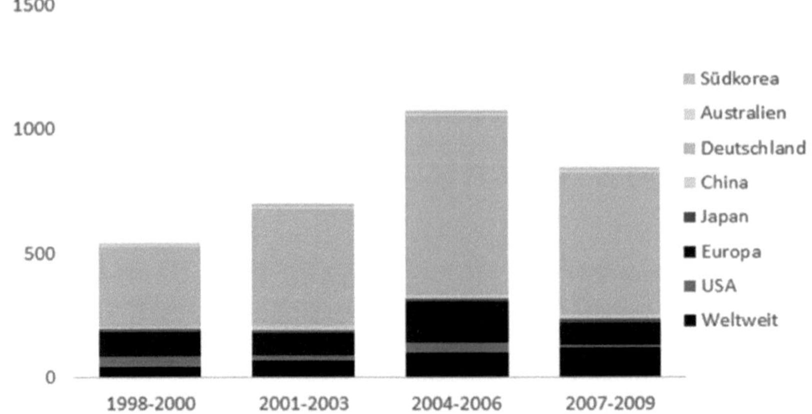

Abb. 4.9: Regionale Verteilung der Patentanmeldungen Brose 1998-2009 (Klenk et al., 2013, S. 24)

Wie Abbildung 4.9 verdeutlicht sind die Patentanmeldungen von Brose in Deutschland, Europa und den USA im Zeitraum von 2007 bis 2009 rückläufig, während die Aktivitäten in China und weltweit leicht angestiegen sind. Dies ist darauf zurückzuführen, dass der Automobilmarkt sich immer stärker nach China bzw. Asien verlagert und dass durch Patentanmeldungen in diesen Ländern dem rückläufigen Trend in den bisherigen Märkten entgegengewirkt werden kann.

Abbildung 4.10 zeigt die Anzahl von Schutzrechtsanmeldungen gegliedert nach dem Tätigkeitsportfolio von Brose.

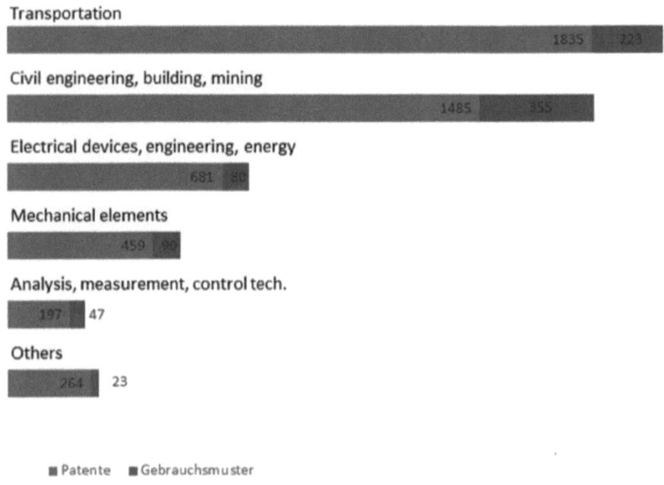

Abb. 4.10: Tätigkeitsportfolio Brose (Klenk et al., 2013, S. 23)

Die Anzahl der Patente im Bereich „Transportation“ beläuft sich auf über 30 Prozent der gesamten Schutzrechtsanmeldungen von Brose. Einen wesentlichen Anteil hat auch der Bereich „Civil engineering, building, mining“. Ungefähr vier Prozent der Patente werden dem Bereich „Analysis, measurement, control tech“ zugeordnet. Brose investiert in den Bereich innovative Mess- und Kontrollmethoden, um auf diese Weise die Fehlerquote und somit die Kosten des Produktionsprozesses gering zu halten.

Brose verfügt über eine eigene Patentabteilung mit insgesamt zehn Mitarbeitern. Im Jahr 2014 verfügt Brose über 2.000 aktive Patentfamilien. Eine Patentfamilie setzt sich aus drei bis vier Patenten zusammen. Das jährliche Budget der Patentabteilung beläuft sich auf etwa 0,1 Prozent des jährlichen Gesamtumsatzes von Brose.

4.3.3 Fallstudie „Jöst Abrasives GmbH“

Jöst Abrasives war in der Vergangenheit schon häufiger von Patentverletzungen betroffen. Als Kleinunternehmen hat Jöst Abrasives nicht nur Erfahrung in dem Prozess der Lizenzvergabe an Patentverletzer, sondern auch in der Einbindung von Patentverwertungsgesellschaften.

4.3.3.1 Allgemeine Daten zum Unternehmen und Historie

Die Jöst Abrasives GmbH ist eine Herstellerin von Schleifmitteln. Das Unternehmen wurde 1981 gegründet und hat seinen Sitz in Wald-Michelbach in Hessen. Jöst Abrasives fertigt und vertreibt Schleifscheiben, -bänder und Zubehör, das für Schleifarbeiten benötigt wird. Die Produkte von Jöst Abrasives werden vor allem in den handwerklichen Tätigkeitsfeldern eingesetzt. Eines der wichtigsten Produkte des Unternehmens sind die patentierten Multiloch-Schleifscheiben „useit-Superpad“. Die Jöst Abrasives GmbH hat 49 Mitarbeiter und erwirtschaftete im Jahr 2013 einen Umsatz von ca. acht Mio. Euro.[402]

4.3.3.2 Innovation und Patentwesen

Auf Grundlage einer kontinuierlichen Produktverbesserung hat Jöst Abrasives eine Vielzahl von Patenten angemeldet. Das Unternehmen erweitert und optimiert regelmäßig sein Schleifmittelsortiment für Bandschleifer, Winkelschleifer und alle weiteren Schleifgeräte, die auf dem Markt eingesetzt werden. Seit vielen Jahren hinweg beschäftigt sich Jöst mit der Entwicklung neuer und innovativer Schleifprodukte und Schleifsysteme. Derzeit verfügt Jöst Abrasives über 100 Patentfamilien, die in Deutschland, der EU, teils auch in den USA und in China angemeldet sind.

Jöst Abrasives sieht nach eigenen Angaben Innovation für kleine Unternehmen als überlebensnotwendig an und nicht als Selbstzweck wie z.B. im Rahmen des Marketings. Ziele sind vor

[402] Vgl. Jöst Abrasives v. 8.10.2014.

allem höhere Erträge und die langfristige Sicherung des Unternehmens. Aufgrund der Unternehmensgröße verfügt Jöst nicht über eine eigene Patentabteilung. Über alle schutzrechtspolitischen und strategischen Aspekte entscheidet daher die Geschäftsführung. Diese umfassen auch den Umgang mit Patentverletzungen. In der Vergangenheit hat Jöst Abrasives bei Patentverletzungen gezielt Patentverwertungsgesellschaften eingebunden.

4.3.4 Fallstudie „Fraunhofer-Gesellschaft e.V."

Eines der Kerngeschäfte der Fraunhofer-Gesellschaft bildet die Patentlizenzvergabe auf Grundlage von Innovationen und neu entwickelter Technologien.

4.3.4.1 Allgemeine Daten zum Unternehmen

Die Fraunhofer-Gesellschaft ist ein Verein zur Förderung der angewandten Forschung, wurde 1949 gegründet und hat ihren Hauptsitz in München. Mit ca. 23.000 Mitarbeitern ist die Fraunhofer-Gesellschaft die größte Dienstleistungsorganisation für angewandte Forschung & Entwicklung in Europa. In Deutschland betreibt die gemeinnützige Organisation 67 Institute und Forschungseinrichtungen, die ein jährliches Forschungsvolumen von insgesamt 2 Mrd. Euro erwirtschaften. 85 Prozent dieser Summe fallen auf den Leistungsbereich Vertragsforschung, wobei über zwei Drittel mit öffentlich finanzierten Forschungsprojekten und Industrieaufträgen erwirtschaftet werden. Knapp ein Drittel steuern Bund und Länder bei. Dieser Anteil zielt insbesondere auf die Vorlaufforschung ab, mit der Forschungsprojekte, die einen längeren Zeitraum beanspruchen, gefördert werden können.[403]

Obwohl die einzelnen Fraunhofer-Institute rechtlich keine eigenständigen Einheiten bilden, agieren sie doch und insbesondere hinsichtlich der Finanzierung weitestgehend unabhängig von der Zentrale in München. Dies stellt die Markt- und Kundenorientierung der Institute sicher. Um komplexe Lösungen zu generieren, arbeiten mehrere Fraunhofer-Institute in Rahmen von Instituts- und Themenverbünden zusammen. Außerdem arbeitet die Fraunhofer-Gesellschaft eng mit verschiedenen Hochschulen zusammen.

Durch Tochtergesellschaften, Repräsentanzen und zahlreiche Kooperationen mit Europa, Nord- und Südamerika, Asien und dem Nahen Osten verfügt die Fraunhofer-Gesellschaft über ein weltweites Netzwerk zu den wichtigsten Wirtschafts- und Wissenschaftsräumen.

4.3.4.2 Historie

Die Fraunhofer-Gesellschaft wurde 1949 durch Vertreter der Industrie und Wissenschaft, das Land Bayern und die Bundesrepublik Deutschland in München gegründet. Joseph von Fraun-

[403] Vgl. Fraunhofer-Gesellschaft v. 04.08.2014.

hofer war der Namensgeber für die Fraunhofer-Gesellschaft. Er schaffte die Verbindung zwischen exakter wissenschaftlicher Arbeit und praktischer Implementierung für innovative Produkte. Da Joseph von Fraunhofer sowohl als Forscher und Erfinder als auch als Unternehmer erfolgreich war, wurde dieser zum Namenspatron der heutigen Fraunhofer-Gesellschaft.

1954 wurden die ersten eigenen Institute gegründet. Im Jahr 1984 beschäftigte die Fraunhofer-Gesellschaft 3.500 Mitarbeiter in 33 Instituten und hatte ein Forschungsvolumen von 360 Mio. DM. Zwischenzeitig geriet die Fraunhofer Gesellschaft in die Kritik, weil sie in die Verteidigungsforschung investierte. Dieser Anteil wurde bis 1988 auf zehn Prozent reduziert. Heute liegt der Anteil bei drei Prozent. 1993 hat die Fraunhofer Gesellschaft ein Gesamtfinanzvolumen von einer Mrd. DM überschritten.

Ein besonderer Erfolg der Fraunhofer Gesellschaft gelang am Fraunhofer-Institut für Integrierte Schaltungen „IIS“ im Jahr 2000. Hier wurde das MP3 entwickelt, das heutzutage weltweit verbreitete Verfahren für die Kodierung und Komprimierung von Musikdaten. Diese Technologie wurde hauptsächlich von dem Forscherteam selbst, das auf Basis der Technologie ein Spin-off gründete, aktiv vermarktet.

Durch die Integration des Heinrich-Hertz-Instituts für Nachrichtentechnik Berlin GmbH im Jahr 2002 hat die Fraunhofer-Gesellschaft erstmals die Grenze von einer Mrd. Euro Gesamtfinanzvolumen überschritten.

4.3.4.3 Innovation und Patentwesen

Die Fraunhofer-Gesellschaft hat sich die Umsetzung von Forschungsergebnissen in innovative Produkte, Verfahren und Dienstleistungen zum Ziel gesetzt. Dabei kommt der strategischen Forschung eine tragende Rolle zu. Das bedeutet, dass Schlüssel- und Spitzentechnologien besonders in den Gebieten gefördert werden, die dem öffentlichen Interesse dienen. Hierzu zählen die Bereiche Energietechniken, Umweltschutz und Gesundheitsvorsorge. Einen weiteren Schwerpunkt neben der strategischen Forschung stellt die Auftragsforschung für die Wirtschaft dar. Besonders für kleine und mittelständische Unternehmen, die über keine eigenen F&E-Kapazitäten verfügen, stellt die Fraunhofer-Gesellschaft einen wichtigen Lieferanten von innovativem Knowhow dar. Die Fraunhofer-Gesellschaft ist nach Thomson Reuters eine der Top100 Global Innovators und gehört zu den wichtigsten Patentanmeldern in Deutschland.[404]

Die Fraunhofer-Gesellschaft verfügte über 6.400 aktive Patentfamilien im Jahr 2013. Eine Patentfamilie umfasst im Durchschnitt vier bis fünf Patente. Das bedeutet, dass die Fraunhofer-Gesellschaft über 19.000 lebende Patente hält. Außerdem hatte die Organisation in 2013 733 Erfindungsmeldungen.

[404] Vgl. Thomson Reuters v. 22.9.2015.

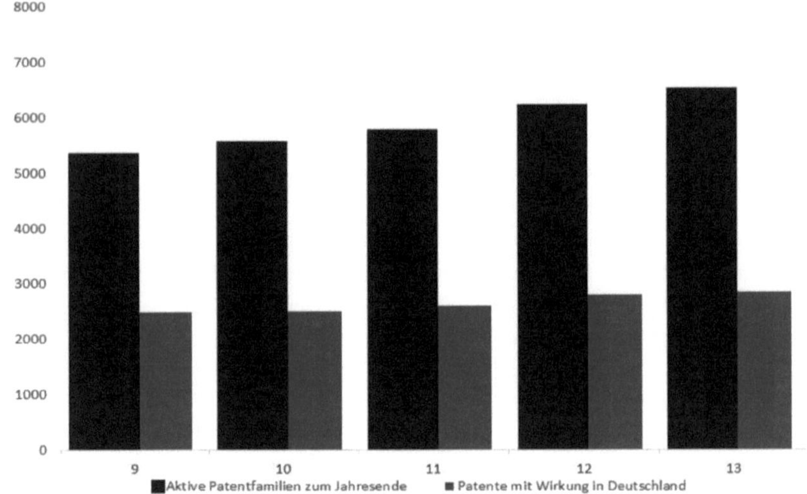

Abb. 4.11: Erfindungen und Patentanmeldungen der Fraunhofer Gesellschaft 2009-2013 (Fraunhofer Gesellschaft, 2013, S. 37)

Abbildung 4.12 veranschaulicht die Entwicklung der Anzahl der Erfindungsmeldungen und Patentanmeldungen pro Jahr im Zeitraum von 2009 bis 2013.

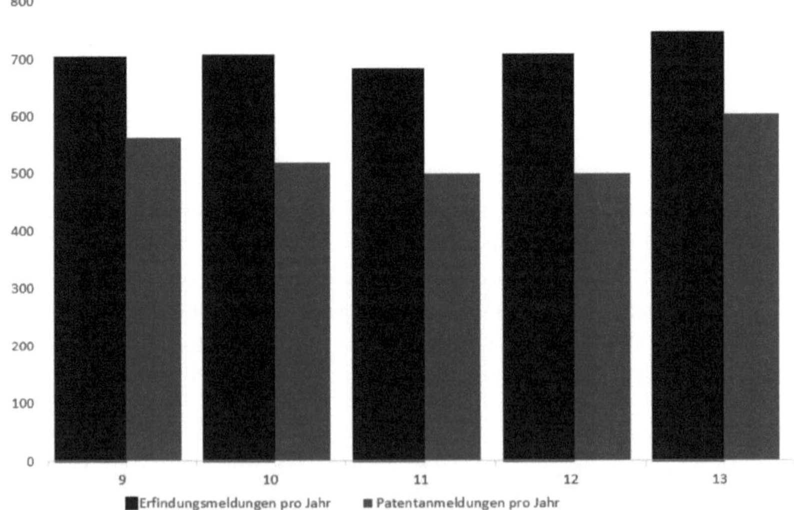

Abb. 4.12: Erfindungs- und Patentanmeldungen der Fraunhofer Gesellschaft 2009-2013 (Fraunhofer Gesellschaft, 2013, S. 37)

Für 80 Prozent der Erfindungsmeldungen wurden im Jahr 2013 auch Patente angemeldet. Das bedeutet, dass Fraunhofer durchschnittlich pro Tag zwei Patente anmeldet. Im Jahr 2013 wurden zudem 3.450 Verwertungsverträge abgeschlossen. Die Fraunhofer-Gesellschaft hat als öffentlich geförderte Einrichtung explizit den Auftrag der Verwertung von Patenten.

Die Patentabteilung in der Münchener Zentrale der Fraunhofer-Gesellschaft hat insgesamt ca. 65 Mitarbeiter und ein jährliches Budget von etwa 20 Mio. Euro. Ca. 20 Mitarbeiter aus der Patentabteilung sind Wissenschaftler und weitere fünf Mitarbeiter beschäftigen sich mit den Themen Patentstrategie und -verwertung einschließlich Patentverletzung. Die Patentabteilung berichtet direkt an den Vorstand und ist in die Rechtsabteilung integriert.

4.3.5 Expertengespräch „Papst Licensing GmbH & Co. KG“

Als Patentverwertungsgesellschaft ist Papst Licensing erfahren in der Lizensierung und Durchsetzung von Patenten. Dies ist das Kerngeschäft des Unternehmens. Da Patentverwertungsgesellschaften als Dienstleister auf dem Markt aktiv sind und keine eigenen Innovationen und Patente hervorbringen, sind sie nur indirekt von Patentverletzungen betroffen.

4.3.5.1 Allgemeine Daten zum Unternehmen

Papst Licensing ist eine global tätige Patentverwertungsgesellschaft mit dem Fokus auf der Verfolgung von Patentverletzungen. Dabei zielt das Unternehmen auf die Lizenzvergabe an Patentverletzer ab. Das Unternehmen wurde 1992 gegründet und hat seinen Unternehmenssitz in St. Georgen in Baden-Württemberg. Seit 1993 handelt Papst Licensing mit Schutzrechten und hat bereits über 190 Lizenzverträge abgeschlossen. Die Lizenznehmer sind u.a. Unternehmen wie IBM, Sony und Toshiba. Papst Licensing arbeitet mit externen Dienstleistern wie Patentanwaltskanzleien und Marktanalytikern bei grenzüberschreitenden Patentverletzungen zusammen.[405]

Der Schwerpunkt des Unternehmens liegt auf dem Bereich Elektrotechnik und Präzisionsmaschinenbau. Diese beiden Branchen weisen eine hohe Anzahl an Schutzrechten auf.[406] Das Unternehmen hat insgesamt 15 Mitarbeiter, die sich aus Patentanwälten, Rechtsanwälten, Ingenieuren und Ökonomen zusammensetzen. Hauptsächlich vertritt Papst Licensing deutsche Unternehmen, die global tätig und von Patentverletzungen betroffen sind. Dabei zielt das Unternehmen insbesondere auf Patentverletzer aus den USA ab.

---

[405] Vgl. Papst Licensing v. 22.07.2014.

[406] Vgl. Pohlmann/Opitz (2010), S. 6.

4.3.5.2 Unternehmenshistorie

Das Unternehmen Papst Licensing wurde von Georg Friedrich Papst gegründet, Sohn von Herman Ernst Robert Papst, dem Erfinder der Papst-Motoren im Bereich der elektrischen Antriebstechnik. Das Unternehmen Papst-Motoren war in den 1980er und 1990er Jahren von einer Vielzahl von Patentverletzungen von Unternehmen aus den USA, Europa und Asien betroffen. Die dadurch entstandene finanzielle Krise führte 1992 zur Veräußerung des Familienunternehmens an EBM (Elektrobau Muffingen) das seit 2003 als ebmpapst firmiert ist.

Georg Papst erwarb im Jahr 1993 ca. 600 Patente und Patentanmeldungen von Papst-Motoren und brachte diese in Papst Licensing ein. Mit dem neu gegründeten Unternehmen Papst Licensing begann er systematisch und erfolgreich gegen Patentverletzer vorzugehen, bei denen es sich häufig um große, internationale Konzerne handelte.

4.3.5.3 Lizenzvergabe bei Patentverletzungen

Die Lizenzvergabe bei Patentverletzungen ist das Kerngeschäft von Papst Licensing. Papst Licensing beschreibt seine Tätigkeit als Aufdeckung von Patentverletzungen. Das Unternehmen sucht aktiv nach Patentauktionen in Insolvenzverzeichnissen und in der Presse. Außerdem geht Papst Licensing auch auf mittelständische Unternehmen zu, die sich eine Durchsetzung ihrer Schutzrechte wünschen.

Für die Lizenzvergabe bei Patentverletzungen untersucht das Unternehmen zunächst die Patentmerkmale und ob die Patentanmeldung formal korrekt durchgeführt wurde. Im nächsten Schritt werden die Produkte, bei denen möglicherweise Patente verletzt worden sind, in ihre Einzelteile zerlegt und durch Ingenieure im technischen Labor näher untersucht. Auf Grundlage dieser Untersuchungen können die Patentanwälte bestimmen, ob eine Patentverletzung tatsächlich vorliegt.

Liegt eine Patentverletzung vor, wird im nächsten Schritt das Marktpotenzial der Technologie näher untersucht und geprüft, inwiefern eine Standardisierung der Technologie möglich ist. Auf Grundlage dieser Untersuchungen entscheidet Papst Licensing, ob sie die verletzten Patente kaufen. Das Unternehmen erreicht eine stärkere Verhandlungsposition vor Gericht, wenn es sich um eigene Schutzrechte handelt. Der ursprüngliche Patentinhaber erhält einen bestimmten Betrag, der sich aus einem fixen und einem variablen Anteil zusammensetzt. Das Risiko der Patentverwertung übernimmt im Gegenzug Papst Licensing.

Anschließend wird das Unternehmen, das die Patente verletzt hat, kontaktiert. Diesem wird eine Lizenz angeboten. Gleichzeitig erfolgt auch die Androhung einer gerichtlichen Patentverletzungsklage. Aufgrund der hohen Verfahrenskosten wird in der Regel eine außergerichtliche Einigung angestrebt. Dennoch werden ca. 10 bis 20 Prozent aller Fälle vor Gericht geklärt.

4.3.6 Expertengespräch „Preu Bohlig & Partner“

Mit dem Ziel tiefere Einblicke in den juristischen Prozess der Lizenzvergabe bei Patentverletzungen zu erhalten, wurde ein Expertengespräch mit der Anwaltskanzlei Preu Bohlig & Partner geführt. Auch Anwaltskanzleien sind in diesem speziellen Markt als Dienstleister zu betrachten, weil sie nicht über eigene Innovationen und Patente verfügen.

4.3.6.1 Allgemeine Daten zum Unternehmen und Historie

Die Anwaltskanzlei Preu Bohlig & Partner mit Hauptsitz in München wurde im Jahr 1959 gegründet. Der traditionelle Schwerpunkt der Kanzlei liegt im gewerblichen Rechtsschutz mit dem Fokus auf Patentrecht. Seit den 1970er Jahren hat die Kanzlei ihren Fokus auch auf die Bereiche Wirtschaftsrecht, Gesellschaftsrecht, Steuerrecht und Arbeitsrecht ausgeweitet. Heute bietet die Kanzlei auch Rechtsberatung, Steuerberatung und Wirtschaftsprüfung an. Preu Bohlig & Partner hat deutschlandweit vier Standorte: Berlin, München, Düsseldorf und Hamburg. Durch ihr weltweites Netzwerk an Anwaltskanzleien und Patentanwälten kann die Kanzlei auch internationale Prozesse führen. Besonders enge Beziehungen pflegt die Kanzlei zu England, Frankreich, den USA, der Schweiz und Japan.[407]

4.3.6.2 Lizenzvergabe bei Patentverletzungen

Preu Bohlig & Partner betreut im Jahr durchschnittlich ca. 100 bis 150 neue Patentverletzungsfälle. Die Unternehmen, deren Patente verletzt worden sind, klagen zunächst auf Unterlassung. Ein Zwischenschritt ist dabei die Feststellung der Schadensersatzpflicht. Hierbei wird festgestellt, ob das Patent überhaupt rechtskräftig ist. Meistens erfolgt die Lizenzvergabe erst nach der gerichtlichen Feststellung der Patentverletzung, je nach Situation aber auch manchmal schon davor, wenn die Patentverletzung von beiden Parteien anerkannt wird und der Patentverletzer die Kosten senken will. Ca. 25 bis 30 Prozent der Fälle münden in Lizenzvereinbarungen zwischen dem Kläger und dem Angeklagten. Wenn es zum gerichtlichen Verfahren gekommen ist, dann streben beide Parteien eine gerichtliche Feststellung der Patentverletzung an. Die weiteren Schritte hängen vor allem von den jeweiligen Interessen der Unternehmen ab. Bereits ab einem geschätzten Jahresproduktumsatz von 250.000 Euro, bei dem das Produkt auf einem verletzten Patent basiert, sind Unternehmen bereit, gerichtlich gegen Patentverletzer vorzugehen.

Wird das Vorliegen einer Patentverletzung gerichtlich festgestellt, ist der Patentverletzer zur Auskunft verpflichtet. Dieser muss auf Verlangen alle Zahlen, die im Rahmen des verletzten Patents relevant sind, offenlegen. Dies dient der Ermittlung der Schadensersatzsumme oder der Berechnung der Höhe der Lizenzgebühr.

[407] Vgl. Preu Bohlig v. 9.10.2014.

Die Lizenzgebühr wird entweder vergangenheitsbezogen kalkuliert, so dass eine Einmalzahlung seitens des Patentverletzers erfolgen muss oder es wird eine zukunftsorientierte Zahlung vereinbart, die dann in Form von Stück- oder Umsatzlizenzen erhoben wird. Die konkrete Vorgehensweise ist von Fall zu Fall unterschiedlich und hängt von den Interessen der beiden Unternehmen ab. In manchen Fällen erfolgt eine Kombination der vergangenheitsbezogenen Schadensersatzpflicht und der zukunftsbezogenen Lizenzgebührenzahlung.

5 Ergebnisse der empirischen Untersuchung

Auf Grundlage der Dokumentenanalyse und der Expertenbefragung werden in diesem Kapitel die jeweiligen Prozessschritte in die bestehende Literatur eingebettet und um die Erkenntnisse aus den Fallstudien erweitert. Jedes Unterkapitel befasst sich dabei mit einem Prozessschritt. Die Dokumentenanalyse erfolgt in den ersten Abschnitten eines Unterkapitels. Im Anschluss werden die empirischen Befunde dargestellt.

5.1 Prozess der Lizenzvergabe an Patentverletzer

Das vorab definierte Prozessmodell auf Basis des Transaktionskostenansatzes beschreibt den Prozess der Lizenzvergabe an Patentverletzer. Da sich viele Unternehmen in den Patentverletzungsstreitigkeiten nicht gleich auf eine Lizensierung einigen, sondern häufig zunächst das Vorliegen einer Patentverletzung gerichtlich feststellen lassen, wird dieser Aspekt in einem erweiterten Modell ergänzt. Eine Lizenzvergabe kann auch nach der gerichtlichen Feststellung einer Patentverletzung erfolgen. Jedoch wird der Prozessschritt der gerichtlichen Feststellung einer Patentverletzung hier nicht näher untersucht, da dies nicht Gegenstand der vorliegenden wirtschaftswissenschaftlich ausgerichteten Arbeit ist.

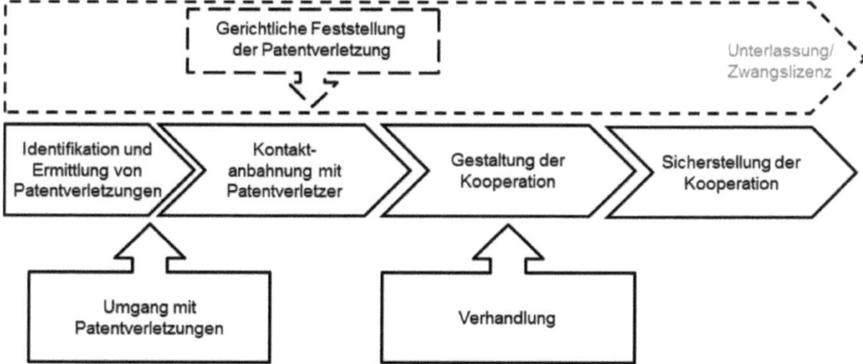

Abb. 5.1: Erweitertes Modell: Prozess der Lizenzvergabe an Patentverletzer (eigene Darstellung)

Bei genauerer Betrachtung des erweiterten Modells wird deutlich, dass in jedem Prozessschritt die unterschwellige Drohung eines gerichtlichen Vorgehens vorliegt, welches entweder zur Unterlassung oder in selteneren Fällen zur Zwangslizensierung führt.

5.2 Identifikation und Ermittlung von Patentverletzungen

Der erste Prozessschritt im definierten Modell der Lizenzvergabe an Patentverletzer ist die Ermittlung von Patentverletzungen und die Identifikation des Patentverletzers. In dieser Phase wird unternehmensintern analysiert, ob und wann eine Patentverletzung vorliegt und wer das Patent verletzt hat. Dieser Prozessschritt wird in diesem Abschnitt genauer untersucht. Hierfür ist zunächst die Betrachtung der Aufgaben der Patentabteilung notwendig, um zu verstehen, welche Rollen Innovationen und Patente in einem Unternehmen einnehmen. Darüber hinaus gilt es zu untersuchen, ob und wie systematisch Unternehmen bei der Überwachung und Ermittlung von Patentverletzungen vorgehen.

Zentrale Fragestellungen, die sich insbesondere für die empirische Untersuchung zu der Ermittlung von Patentverletzungen stellen, sind zum einen, wie Verletzungshandlungen überhaupt entdeckt werden und welche strategischen Maßnahmen Unternehmen nutzen, um Verletzungshandlungen zu identifizieren. Zum anderen stellt sich die Frage, wie Unternehmen strategisch vorgehen, wenn ein Verdacht auf Patentverletzung besteht. Darüber hinaus wird die Frage beantwortet, welche Rolle Patentabteilungen, sofern vorhanden, hierbei spielen.

5.2.1 Aufgaben der Patentabteilung

Mittelgroße und große Unternehmen, die über einen eigenen F&E-Bereich verfügen, haben in der Regel auch eine eigene Patentabteilung. Kleine Unternehmen hingegen arbeiten häufiger mit externen Patentanwälten oder Patentverwertungsgesellschaften zusammen und verfügen aus Kosten- und Kapazitätsgründen nicht über eine eigene Patentabteilung.[408] In einigen Fällen ziehen auch Unternehmen, die über eine eigene Patentabteilung verfügen, externe Partner hinzu. Dies ist z.B. bei Patentverfolgungen im Ausland der Fall. Tabelle 5.1 bietet eine Übersicht über die verschiedenen Formen des Patentmanagements.

Die Patentabteilung hat verschiedene Aufgaben rund um die Erlangung und Verteidigung der unternehmenseigenen Schutzrechte und die Abwehr von Schutzrechtsverletzungen.[409] Ferner spielt auch die Schutzrechtsverwertung eine wesentliche Rolle. Die Patentabteilung nimmt eine Dienstleistungsfunktion innerhalb eines Unternehmens ein.[410] So bietet die Patentabteilung allen internen Stellen des Unternehmens Informationen zum Stand der Technik auf allen Tätigkeitsfeldern des Unternehmens. Diese Rolle der Patentabteilung fördert und erleichtert nicht

[408] Vgl. Müller (1999), S. 422; Mellerowicz (1958), S. 152.
[409] Vgl. König/Licht (1995), S. 540.
[410] Vgl. Walter (1989), S. 117 f.

nur die Innovationstätigkeit des Unternehmens, sondern ist auch eine Voraussetzung um Patentverletzungen zu vermeiden.[411] Darüber hinaus ist die Patentabteilung in der Lage, eigenständig technologische Lücken zu analysieren und auf dieser Basis dem F&E-Bereich Anregungen weiterzuleiten.[412]

Stufe	Charakterisierung
1 Ad hoc Stage	• Keine organisatorischen Regelungen zur Bewältigung von Patentaufgaben • F&E Mitarbeiter (Leiter) ist in Zusammenarbeit mit der Rechtsabteilung und externen Patentanwälten für die Lösung der wenigen patentspezifischen Aufgaben verantwortlich
2 Patent Officer	• Vielfalt und Menge der Patentaktivitäten nehmen zu • Verantwortung wird einem internen Patentspezialisten mit geringem Mitarbeiterstab übertragen
3 Patentabteilung	• Eigenständige Patentabteilung inkl. einer Vielzahl von Mitarbeitern • Eigenständige Bewältigung aller anfallenden patentrechtlichen Aufgabenstellungen • In Sonderfällen erfolgt eine Zusammenarbeit mit externen Patentanwälten
4 Super Patent Department	• Große Anzahl hochspezialisierter Mitarbeiter • Vollständige Abwicklung aller komplexen, patentrechtlichen Fragestellungen

Tab. 5.1: Stufen des Patentmanagements (Mehnert, 2002, S. 319)

In großen Unternehmen mit Patentabteilung werden Schutzrechte als strategisches Instrument genutzt, während diese in vielen kleinen Unternehmen nur formell verwaltet werden. Eine Patentabteilung setzt sich aus Patentfachleuten wie Rechtsanwälten oder Patentanwälten und Sachbearbeitern zusammen. Den patentpolitischen Zielen liegen die grundsätzliche Unternehmensausrichtung und somit auch die Innovationskultur im Unternehmen zu Grunde.[413] Während manche Unternehmen auf eine defensive Patentstrategie abzielen und lediglich ihre Innovationen schützen wollen, stellen sich andere offensiver auf und zielen auf die aktive Durchsetzung und Verwertung ihrer Schutzrechte ab.[414] Die Patentabteilung meldet Schutzrechte in allen relevanten Zielmärkten an, erstellt Nachbau-, Austausch- und Lizenzverträge, führt Klagen bzw. Prozesse und betreut die Erfinder.[415]

Unternehmen, die über eine leistungsfähige Patentabteilung verfügen, haben nach Greipl, Täger und Grefermann (1982) eine höhere Neigung, Patente anzumelden als Unternehmen, die sich lediglich externe Patentanwälte hinzuziehen.[416] Die Neigung Patente anzumelden, hängt jedoch

[411] Vgl. Scott (1998), S. 90.
[412] Vgl. Austin (1995), S. 3.
[413] Vgl. Mellerowicz (1958), S. 160.
[414] Vgl. Mehnert (2002), S. 385 ff.
[415] Vgl. Schmidt (1967), S. 21.
[416] Vgl. Greipl et al. (1982), S. 46.

auch von den Einschätzungen des Unternehmens hinsichtlich der Effektivität des Patentschutzes ab.[417]

5.2.2 Systematische Überwachung von Patentverletzungen

Es ist kostenaufwändig, etwaige Patentverletzungen planmäßig zu überwachen. Mit Hilfe von patentstatistischen Informationen, die aus Datenbanken, Publikationen und Internet gewonnen werden können, ist eine systematische Überwachung jedoch möglich.[418] Der Stand der Technik zu einem Produkt lässt sich mit Hilfe dieser Instrumente in kurzer Zeit ermitteln, ist jedoch mit erheblichen Transaktionskosten verbunden. Um eine vollständige Patentrecherche durchzuführen, wird jedoch fundiertes Wissen im Patentrecht benötigt.

Eine Studie der VDMA zur Produktpiraterie (2014) ergab, dass mehr als zwei Drittel der Schutzrechtsverletzungen durch Wettbewerber erfolgen.[419]

Vor allem vor diesem Hintergrund ist für die systematische Ermittlung von Patentverletzungen, die Herangehensweise nach Ernst (1996) zur unternehmensbezogenen Patentanalyse ein geeigneter Ansatz. Hierbei werden die existierenden technologischen Positionen der Unternehmen und die zeitliche Veränderung verschiedener Bezugsgrößen abgebildet. Die Zusammenstellung der Themen für die strategische Analyse und die geeigneten Patentkennzahlen werden in Tabelle 5.2 dargestellt.

Ernst unterteilt drei Betrachtungsebenen: die Art der Technologiestrategie, die Ausrichtung der Technologiestrategie und die zeitliche Veränderung der Art und Ausrichtung der Technologiestrategie. Nach Ernst (1996) sollten Unternehmen unter Berücksichtigung der in der Tabelle genannten strategischen Analysefaktoren Indikatoren und Kennzahlen definieren, die bereits in einem frühen Stadium vor etwaigen Patentverletzungen warnen. Mit Hilfe von Frühwarnindikatoren wie vor allem Patente, technische Beschreibungen und F&E-Ausgaben können eine veränderte Technologiestrategie der Wettbewerber erfasst und somit auch angreifende Unternehmen mit einer offensiven Technologiestrategie identifiziert werden.[420]

[417] Ernst (1996), S. 162 f.
[418] Vgl. Meyer/Noch (1992), S. 175 ff.
[419] Vgl. o.V. (2014), S. 16.
[420] Vgl. Ernst (1996), S. 95 f.

Ebene	Strategische Analyse	Geeignete Patentkennzahlen
Art der Technologiestrategie	• Analyse relevanter Wettbewerber • Eigene Technologieposition im Vergleich zum Wettbewerber • Qualität der eigenen Technologieposition im Vergleich zum Wettbewerber • Analyse der internationalen Technologie- und Marktstrategien der Wettbewerber	• Technologische Ähnlichkeit (Landkarten, Patentklassifikation) • Relative Patentaktivität auf Grundlage von Patentanmeldungen • Qualitätskennzahlen, Dominanz, Technologische Zyklusdauer, Wissenschaftsbindung • Auslandsanmeldungen, Patentfamilien, Auslandsquoten
Ausrichtung der Technologiestrategie	• Analyse des Technologiefokus der Wettbewerber • Analyse der relativen Stärken und Schwächen gegenüber den Wettbewerbern	• Interne, technologische Aktivitätsprofile auf Grundlage von Patentanmeldungen, Konzentrationsquote • Externe, technologische Aktivitätsprofile, Patentbenchmarking, Dominanz, Technologische Zyklusdauer, Wissenschaftsbindung, Qualitätskennzahlen
Zeitliche Veränderung der Art und Ausrichtung der Technologiestrategie	• Veränderungen der gesamten Technologiestrategie der Wettbewerber • Veränderung der Ausrichtung der Technologiestrategie der Wettbewerber	• Änderung der relativen Patentaktivität, Patentwachstumsraten, Qualitätskennzahlen, Patentbestände, Prüfquote, Wissenschaftsbindung, Technologische Zyklusdauer • Änderung von internen Aktivitätsprofilen, Patentenbestände, Patentwachstumsraten, Wissenschaftsbindung, Patent- und Nebenklassifikation, Landkarten, Fremdzitate

Tab. 5.2: Strategische Analyse unternehmensbezogener Patente und Patentkennzahlen (in Anlehnung an Ernst, 1996, S. 95)

Mehnert (2002) analysiert die Patentkennzahlen von Ernst (1996) im Hinblick auf deren Eignung für die Ermittlung von Patentverletzungen.[421] Dabei kommt er zu dem Ergebnis, dass die nachfolgenden Patentkennzahlen als Frühwarnindikatoren am besten geeignet sind.

- Änderung der relativen Patentaktivität
- Technologiestärke
- Patentfamilien
- Patentbestände

[421] Vgl. Mehnert (2002), S. 285 ff.

- Prüfquote
- Fremdzitate
- Wissenschaftsbindung

Die Änderung der relativen Patentaktivität beschreibt das Verhältnis der Anzahl der eigenen Patentanmeldungen zu der durchschnittlichen Anzahl von Patentanmeldungen eines Unternehmens in einer Branche. Für die Analyse wird der stärkste Patentanmelder oder der stärkste Wettbewerber herangezogen.[422] Für die Früherkennung von Patentverletzungen sollte nach Mehnert (2002) die gesamte Branche analysiert werden, da eine Verstärkung der Patentaktivitäten auf diese Weise erkannt werden kann. In vielen Branchen ist es üblich, dass in ähnlichen Themenfeldern geforscht wird, so dass es zu Überschneidungen und somit auch zu Patentverletzungen kommen kann. So liegt es nahe, dass die meisten Patentverletzungen von Wettbewerbern begangen werden. Nach einer Studie der VDMA (2014) werden 71 Prozent der Schutzrechtsverletzungen durch Wettbewerber begangen.[423] Bei konkretem Verdacht kann die Patentaktivität mit einem spezifischen Wettbewerber verglichen werden.[424]

Um die Technologiestärke eines Unternehmens zu ermitteln, wird die Anzahl der absoluten Patenterteilungen pro Jahr zu Grunde gelegt. Eine Früherkennung von Patentverletzungen kann gezielter erfolgen, indem eine Rangfolge der Wettbewerber auf Basis der Technologiestärke erstellt wird. So können die engsten Wettbewerber analysiert werden.[425] Hierbei bietet auch die Zitierquote eine wichtige Hilfestellung, da durch sie ermittelt werden kann, wie oft eigene Patentschriften in späteren Patentschriften zitiert werden.[426]

Eine Patentfamilie umfasst alle internationalen Anmeldungen, die basierend auf einer bestimmten Patentanmeldung parallel getätigt werden. Patentfamilien deuten auf eine internationale, strategische Verflechtung von Patenten hin, so dass auf Basis dessen die Interessenslagen der jeweiligen Wettbewerber analysiert werden können. Im Falle einer Patentverletzung potenziert sich die Wirkung, da dann die gesamte Patentfamilie betroffen wäre. Findet eine Annäherung an den eigenen Patentbestand statt, kann dies u.U. aufgrund der verschiedenen Länder, in denen das Unternehmen aktiv ist, schneller entdeckt werden. Somit eignet sich die Analyse der Patentfamilie nach Mehnert (2002) ebenfalls sehr gut als Frühwarnindikator.[427] Patentfamilien

422 Vgl. Legler et al. (1992), S. 44; Ernst (1996), S. 40 f.
423 Vgl. o.V. (2014), S. 16.
424 Vgl. Mehnert (2002), S. 286 f.
425 Vgl. Mehnert (2002), S. 291 f.
426 Vgl. Ashton/ Sen (1989), S. 36.
427 Vgl. Mehnert (2002), S. 295.

weisen darüber hinaus entweder dieselbe Priorität oder eine ähnliche Kombination von Prioritäten auf, oder haben mindestens eine Priorität gemeinsam. Durch strategische Patentgruppen werden Einzelpatente und Basispatente abgesichert.[428]

Durch die Beobachtung von Patentkennzahlen in einem bestimmten Zeitraum können Rückschlüsse getroffen werden, die auf Abweichungen vom bisherigen Patentierverhalten hindeuten. Die Summe aller Patentkennzahlen stellt dabei einen Indikator für das Patentpotenzial dar.[429] Da auf Basis der Patentbestände potenzielle Patentzugänge in der Zukunft prognostiziert werden können, dient diese Kennzahl als Frühwarnindikator.[430]

Mit Hilfe der Prüfquote lässt sich die Anzahl der Patente eines Unternehmens ermitteln, die sich in der Prüfphase des Patentamtes befinden.[431] Besonders bei der Analyse von neuen Wettbewerbern und etwaigen Patentverletzungen hilft diese Kennzahl. Mit Hilfe der Prüfquote können die Patentaktivitäten der Unternehmen abgebildet werden, die gerade mit der Patentanmeldung begonnen haben.[432]

Verwendet ein Unternehmen viele Fremdzitate, deutet dies auf eine offensive Technologiestrategie hin.[433] Ziel dieser Unternehmen sind in der Regel große Innovationssprünge. Durch die Analyse von Fremdzitaten lässt sich eine neue oder veränderte Strategie der Wettbewerber früh erkennen.[434]

Mit Hilfe der Patentkennzahl Wissenschaftsbindung können bereits während der Grundlagenforschung Annäherungen durch den Wettbewerber an die eigenen Patente erkannt werden. Die Wissenschaftsbindung misst die Häufigkeit der Verweise auf wissenschaftliche Veröffentlichungen in den Patenten. Diese Kennzahl stellt den frühestmöglichen Indikator für Patentverletzungen durch die Konkurrenz dar.[435]

5.2.3 Empirische Befunde zum ersten Prozessschritt

Nachfolgend werden die empirischen Befunde aus den einzelnen Fallstudien und Expertengesprächen zu der Identifikation und Ermittlung von Patentverletzungen dargestellt.

---

[428] Vgl. Ernst (1996), S. 67.
[429] Vgl. Schmoch et al. (1988), S. 6.
[430] Vgl. Mehnert (2002), S. 297.
[431] Vgl. Campbell (1983), S. 63 f.
[432] Vgl. Brockhoff (1992), S. 44.
[433] Vgl. Ernst (1996), S. 70.
[434] Vgl. Mehnert (2002) S. 298 f.
[435] Vgl. Schramm/Bartkowski (2001), S. 293 ff.; Mehnert (2002), S. 299 f.

5.2.3.1 Empirische Befunde aus der Fallstudie Hella

Hella hat zwei Wege für die Anmeldung von Patenten. Diese unterscheiden sich in die Patentanmeldung für die normale Produktentwicklung und die Patentanmeldung im Rahmen der Entwicklung für die Serienfertigung.

Bei jedem F&E-Projekt erfolgt eine „Freedom to Operate" Begutachtung. In deren Rahmen werden die Schutzrechte Dritter analysiert und es wird entschieden, wie mit möglicherweise konkurrierenden Schutzrechten umgegangen wird. Wird eine Entwicklung als erfinderisch betrachtet und liegt kein Risiko vor, dass die eigene Entwicklung ein vorhandenes Patent verletzt, wird das Patent angemeldet. Da das Unternehmen auf einen hohen Schutzumfang und eigenständig entwickelte Patente abzielt, erfolgen Patentanmeldungen auch in der Phase der Vorentwicklung. Die Patentabteilung begleitet diese Phase durch laufende Meetings und den Austausch mit den Entwicklungsteams.

Die Patentabteilung klassifiziert die Patente in Zusammenarbeit mit internen technischen Fachkräften. Jedes Patent wird nach seiner Funktion bewertet. Hierbei wird untersucht, ob es sich um ein Sperrpatent, Vorratspatent, etc. handelt. Weiterhin werden die Patente im Hinblick auf dem Beitrag zum Unternehmenserfolg in wichtig und unwichtig eingeteilt. Es erfolgt ein entsprechendes Patent-Ranking.

Die Patentabteilung bewertet die Patente des Unternehmens auf Basis eines qualitativen Bewertungsansatzes. Für die Patentbewertung wurde eigens ein Tool erarbeitet, das vor allem im Rahmen von M&A-Aktivitäten des Unternehmens eingesetzt wird. Das Tool betrachtet keine vergangenheitsbezogenen, sondern lediglich zukunftsbezogene Daten. Zentrale Fragestellungen, die für die Feststellung des Patentwertes wesentlich sind, und die mit Hilfe des Tools beantwortet werden können, lauten beispielsweise, ob ein Patent aktiv verwendet wird und in welchem Umfang dies geschieht.

Für die Erkennung von Patentverletzungen arbeitet Hella mit einem Benchmark-System. Dabei handelt es sich um ein klassisches Datenbanksystem, das vor allem auf die speziellen Produkte von Hella zugeschnitten ist. Hier werden die technischen und kommerziellen Eigenschaften der Produkte von Hella eingetragen und an einem Benchmark gemessen. Der Benchmark ist der Marktführer in dem jeweiligen Produktsegment.

Mit Hilfe dieses Benchmark-Systems kann auch untersucht werden, ob fremde Patente von Hella verletzt werden. Die Datenbank verfügt über eine Schaltfläche für patentbezogene Themen, hier können Mitarbeiter Einträge vornehmen, wenn sie eine Patentverletzung vermuten. Diese Informationen gelangen zu der Patentabteilung, die den Verletzungsvorwurf prüft.

Hella verfügt somit über einen standardisierten Prozess zur strategischen Wettbewerbsanalyse und zur flächendeckenden Erfassung von Patentverletzungen durch Wettbewerber. Neben der klassischen technologiegetriebenen Produktentwicklung dient die strategische Wettbewerbsanalyse als Bindeglied zwischen dem Reverse Engineering und der Strategieentwicklung. Dieses Benchmark-System wurde 2012 im Unternehmen einführt.

Zuvor hatte Hella Produktvergleichsdaten in verschiedenen, nicht-einheitlichen Programmen, vorwiegend aber in Excel aufbereitet. Hier konnte jedoch keine Vollständigkeit gewährleistet werden. Mittlerweile sind die Daten homogen, international einheitlich und abteilungsübergreifend verfügbar. Überdurchschnittlich häufig sind es die Erfinder, die auf Patentverletzungen aufmerksam werden und diese melden. Nach Hella kann Firmenwissen nur dann eingesetzt werden, wenn dies zentral verfügbar ist. Nur so kann dies in Änderungsprozess bzw. in die Kennzahlen und Vorgaben für die operative Tätigkeit einfließen und integriert werden.

Hella ist zwischen fünf und zehn Mal pro Jahr mit Patentverletzungen und Patentverletzungsvorwürfen konfrontiert. Inländische Patentverletzungsstreitigkeiten werden von der Patentabteilung von Hella geführt. Je nach Situation werden dabei Anwaltskanzleien eingebunden. Wenn es sich um Verletzungsfälle im nicht-europäischen Ausland handelt, werden diese von externen Patentanwaltskanzleien in den entsprechenden Ländern abgewickelt.

Vereinzelt hat Hella bewusste Patentverletzungen durch andere Unternehmen erlebt. Dies geschieht insbesondere dann, wenn in Ideen-Workshops von Automobilkonzernen, Vorschläge und Ideen von Wettbewerbern aufgegriffen und für die Anmeldung entsprechender Patente und Entwicklung von entsprechenden Lösungen verwertet werden. Typischerweise werden diese Patente und Lösungen von den Normungsgremien jedoch nicht aufgenommen. Von Arglistigkeit spricht Hella nur im Zusammenhang mit Patentverletzungsvorwürfen von Patenttrollen, die nicht auf die Verteidigung ihrer Schutzrechte, sondern lediglich auf die Monetarisierung der Schutzrechte abzielen.

5.2.3.2 Empirische Befunde aus der Fallstudie Brose

Die Patentanmeldung erfolgt bei Brose bereits im Rahmen der Konzeptfindung, bevor das Konzept beim Kunden vorgestellt wird, da sonst die Gefahr besteht, dass der Kunde bestimmte Lösungen schneller zum Patent anmeldet. Brose hat einen Produktentstehungsprozess implementiert, der sowohl am Prozessanfang als auch am Prozessende eine Schutzrechtsevaluierung vorsieht.

Brose klassifiziert seine Patente unter dem Verwertungsaspekt, d.h. ob ein Patent genutzt wird oder nicht. Vorratspatente sind vor allem für das Marketing wesentlich und werden auch in der Klassifizierung berücksichtigt. Im Rahmen der Sperrpatente werden auch Alternativlösungen für die Herstellung eines Produktes angemeldet. Ziel dieser Sperrpatente ist es, den Weg der

Umgehung für die Wettbewerber und auch Kunden zu erschweren. Die Sperrpatente werden aber nicht speziell als solche aufgelistet. Eine Patentbewertung erfolgt aus Kapazitätsgründen nicht.

Brose führt keine systematische Markt- und Produktüberwachung durch. Schutzrechtsverletzungen werden häufig zufällig z.B. auf Messen entdeckt. Dennoch verfügt Brose über einige Maßnahmen im Rahmen der Patentverfolgung. Für die Erkennung von Patentverletzungen hat Brose ein Schutzrechtserfassungssystem implementiert. Im Intranet des Unternehmens kann jede Abteilung sich und ihre Tätigkeiten vorstellen und Informationen zu ihren Produkten bereitstellen. Zudem sind hier alle aktiven Patente von Brose aufgelistet.

Für die Identifikation von Patentverletzung ist unternehmensintern eine sog. „Verletzungsprämie" ausgeschrieben. So wird ein Anreiz für die Meldung von Patentverletzungen geschaffen mit dem Ziel, dass die Mitarbeiter aktiv auf Patentverletzungen achten.

Bei Verdacht auf eine Patentverletzung wird das Produkt genauer analysiert. Brose beschafft sich ein Exemplar des betroffenen Produktes und überprüft es in Zusammenarbeit mit dem Patentverantwortlichen des entsprechenden technischen Bereiches. Wird eine Patentverletzung identifiziert, wird geprüft ob weitere vorliegen. Häufig ist es so, dass wenn eine Patentverletzung bei einem bestimmten Produkt gefunden wird, auch weitere Patente durch dieses Produkt verletzt werden.

Ansonsten werden Patentverletzungen nur nebenbei im Rahmen des Technologie-Benchmarkings analysiert. Hierbei werden Produkte der Wettbewerber gekauft. Welche Produkte gekauft werden, entscheidet sich vor allem über den Innovationsgrad und wird bereits in der Jahresplanung festgelegt. Wenn dann die entsprechenden Produkte auf dem Markt erscheinen, werden diese gekauft und in ihre Einzelteile zerlegt. Ziel dieses Technologie-Benchmarkings ist in erster Linie die Kostenanalyse, die für die eigene Planung wesentlich ist. Etwaige Patentverletzungen werden nebenbei im Rahmen der Produktzerlegung analysiert. Ein systematisches Patent-Benchmarking hat Brose noch nicht eingeführt.

Brose ist im Durchschnitt zehn Mal pro Jahr mit Patentverletzungen und Patentverletzungsvorwürfen konfrontiert. Häufig finden sich wie bei Hella auch einvernehmliche Lösungen mit den Wettbewerbern, weil man häufig gleichzeitig an den gleichen Lösungen arbeitet und es daher zu Überschneidungen kommen kann. Dies gilt insbesondere für Unternehmen aus Deutschland, Europa und den USA. Hier einigt man sich im Normalfall auf eine Lizenzvergabe, die entweder entgeltlich erfolgt in Form von Kreuzlizensierungen oder mit sonstigen Gegenleistungen.

5.2.3.3 Empirische Befunde aus der Fallstudie Jöst Abrasives

Jöst Abrasives meldet Patente erst zu einem relativ späten Zeitpunkt an, da die Gefahr besteht, dass Partnerunternehmen und Kunden basierend auf den Patentanmeldungen früher Lösungen anbieten. Als kleines Unternehmen zielt Jöst Abrasives mit seinen Innovationen auf eine Monopolstellung ab.

Das Unternehmen klassifiziert seine Patente nach dem Nutzen. Da die Aufrechthaltung von Patenten mit Kosten verbunden ist, wird der Patentbestand laufend analysiert. Auf Grundlage der Nutzenanalyse eines Patents wird entschieden, ob ein Patent weiter in der existierenden Form aufrechterhalten wird oder nicht. Als kleines Unternehmen legt Jöst Abrasives nicht viel Wert auf Sperr- und Vorratspatente.

Eine Patentwertberechnung erfolgt nicht. Der Erfolg eines Patents auf dem Markt wird lediglich grob abgeschätzt. Es erfolgen keine gezielten Markt- und Wettbewerbsanalysen. Die Berechnung eines Patentwerts ist nach Angaben des Unternehmens ungenau und mit einem hohen Aufwand verbunden. Der Aufwand lohne sich für ein kleines Unternehmen nicht.

Als kleines Unternehmen hat Jöst Abrasives keine Maßnahmen zur systematischen Patentverfolgung implementiert. Jedoch werden Fachmessen regelmäßig besucht, auch um dort etwaige Patentverletzungen zu entdecken. Weiterhin haben auch die Kunden des Unternehmens ein großes Interesse am Patentschutz, da auch sie von der Monopolstellung der Produkte von Jöst Abrasives profitieren. So geben sie als befreundete Unternehmen ihren Verdacht auf Patentverletzung der Produkte an Jöst Abrasives weiter. Liegt ein Patentverletzungsverdacht vor, erfolgt eine gezieltere Beobachtung, indem z.B. Fachmessen besucht werden. Aus Kosten- und Kapazitätsgründen besteht auch kein Interesse an der Implementierung von Benchmark-Systemen oder anderen Maßnahmen zur Ermittlung von Patentverletzungen.

Jöst Abrasives war in der Vergangenheit von vier Patentverletzungsfällen betroffen, die hauptsächlich in Europa stattgefunden haben. Als kleines Unternehmen stand Jöst Abrasives insbesondere den großen Unternehmen, die die Patente des Unternehmens verletzt haben, zunächst machtlos gegenüber. Nach Einschätzung des Unternehmens werden die Patente kleiner Unternehmen, die nur über geringe Marktmacht verfügen, häufig durch große Unternehmen verletzt. Häufig können kleine Unternehmen den finanziellen und zeitlichen Aufwand einer gerichtlichen Auseinandersetzung bei Patentverletzungen gar nicht stemmen.

Im Rahmen der Patentverfolgung im Patentverletzungsfall hat Jöst Abrasives eng mit der Patentverwertungsgesellschaft Papst Licensing zusammengearbeitet. So konnten Patentverletzungen gezielter identifiziert und nachhaltig verfolgt werden. Im Ergebnis konnte z.B. ein Patentverletzungsverfahren gegen den Industriekonzern Saint-Gobain erfolgreich durchgeführt werden: „Für den erzielten Erfolg auf internationaler Ebene hat sich die Partnerschaft mit Papst Licensing im wahrsten Sinne des Wortes bezahlt gemacht.“[436]

Auch die italienische Unternehmensgruppe SAIT Abrasivi S.p.A. und der Schweizer Schleifmittelhersteller sia Abrasives Industries AG, der zur Bosch Gruppe gehört, haben ein Lizenzangebot im Anschluss an eine Patentverletzungsbeschuldigung von Jöst angenommen.

5.2.3.4 Empirische Befunde aus der Fallstudie Fraunhofer-Gesellschaft

Die Fraunhofer-Gesellschaft hat ein ergebnisorientiertes Schutzrechtsmanagementsystem implementiert mit dem Ziel, Schwankungen der klassischen Ertragsquellen der Institute besser auszugleichen. Dieser Prozess ermöglicht die Erschließung weiterer Ertragsquellen durch die Lizensierung von Schutzrechten außerhalb der Auftragsforschung. Die Patentabteilung bietet hierfür den Instituten einen festen Portfolioprozess an. Die Institute, die sich an dem Prozess beteiligen, erhalten nach einer Analyse durch die Patentabteilung der Fraunhofer-Gesellschaft Handlungsempfehlungen für die Einsparung von Patentkosten und zur Verstärkung von Patentierungs- und Verwertungsaktivitäten.

Im Zuge dieses Patentstrategieprozesses werden Patente nach ihrer Funktion und Verwertungsmöglichkeit klassifiziert. Beispielsweise wird entschieden, ob es sich bei einem Patent um ein Sperrpatent handelt, ob eine Lizenzvergabe angestrebt werden soll oder die Akquise eines Forschungsprojektes auf einem Patent basieren soll. Der Patentstrategieprozess befindet sich noch in einer dreijährigen Pilotphase. Einige Institute haben den Patentstrategieprozess bereits durchlaufen. Ziel ist die systematische Generierung von Lizenzeinnahmen. Derzeit generiert die Fraunhofer Gesellschaft jährlich 116 Mio. Euro an Lizenzerträgen.

Während die Patentabteilung der Fraunhofer-Gesellschaft Hinweise liefern kann, ob ein Potenzial zur Patentverwertung vorliegt, müssen die Institute sich aber vor allem eigenständig um die Identifikation von verwertbaren Patenten kümmern. Wenn das Institut zu dem Entschluss kommt, dass bestimmte Schutzrechte für die Herstellung eines Produktes notwendig sind, werden im Rahmen eines Workshops die Verwertungsoptionen mit der Patentabteilung diskutiert, mit dem Ziel ein Schutzrechte-Cluster zu bilden. Für die Durchführung dieser Patentstrategie-Workshops hat die Fraunhofer-Gesellschaft eine Software erstellt. Hier werden alle notwendigen Informationen für die Ausgestaltung des Portfolios gesammelt. Diese umfassen Informationen über das Schutzrecht, den Entwicklungsstand der Technologie, eine Abschätzung darüber, zu welchem Zeitpunkt eine Lizenzvergabe möglich ist, eine Abschätzung darüber, zu welchem

[436] Vgl. Jöst Abrasives v. 8.10.2014.

Zeitpunkt Produkte auf den Markt kommen, sowie Vorschläge der Institute zu etwaigen Anwendungssegmenten, potenziellen Märkten und Geschäftspartnern.

Die Erfindungen bei der Fraunhofer-Gesellschaft sind häufig Ergebnisse von F&E-Projekten, die ursprünglich ein spezielles Produkt im Auge hatten. Die Erfindungen haben trotzdem einen hohen Schutzumfang. Daher können auf Basis der vorliegenden Schutzrechte auch andere Anwendungssegmente identifiziert und entsprechende Produkte entwickelt werden.

Die Patentwertberechnung erfolgt bei der Fraunhofer-Gesellschaft mit Hilfe einer Software. In dieser Software werden Annahmen zu der Patentlaufzeit, zu den Umsätzen auf Basis des Patents und zum Lizenzsatz getroffen. Ziel der Patentwertberechnung ist die Ermittlung einer Kennzahl, die mit einer Abweichung von etwa einem Zehtel des berechneten Wertes einen Orientierungspunkt für die Bestimmung des Patentwertes liefert. Die Patentwertberechnung wird als wesentlich eingestuft, da die Patentabteilung sich vor allem mit solchen Patenten beschäftigen möchte, die ein höheres Potenzial aufweisen. Bei der Vielzahl an Schutzrechten bildet die Patentwertberechnung eine sehr wichtige Grundlage.

Aufgrund der Vielzahl von unterschiedlichen Produkten und Patenten ist eine systematische Ermittlung von Patentverletzungen nicht umsetzbar. Es erfolgt somit keine systematische Patentverfolgung. Viel mehr wird hier das Zufallssystem genutzt. Das bedeutet, dass man auf Messen oder vom „Hören-Sagen“ auf dem Markt von etwaigen Patentverletzungen erfährt. Da die einzelnen Institute der Fraunhofer-Gesellschaft einen hohen Unabhängigkeitsgrad aufweisen, werden Patentverletzungen an den Instituten selbst ermittelt, die über die notwendige Marktnähe verfügen. Jedoch gibt es auch hier keine systematische Herangehensweise. Die Institute weisen jedoch eine hohe brancheninterne und regionale Vernetzung auf.

Häufig unterliegen Erfinder dem Glauben, dass sehr viele ihrer Patente verletzt werden. Bei genauerer Betrachtung wird dann festgestellt, dass diese Vermutung nicht deckungsgleich ist mit den angemeldeten Patentmerkmalen. Dies ist darauf zurückzuführen, dass die Erfinder oft eine bestimmte Idee haben, wenn sie etwas erfinden, was aber laut Fraunhofer-Gesellschaft im Patenttext nur unzureichend erfasst wird. „Meist werden so viele Merkmale genannt, so dass eine Verletzung gänzlich unmöglich ist.“[437] Pro Jahr liegt die Anzahl der tatsächlich verletzten Patente im einstelligen Bereich.

Die zentralen Fragestellungen der Fraunhofer-Gesellschaft im Rahmen der Patentverfolgung sind: Welches Schutzrecht wurde verletzt und welcher Umsatz wird mit dem Patent erzielt? Wenn kein Umsatz von mindestens einer Mio. Euro vorliegt, beschäftigt sich die Patentabteilung nicht mit dem Verletzungsvorwurf. Falls aber dieses Kriterium zutrifft, erfolgt eine tech-

[437] Vgl. Fraunhofer-Gesellschaft v. 04.08.2014.

nische und patentrechtliche Analyse durch die Patentabteilung. Wenn ein Anfangsverdacht vorliegt, die kritische Summe von einer Mio. Euro überschritten wird und die Überprüfung der Patentmerkmale auf eine Patentverletzung hindeutet, wird ein reverse-engineering des Produktes durchgeführt, d.h. es erfolgt ein Auseinanderbauen des Produktes, um die vermutete Patentverletzung genauer zu untersuchen.

5.3 Umgang mit Patentverletzungen

Der zweite Prozessschritt im definierten Modell zur Lizenzvergabe an Patentverletzer bezeichnet den Umgang mit Patentverletzungen. Der Wert eines Patentes ist nur positiv, wenn dieses auch durchgesetzt wird. Eine strikte Durchsetzung von Patenten unterstützt den Ruf eines Unternehmens, seine Rechte kompromisslos zu verteidigen, und schreckt so potenzielle Patentverletzer ab.[438]

Zunächst wird dargestellt, welche Entscheidungsvarianten ein Unternehmen hat, das von einer Patentverletzung betroffen ist. Im nächsten Schritt wird verdeutlicht, auf welcher Grundlage die Entscheidung für einen bestimmten Umgang mit Patentverletzern erfolgt. Im Anschluss werden die empirischen Befunde zu den Entscheidungsgrundlagen dargestellt. Zentrale Fragestellungen, die sich im Rahmen der empirischen Untersuchung in diesem Prozessschritt stellen, sind vor allem, wann sich Unternehmen zu einem aktiven Umgang mit Patentverletzungen entscheiden und welche Entscheidungskriterien die Unternehmen dabei zu Grunde legen. Auf Grundlage der in der Dokumenten- und Fallstudienanalyse gewonnenen Erkenntnisse werden im nächsten Schritt die Transaktionskosten analysiert und die Kriterien für die Entscheidungsfindung definiert.

5.3.1 Entscheidungsvarianten

Es gibt verschiedene Möglichkeiten, als Unternehmen mit potenziellen Patentverletzern umzugehen. Diese umfassen den Weg des Ignorierens, des Duldens, des Wartens, der Verwarnung, den Weg der Klage bzw. des Vernichtens des Produktes das auf einer Patentverletzung basiert, und den Weg der Kooperation entweder in Form einer Kreuzlizensierung oder in Form einer Lizenzvergabe. Diese werden im Folgenden in Form einer Kurzübersicht dargestellt.

[438] Vgl. Graham/Hall/Harhoff/Mowery (2003), S. 74.

Entscheidungsvarianten	Merkmale
Ignorieren	Vollständige Ignorierung der Patentverletzung
Dulden	Analyse und Dulden der Patentverletzung
Warten	Analyse der Patentverletzung, weitere Entwicklung wird beobachtet
Kreuzlizensierung	Lizenz-Tausch zur Schaffung von Win-Win-Situation
Verwarnung	Verwarnung des Patentverletzers mit dem Hinweis auf Sanktionen
Lizenzvergabe	Dem Patentverletzer wird eine Lizenz angeboten
Vernichtung	Juristische Verfolgung der Patentverletzung, mit dem Ziel der Vernichtung

Tab. 5.3: Mögliche Entscheidungsvarianten (Mehnert, 2002, S. 398)

Die Entscheidungsvarianten können in aktive und passive Strategien unterteilt werden. So stellen Ignorieren, Dulden und Warten passive Strategien dar, während die Kreuzlizensierung, Verwarnung, Lizenzvergabe und Vernichtung aktive Strategien des Umgangs mit Patentverletzungen sind.

Im Rahmen der aktiven Verfolgung von Patentverletzungen hat ein Unternehmen zwei Möglichkeiten: Das aggressive Vorgehen gegen den Patentverletzer oder die gütliche Einigung. Wenn das geschädigte Unternehmen aggressiv vorgeht, droht es dem Patentverletzer mit einer Patentverletzungsklage. Wenn der Geschädigte jedoch eine gütliche Einigung anstrebt, ist dabei grundsätzlich jegliche Form der Lizensierung bzw. Zusammenarbeit denkbar. Eine gütliche Einigung kann auch nach einer Drohung erfolgen. Solch eine gütliche Einigung bringt den wichtigen Vorteil mit sich, dass das geschädigte Unternehmen nicht befürchten muss, sein Patent bei einem Nichtigkeitsverfahren zu verlieren.[439]

5.3.2 Entscheidungskriterien

Mehrere Faktoren beeinflussen die Entscheidung eines Unternehmens über seinen Umgang mit Patentverletzern. Die Entscheidung hängt zunächst von den risikopolitischen und patentpolitischen Präferenzen eines Unternehmens ab. Die risikopolitische Präferenz eines Unternehmens beschreibt, ob ein Unternehmen eher risikoavers, risikoneutral oder risikofreudig ist im Umgang mit Patentverletzern. Die patentpolitische Präferenz beschreibt, ob ein Unternehmen eher dazu tendiert um seine Patentrechte zu kämpfen, weil es diese als wichtige Unternehmensgrundlage betrachtet, oder ob es Patente als lediglich zur Verteidigung notwendig betrachtet

[439] Vgl. Miele (2000), S. 83.

und diesen deshalb keine große Bedeutung zumisst. So unterscheidet Mehnert (2002) zwischen Patentkämpfern, die ihre Unternehmensstrategie vollständig an den Patenten ausrichten und Patentduldern, die Patente als notwendiges „Übel“ betrachten.[440] Aus den risiko- und patentpolitischen Präferenzen eines Unternehmens leitet Mehnert (2002) sechs Patentinhabertypen ab. Diese werden in Abbildung 5.2 dargestellt.

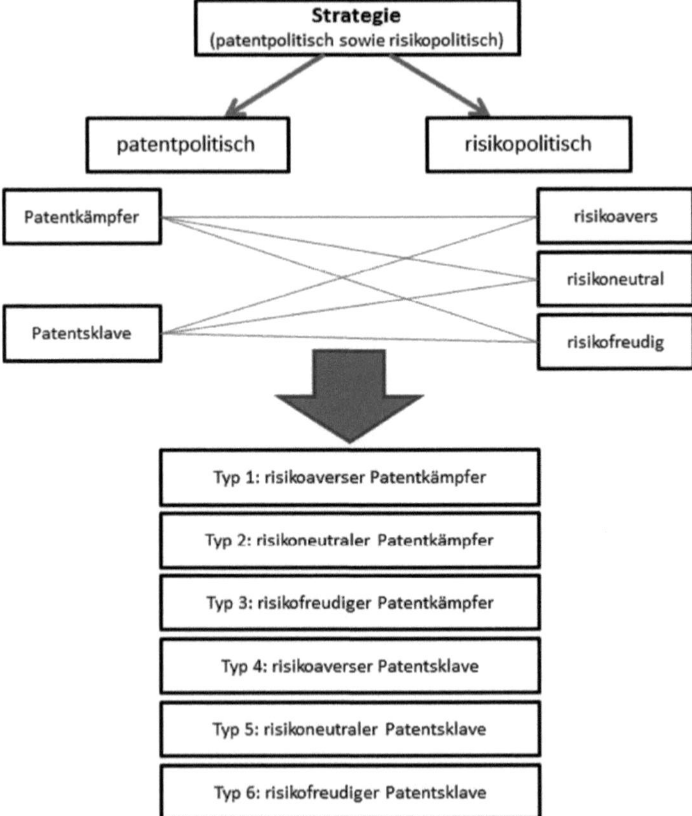

Abb. 5.2: Patent- und risikopolitische Präferenzen des Patentinhabers (Mehnert, 2002, S. 386)

Bei dem risikoaversen Patentkämpfer (Typ 1) haben Patente einen sehr hohen Stellenwert, so dass auch seine Strategien daran ausgerichtet sind. Schutzrechte sieht er als Wettbewerbsinstrumente. Ein solches Unternehmen verfolgt grundsätzlich jede Patentverletzung ohne weitere Variablen zu prüfen. Der risikoneutrale Patentkämpfer (Typ 2) prüft zusätzliche Variablen bevor

[440] Vgl. Mehnert (2002), S. 384 ff.

er entscheidet, ob eine Patentverletzung verfolgt wird oder nicht. Der risikofreudige Patentkämpfer (Typ 3) ist im Rahmen der Verfolgung von Patentverletzungen bereit größere Risiken einzugehen.

Der risikoaverse Patentsklave (Typ 4) misst Patenten keine hohe Bedeutung zu, so dass seine Strategien nur der Absicherungen von Erfindungen dienen. Da er risikoavers ist, ist die Intensität der Patentverfolgung gering und beschränkt sich lediglich auf Reaktionsmaßnahmen. Der risikoneutrale Patentsklave (Typ 5) verhält sich abwartend und reagiert erst nach einer genauen Analyse mit geringer Intensität. Der risikofreudige Patentsklave (Typ 6) verzichtet vollständig auf Reaktionsmaßnahmen.

Eine so genaue Unterteilung, wie Mehnert (2002) an dieser Stelle vorgenommen hat, ist nur teilweise sinnvoll. Patentpolitische und risikopolitische Faktoren spielen eine große Rolle bei der Entscheidung über den Umgang mit Patentverletzungen. Jedoch ist die Matrix, die Mehnert (2002) abgeleitet hat, weder ausreichend erklärt um Korrelationen abzuleiten, noch ist ein Zusammenhang zwischen Patent- und Risikopolitik erkennbar. Als Gegenstand einer tiefergehenden empirischen Untersuchung könnten sich diese beiden Faktoren, sofern messbar gemacht, gut eignen.

Es folgen weitere Variablen, die eine Entscheidung beeinflussen:

- Informationen aus den Patentdatenbanken
- Zeitressourcen, die für eine aktive Patentverfolgung bereitgestellt werden können
- Beobachtung des Marktes und der Wettbewerber
- Patentwert[441]

Mit Hilfe von Informationen aus den Patentdatenbanken kann das eigene Patent dem Patent des mutmaßlichen Patentverletzers gegenübergestellt werden, sofern letzterer überhaupt ein Patent angemeldet hat. Es muss überprüft werden, ob das eigene Patent eher stark oder schwach ist, da dies gegebenenfalls über einen erfolgreichen Verlauf eines gerichtlichen Verfahrens entscheidet.

Ein Unternehmen muss auch prüfen, ob es ausreichend Zeitressourcen für den langwierigen und oftmals komplexen Prozess der Patentverfolgung zur Verfügung stellen kann.

Nach Pleaschak und Sabisch (1996) muss ein Unternehmen, um seine eigene Stellung gegenüber dem mutmaßlichen Patentverletzer und auch gegenüber anderen Wettbewerbern richtig einordnen zu können, den Markt und den Wettbewerb so genau wie möglich beobachten und kennen.[442] Für die Markt- und Wettbewerbsbeobachtung ist die Stellung des Patentverletzers

---

[441] Vgl. Mehnert (2002), S. 387 f.
[442] Vgl. Pleschak/Sabisch (1996), S. 76.

und die Wettbewerbssituation von Bedeutung. Mehnert (2002) unterscheidet hierbei zwischen freundlichen und feindlichen Marktführern und Marktfolgern. Freundliche Wettbewerber sind nach Minderlein (1990) solche, die ihre Konkurrenten nicht gefährden wollen, sondern lediglich auf die Stärkung der eigenen Position abzielen.[443] Diese sind häufig zu Kooperationen und zu einem Informationsaustausch mit den Wettbewerbern bereit. Andere Unternehmen haben keine Beziehungen oder Kontakte zu Wettbewerbern und gehen feindlich vor.[444]

Eine weitere relevante Variable ist die Bestimmung des Patentwertes. Hierbei ist die Höhe des Schadens sowohl aus monetärer als auch aus ideeller Sicht von grundlegender Bedeutung. Mit der Bestimmung von Grenzwerten, welche die Akzeptanz einer Patentverletzung abstecken, kann das Unternehmen die Auswirkung einer Patentverletzung auf das eigene Unternehmen ermitteln.[445]

Das PIRAT „Patent Infringement Risk Analytical Technique"-Entscheidungsmodell nach Mehnert (2002) enthält die Bestandteile Patentverletzung, Patentverfolgung und Patentbewertung und wird in der nachfolgenden Abbildung zusammengefasst veranschaulicht. Das Modell basiert auf Analysen der Pharmaindustrie in Deutschland. Es fasst die genannten Entscheidungskriterien und Handlungsalternativen zusammen.

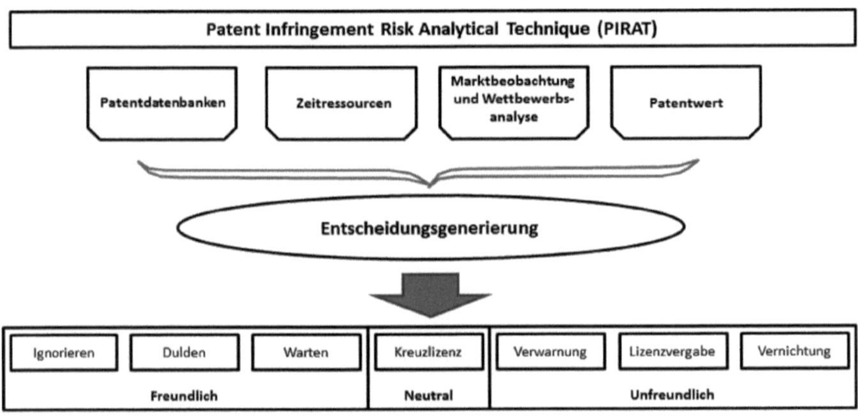

Abb. 5.3: PIRAT-Modell (in Anlehnung an Mehnert, 2002, S. 397)

Mehnert (2002) nennt lediglich die beiden Lizensierungsoptionen der Kreuzlizensierung, die er als neutrale Form des Umgangs mit einem Patentverletzer bezeichnet, und der Lizenzvergabe als unfreundliche Form des Umgangs mit einem Patentverletzer. Die Lizenzvergabe als unfreundliche Form kann unter Umständen auch als Stick Licensing verstanden werden. Ob die

443 Vgl. Minderlein (1990), S. 160 f.
444 Vgl. Mehnert (2002), S. 391 ff.
445 Vgl. Mehnert (2002), S. 396.

negative Konnotation des Begriffs Stick License gerechtfertigt ist, wird nicht näher diskutiert.[446] Betrachtet man die Stick License als Alternative zur Unterlassungsklage, kann dies auch als freundliche Maßnahme betrachtet werden.

5.3.2.1 Wahrscheinlichkeit einer juristischen Auseinandersetzung

Nach Lanjouw und Schankerman (2000) ist die Wahrscheinlichkeit eines Gerichtsverfahrens im Anschluss an eine Patentverletzungsmittelung umso höher, je wichtiger und wertvoller das Patent bzw. die der Patentverletzung zu Grunde liegende Innovation für das betroffene Unternehmen ist.[447] Die Autoren definieren vier Determinanten, anhand derer die Wahrscheinlichkeit von Patentverletzungsstreitigkeiten an US-amerikanischen Gerichten bestimmt werden kann. Als erster Punkt wird benannt, dass umso häufiger ein Unternehmen von Patentverletzungen betroffen ist, desto eher eine gerichtliche Vorgehensweise in Erwägung gezogen wird. Weiterhin steigt die Wahrscheinlichkeit eines Gerichtsverfahrens, umso höher die Informationsasymmetrien bzw. umso unterschiedlicher die Erwartungen unter den Beteiligten an Forschungsergebnissen sind. Dies gilt vor allem für neue Technologiebereiche oder Bereiche, in denen sich die rechtliche Grundlage ändern kann. Die Wahrscheinlichkeit einer gerichtlichen Auseinandersetzung ist auch umso höher, je höher der Patentwert und die indirekten Vorteile wie z.B. die verbesserte Reputation durch das Patent für das Unternehmen sind. Zuletzt spielt die Kostenabwägung eine wesentliche Rolle. Hier werden die Gerichtskosten den Abwicklungskosten gegenüber gestellt.[448] Über 90 Prozent der Patentverletzungsklagen in Deutschland zielen auf eine Unterlassung, die Feststellung der Schadensersatzpflicht und den Anspruch auf Offenlegung der Zahlen ab.[449]

5.3.3 Empirische Befunde zum zweiten Prozessschritt

Nachfolgend werden die empirischen Befunde aus den einzelnen Fallstudien und Expertengesprächen zu den Entscheidungsgrundlagen und beim Umgang mit Patentverletzungen dargestellt.

5.3.3.1 Empirische Befunde aus der Fallstudie Hella

Bei der Automobilbranche handelt es sich um einen nachfrageorientierten Markt. Der Wettbewerb zwischen den Zulieferern ist intensiv mit mächtigen Kunden, den Automobilherstellern. Dies führt dazu, dass die Zulieferer eher zusammenarbeiten. Nur ganz selten werden strategische Lizenzen im Sinne des Carrot Licensing vergeben. Dies geschieht wenn dann vor allem auf Druck des Kunden. Der Schwerpunkt der Schutzrechtsaktivitäten beim Unternehmen Hella

[446] Vgl. Goldscheider/Gordon (2006), S. 180.
[447] Vgl. Lanjouw/Schankerman (2000), S. 132.
[448] Vgl. Lanjouw/Schankerman (2000), S. 133 f.
[449] Vgl. Stauder (1989); S. 11.

liegt im Schutz der eigenen Produkte. Somit verfolgt Hella eine defensive Patentstrategie. Die Lizenzvergabe ist dabei kein ernsthafter Business Case, da nicht auf die strategische Verwertung von Patenten abgezielt wird.

In bestimmten Fällen ist jedoch eine strategische Lizenzvergabe an Kunden bei bestimmten Produktgruppen denkbar. So entwickelte Hella Dachbedieneinheiten für die Innenbeleuchtung von Fahrzeugen und hierfür wurde eine Lizenz an ein japanisches Unternehmen vergeben. Hella hatte die strategische Entscheidung getroffen, dieses Produkt in Zukunft nicht mehr in diesem Umfang herzustellen. Ein Bestandteil dieser Dachbedieneinheiten war der sog. Schiebehebedachschalter. Der Kunde hatte großes Interesse an der Weiterproduktion dieses Schiebehebedachschalters und hat sich um eine Lizenz bei Hella bemüht. Dem Kunden wurde ein entsprechender Lizenzvertrag angeboten. Strategische Lizenzen werden vor allem bei bestimmten Produktgruppen, die nicht im Fokus der Geschäftstätigkeit von Hella stehen, eingeräumt. Aber auch hier ist die gute Reputation des potenziellen Lizenznehmers wesentlich.

Eine wesentliche Entscheidungsgrundlage für den Umgang mit Patentverletzungen sind bei Hella die zugrundeliegenden Eigeninteressen. Wenn Wettbewerbsvorteile in einem Schutzrecht erkannt werden, wird versucht dieses durchzusetzen. In diesen Fällen klagt Hella auf Unterlassung. Wenn es sich um standardisierte Produkte handelt, die keinen größeren Wettbewerbsvorteil bringen, sucht Hella das Gespräch mit dem Patentverletzer und zeigt sich grundsätzlich offen für Lizenzvereinbarungen. Hella analysiert im Gespräch mit dem Patentverletzer, ob letzterer über Schutzrechte verfügt, die für das Unternehmen interessant sind. In fast allen Fällen werden Kreuzlizensierungen angestrebt, da es sich bei den Patentverletzern oftmals um Wettbewerber auf Augenhöhe handelt.

Ausnahmen bilden sog. Marktstörer, d.h. neue Marktteilnehmer, die Patente verletzen. Hier wird aggressiv in Form einer gerichtlichen Auseinandersetzung und teilweise in Form von Unterlassungsklagen vorgegangen. Die konkrete Vorgehensweise ist maßgeblich von der Rolle und der Reputation des Marktteilnehmers abhängig. Handelt es sich beispielsweise um einen großen etablierten Marktteilnehmer, der eng mit den Automobilherstellern zusammenarbeitet, wird auf eine Klage verzichtet und ein kooperativer Lösungsweg gesucht. Handelt es sich um neue oder eher unbekannte Marktteilnehmer, wird der Weg der Klage bevorzugt. Dabei ist die Vorgehensweise nicht davon abhängig, ob die Patentverletzung im In- oder Ausland erfolgt.

Ein Miteinander unter den Wettbewerbern ist in der Automobilindustrie notwendig, da der Kunde über genügend Ausweichmöglichkeiten verfügt. Daher werden Patentverletzungen unter den führenden und wichtigen Marktteilnehmern nicht gerichtlich verfolgt, stattdessen werden Kreuzlizensierungen oder ähnliche Vereinbarungen geschlossen. Auch die Einschätzung zu den Erfolgsaussichten zur Durchsetzung der Schutzrechte spielt eine wesentliche Rolle. Es erfolgt eine Risikoabschätzung, bevor das Unternehmen aktiv gegen eine Patentverletzung vorgeht.

In der Regel finden sich einvernehmliche Lösungen mit den Wettbewerbern, weil man häufig gleichzeitig an den gleichen Lösungen arbeitet und es daher auch zu Überschneidungen bei der Technologieentwicklung kommen kann. Meistens einigt man sich branchenintern auf eine Kreuzlizensierung, die nicht zwangsläufig zeitgleich erfolgen muss. Im Gegenzug zu einer Lizenz, kann der Wettbewerber Lizenzen für künftige Produkten vergeben, oder bestimmte Entwicklungsergebnisse übertragen. Am Beispiel von Hella wird deutlich, dass die Wettbewerber in der Automobilzuliefererbranche zusammenarbeiten.

Es besteht sogar die Möglichkeit, dass Kooperationen aus einer Patentverletzung entstehen können. Dies ist vor allem dann der Fall, wenn der Kunde auf die Zusammenarbeit von zwei Wettbewerbern drängt. Da in der Automobilindustrie das technologische Ziel und der Zeitrahmen der Entwicklung sehr stark vom Kunden vorgegeben werden, wird eine Kooperation mit dem Wettbewerber und ggf. auch mit einem Patentverletzer nötig, um dieses Ziel zu erreichen.

Würden Schutzrechte gegenüber den führenden und wichtigen Marktteilnehmern aggressiv durchgesetzt werden, käme es nach Aussage des Patentexperten bei Hella zu einer „lose-lose“-Situation für das Unternehmen selbst und den Wettbewerber. Daher herrscht in der Automobilzulieferindustrie das ungeschriebene Gesetz, dass man sich bei Schutzrechtsverletzungen unter Wettbewerbern auf alternativem Wege einigt. Eine Unterlassungsklage ist in der Automobilbranche kaum durchsetzbar, ohne dass das eigene Unternehmen Schaden davonträgt. Wenn Patentverletzungen vorliegen, wird die Lizenzvergabe bevorzugt.

5.3.3.2 Empirische Befunde aus der Fallstudie Brose

Wie Hella ist auch Brose in der Automobilzuliefererindustrie tätig. Auch Brose verfolgt eine defensive Patentstrategie. Der Schutz der eigenen Produkte steht im Mittelpunkt. Brose zielt darauf ab, eine Monopolsituation für das eigene Unternehmen zu schaffen. Entsprechend ist Brose per se nicht an der strategischen Lizensierung von Patenten interessiert. Manchmal besteht der Zwang zur Lizensierung durch den Druck der Automobilhersteller, welche die Hinzunahme eines Zweitlieferanten erfordern. Letzterer darf entsprechend auf die technischen Arbeiten von Brose zugreifen. Dies ist ein üblicher Prozess in der Automobilindustrie. Brose vergibt aber nur dann Lizenzen, wenn es dazu gezwungen wird.

Ähnlich wie bei Hella berichtet Brose, dass in der Automobilbranche das ungeschriebene Gesetz existiert, dass keine Exklusivaufträge vergeben werden. Das Ziel der Automobilhersteller ist es dabei, sich nicht von einzelnen Zulieferern abhängig zu machen. Der Zulieferer, der über die benötigten Schutzrechte verfügt, hat jedoch einen größeren Lieferanteil. Im Rahmen von

Entwicklungs- und Lieferverträgen mit den Automobilherstellern werden Schutzrechte entwickelt, die dem Zweitlieferanten weitergegeben werden. Wenn der Automobilhersteller bestimmte Entwicklungen in Auftrag gibt und die Entwicklungskosten trägt, hat er auch ein Recht an den Entwicklungsergebnissen. Der Zulieferer erhält im Gegenzug einen garantierten Gesamtlieferanteil von über 50 Prozent. Der Zweitlieferant erhält einen geringeren Lieferanteil, da dieser über keine eigenen Schutzrechte verfügt. Wenn Brose die Entwicklungskosten selbst trägt, verfügt das Unternehmen auch alleinig über die entsprechenden Schutzrechte. Da in der Automobilbranche aber keine Exklusivaufträge an einen Zulieferer vergeben werden, liegt der Mehrwert nur darin, dass ein höherer Lieferanteil erzielt werden kann, dass sich das Unternehmen als Innovationsführer auf dem Markt positionieren kann und seine Stellung auf dem Markt ausbauen kann.

Strategische Lizenzvergaben sind bei Brose eher unüblich. Jedoch hatte Brose vor einigen Jahren in Kooperation mit dem Steinbeis Institut Schutzrechte zusammengestellt, die bisher nicht aktiv genutzt wurden um diese zu verwerten. Hierzu gab es ein größeres Pilotprojekt, bei dem diese ungenutzten Schutzrechte, die entweder für Marketingzwecke oder als Sperrpatente dienten, identifiziert wurden mit dem Ziel diese zu verwerten. Aus Kapazitätsgründen sucht Brose selbst nicht gezielt nach Schutzrechten, die vermarktet werden können.

Wie mit Patentverletzungen umgegangen wird, ist für Brose davon abhängig, wie das Verhältnis zu dem verletzenden Unternehmen ist und ob es sich um ein Patent handelt, dass als wichtig eingestuft wird. Die Herkunft des Patentverletzers spielt auch eine Rolle. Mit asiatischen Unternehmen entsteht laut Brose selten ein Vertrauensverhältnis, vor allem wenn sie Produkte nachbauen. Jedoch hängt es auch hier von der Unternehmensgröße und der Reputation ab, ob eine Unterlassungsklage, eine Lizenzvergabe oder ein passiver Umgang mit der Patentverletzung angestrebt wird.

In China beispielweise existiert das Problem der Produktpiraterie und entsprechender Nachbauten. Hier besteht kein Interesse an einer Lizenzvergabe. In bestimmten Fällen wird Brose durch die Automobilhersteller zu einer Lizenzvergabe an einen Zweitlieferanten aus China gezwungen. Diese bauen in der Regel ältere Produkte nach, so dass keine aktiven Schutzrechte tangiert werden. Kommt es jedoch zu einer Patentverletzung durch ein chinesisches Unternehmen, zielt Brose auf die Unterlassung ab, indem das Unternehmen eine Unterlassungsklage durchsetzt. Brose hat derzeit noch keine eindeutige Strategie definiert, wie mit Patentverletzungen aus dem Ausland umgegangen wird.

Bei großen Wettbewerbern macht Brose nur selten seine Patente geltend, da eine gewisse Wahrscheinlichkeit existiert, dass auch Brose die Patente des Wettbewerbers verletzt. Hier wird eine Patentverletzung lediglich protokolliert mit dem Ziel, in späteren Verhandlungssituationen eine stärkere Position zu haben. Bei einem aktiven Vorgehen gegen den Patentverletzer wird in der

Regel eine kooperative Lösung angestrebt: „Einem echten Wettbewerber würde man nie die Fertigung stilllegen (...) man sieht sich ja im Leben immer zweimal.“[450] In der Automobilzulieferindustrie ist der Weg der Kreuzlizensierung bei Patentverletzungen üblich.

Ein wesentlicher Aspekt im Rahmen der Verfolgung von Patentverletzungen ist der berechnete bzw. geschätzte Streitwert des Patents. Brose verfolgt eine Patentverletzung, wenn das verletzte Patent den Wert von ca. 75.000 Euro übersteigt. Die Patentverfolgung hängt aber auch von anderen Faktoren wie etwa den Gerichtskosten im jeweiligen Land ab. In Europa sind diese beispielsweise viel geringer als in den USA. So wird eine individuelle Kosten-Nutzen-Entscheidung im Rahmen einer Patentverfolgung vorgenommen.

5.3.3.3 Empirische Befunde aus der Fallstudie Jöst Abrasives

Jöst Abrasives zielt nicht auf die Vergabe von strategischen Lizenzen ab, sondern vielmehr auf den Ausbau der eigenen Monopolstellung und der Position als Innovationsführer auf dem Markt. Falls doch eine Veräußerung von Nutzungsrechten angestrebt wird, verkauft das Unternehmen mehrere Patente in gebündelter Form als „Patent-Paket“ bzw. Patent-Portfolio. Der Hintergrund ist, dass ansonsten die Gefahr besteht, dass lediglich die besten Patente vermarktet werden und die Innovationskosten für die weniger starken Patente nicht gedeckt werden können.

Für Jöst Abrasives sind die determinierenden Faktoren, die über den Umgang mit Patentverletzungen entscheiden, der zeitliche und personelle Aufwand, sowie die Kosten und der Umsatz, der mit dem verletzten Patent erzielt wird. Jöst Abrasives geht davon aus, dass ein umsatzschwaches Patent selten verletzt wird. Selbst wenn die umsatzschwachen Patente verletzt werden, sind die Kosten für eine Unterlassungsklage immer höher.

Aus Sicht der Geschäftsführung bei Jöst Abrasives handelt es sich bei den meisten Patentverletzungen um bewusste und mutwillige Handlungen. Daher geht Jöst Abrasives immer gerichtlich gegen Patentverletzungen vor, auch wenn es sich bei den Gegnern um große Unternehmen handelt. Diese Vorgehensweise ist vor allem eine Abschreckungsmaßnahme für weitere potenzielle Patentverletzer. In manchen Fällen ist aber auch eine außergerichtliche Einigung möglich. Dies ist beispielsweise dann der Fall, wenn von einer unbeabsichtigten Patentverletzung ausgegangen werden kann, oder der Patentverletzer sich kooperativ zeigt. Häufiger findet eine Einigung aber erst nach gerichtlicher Feststellung der Patentverletzung statt. Eine Einigung und eine darauf basierende Kooperation finden meistens nur in Form einer Lizenzpartnerschaft statt. Eine tiefere Kooperation entsteht selten, da die Produkte von Jöst Abrasives nur geringe Weiterentwicklungspotenziale aufweisen.

[450] Vgl. Brose v. 14.09.2014.

In der Vergangenheit hat Jöst Abrasives sein erfolgreiches Vorgehen bei Patentverletzungen bewusst in die Öffentlichkeit getragen nicht zuletzt als Abschreckungsmaßnahme für andere Unternehmen. Medienwirksam war das Vorgehen von Jöst Abrasives gegen den Industriekonzern Saint-Gobain, der die Patente des Unternehmens verletzte:„Ich freue mich nicht nur über die Lizenzzahlung, sondern empfinde es auch als persönliche Genugtuung, dass Saint-Gobain nach vielen Jahren, in denen ich für mein geistiges Eigentum gekämpft habe, endlich für die Nutzung meiner Erfindung bezahlt.“[451]

5.3.3.4 Empirische Befunde aus der Fallstudie Fraunhofer-Gesellschaft

Den wichtigsten Faktor der Fraunhofer-Gesellschaft für den Umgang mit Patentverletzungen bildet der Umsatz, der auf Grundlage des verletzten Patents erzielt wird. Anhand dessen kann die Schadenshöhe ermittelt werden. Dieser muss mindestens eine Mio. Euro betragen, damit sich die Patentabteilung der Fraunhofer-Gesellschaft mit dem Verletzungsvorwurf auseinandersetzt.

Wie mit einer Patentverletzung umgegangen wird, entscheidet sich auf Ebene der einzelnen Institute. Jedoch benötigt das Institut die Einwilligung der Patent- und Rechtsabteilung der Fraunhofer-Gesellschaft, wenn eine gerichtliche Auseinandersetzung vor allem bei einer Unterlassungsklage angestrebt wird.

Da es sich bei der Fraunhofer-Gesellschaft um eine öffentliche Einrichtung handelt, sind Unterlassungsklagen kein primäres Ziel. Das Ziel ist stattdessen die Kommerzialisierung von Erfindungen in Form von Lizenzvergaben. Hierfür werden auch externe Anwaltskanzleien eingebunden. Ein Patentverletzer soll nach Möglichkeit eine höhere Lizenzgebühr als die strategischen Lizenznehmer zahlen. Welche Form des aktiven Umgangs mit einer Patentverletzung gewählt wird, hängt auch davon ab, wie hoch die Schadenssumme ist, die aus einer Patentverletzung entstanden ist. Je größer die Schadenssumme ist, desto eher kommt es zu einer gerichtlichen Auseinandersetzung. Diese muss nicht zwangsläufig zu einer Unterlassung führen. Im Fokus steht lediglich die gerichtliche Feststellung der Patentverletzung.

Grenzüberschreitende Patentverletzungen werden in der Fraunhofer-Gesellschaft nicht anders behandelt als inländische. Häufig erfolgt jedoch aufgrund mangelnder Kenntnisse der Markt- und Rechtssituation im Zielland die Einbindung von Patentverwertungsgesellschaften und Patentanwälten, welche die notwendigen Marktkenntnisse vorweisen. In 80 bis 85 Prozent der Fälle erzielt die Fraunhofer-Gesellschaft eine Einigung mit dem Patentverletzer.

---

[451] Vgl. Jöst Abrasives v. 8.10.2014.

5.3.3.5 Empirische Befunde aus dem Expertengespräch mit Papst Licensing

Papst Licensing geht grundsätzlich nur Patentverletzungen nach, wenn die Produkte, denen das verletzte Patent zu Grunde liegt, ein bestimmtes Marktvolumen aufweisen. Als externer Partner von Unternehmen weiß Papst Licensing, dass die meisten Unternehmen eine verhältnismäßig hohe Schmerzschwelle haben, wenn Verletzungsvermutungen vorliegen. Nicht jeder mutmaßlichen Patentverletzung wird nachgegangen. Nicht nur Ressourcen, sondern auch die Erfolgsaussichten und die unternehmensstrategischen Faktoren spielen bei der Beurteilung dieser Schmerzschwelle eine Rolle.

Kleine Unternehmen klagen viel seltener, wenn große Unternehmen ihre Patente verletzen. Ein Grund für dieses Verhalten ist nach Ansicht von Papst Licensing die Befürchtung der Unternehmen, dass der „eigene Angriff nicht unbeantwortet bleiben würde". Größere Unternehmen haben häufig viel mehr Patente, so dass die Gefahr besteht, dass der Kläger selbst andere Patente des mutmaßlichen Patentverletzers verletzt. Dieses Phänomen wiederum ist vor allem darauf zurückzuführen, dass die meisten Unternehmen im Rahmen ihrer F&E keine Rücksicht auf existierende Patente nehmen, sondern lediglich ihr eigenes Ziel in den Fokus stellen. Da die Lösung im Mittelpunkt steht, werden erst nach erfolgter Produktentwicklung und -herstellung mögliche Patentverletzungen betrachtet.

Hinsichtlich des Weges der Unterlassungsklage berichtet Papst Licensing, dass es vor allem von der eigenen Wettbewerbssituation des Unternehmens abhängt, wie das Unternehmen mit der Patentverletzung umgeht. Es sei sinnvoll, auf Unterlassung zu klagen, wenn das klagende Unternehmen eine Monopolstellung im Markt hat und den Weltmarkt alleine bedienen kann. Sonst sei eine Lizensierung die sinnvollere Alternative. Die Kooperation im Rahmen einer Lizensierung, die durch Papst Licensing erfolgt, ist in der Regel nicht tiefergehend, sondern beschränkt sich lediglich auf die Legalisierung der Nutzung der Schutzrechte. Tiefergehende Kooperationen entstehen eher selten und nur dann, wenn ein freundschaftliches Verhältnis zu den Patentverletzern entsteht z.B. dann, wenn der Patentverletzer Lizenznehmer von einer Vielzahl von Patenten eines Unternehmens ist. Dies könnte auf Kooperationspotenziale hindeuten.

Ein Großteil der Auseinandersetzungen aufgrund von Patentverletzungen wird außergerichtlich geregelt. Jedoch ist nach Papst Licensing die allgemeine Grundstimmung insbesondere in großen Unternehmen in den letzten Jahren feindseliger geworden. Dadurch, dass bis zu einer gewissen Summe nicht der Unternehmer oder die Geschäftsführung, sondern die entsprechende Rechts- oder Patentabteilung entscheidet, wie mit einer Patentverletzung umgegangen wird, werden häufig externe Patentanwälte eingebunden, die von einer gerichtlichen Auseinandersetzung profitieren. Dies führt dazu, dass nicht das strategische Gesamtinteresse des Unternehmens im Fokus steht, sondern lediglich einzelfallbezogen entschieden wird. In der Praxis kann eine gerichtliche Auseinandersetzung nur dann verfolgt werden, wenn diese von der Geschäftsführung abgesegnet wurde. Dies gilt vor allem für die Unterlassungsklage. Hier muss z.B. die Öffentlichkeitswirkung einer Unterlassungsklage berücksichtigt werden, da die Gefahr besteht, dass diese zu einer negativen öffentlichen Wahrnehmung des Unternehmens führen könnte.

Eine gerichtliche Feststellungsklage wird nach Papst Licensing selten von dem Unternehmen angestoßen, dessen Patente verletzt wurden, sondern von dem Patentverletzer. Dieser zielt auf eine Nichtigkeitsklage ab, indem er die Nichtverletzung gerichtlich feststellen lässt.

5.3.3.6 Empirische Befunde aus dem Expertengespräch mit Preu Bohlig

Als Anwaltskanzlei übernimmt Preu Bohlig einen Fall erst dann, wenn ein Unternehmen bereits zuvor die Entscheidung über den Umgang mit einer Patentverletzung getroffen hat. Erst wenn das Unternehmen entschieden hat, aktiv mit einer Patentverletzung umzugehen, wird im ersten Schritt die Schadensersatzpflicht festgestellt, bzw. im nachfolgenden Schritt eine Lizenz vereinbart, oder auf Unterlassung geklagt. Wenn der Ausgang einer gerichtlichen Auseinandersetzung unsicher ist, spielt die Risikoabschätzung des mutmaßlichen Patentverletzers für beide beteiligten eine entscheidende Rolle. Wenn die Gefahr vor Gericht zu verlieren hoch ist, ist der Patentverletzer eher dazu bereit einen Lizenzvertrag abzuschließen. Ähnliches gilt bei einem hohen Verlust im Falle einer Niederlage vor Gericht, beispielsweise bei einer laufenden Produktion, die bei erfolgreicher Durchsetzung einer Unterlassungsklage eingestellt werden müsste.

Wird das Vorliegen einer Patentverletzung rechtskräftig entschieden, kann das betroffene Unternehmen Auskunft zu Geschäftszahlen des Patentverletzers verlangen. Eine gerichtliche Feststellung zielt vor allem auf die Schadenersatzpflicht des Patentverletzers ab. Häufig erfolgt nach der Feststellung der Patentverletzung eine außergerichtliche Einigung, bei der die Höhe der Schadenssumme ermittelt wird und ein Lizenzvertrag für die Zukunft abgeschlossen wird.

Grundsätzlich spielt für die Entscheidung über den Umgang mit Patentverletzungen die Unternehmensgröße eine wesentliche Rolle: „Je kleiner das Unternehmen, desto häufiger spielen persönliche Gründe und Interessen eine Rolle, die zuweilen keine wirtschaftlichen Motive verfolgen“.[452]

Nur in seltenen Fällen erfolgt ein kooperativer Umgang in Patentverletzungsfällen. Dies ist dann laut Preu Bohlig häufig branchenabhängig. In der Automobilbranche wird aufgrund der brancheninternen Abhängigkeitsstrukturen und der hohen Marktmacht der Automobilunternehmen ein kooperativer Umgang bei Patentverletzungsfällen bevorzugt.

[452] Vgl. Preu Bohlig v. 9.10.2014.

5.4 Kontaktanbahnung mit dem Patentverletzer

Der dritte Prozessschritt im definierten Modell zur Lizenzvergabe an Patentverletzer ist die Kontaktanbahnung mit dem Patentverletzer. In diesem Abschnitt wird zunächst auf Basis einer Dokumentenanalyse dargestellt, wie die Kontaktanbahnung mit einem Patentverletzer umgesetzt wird. Zentrale Fragestellungen für die empirischen Untersuchungen betreffen vor allem die Vorgehensweise im Rahmen der Kontaktanbahnung.

5.4.1 Prozess der Kontaktanbahnung mit dem Patentverletzer

Für die Kontaktanbahnung mit einem identifizierten Patentverletzer mit dem Ziel der Lizenzvergabe schlägt Poltorak (2006) vor, zunächst eine Beschwerde beim mutmaßlichen Patentverletzer einzureichen und im Anschluss ein Verhandlungsangebot vorzulegen. Die Beschwerde sollte weder eine direkte Beschuldigung beinhalten, da die Patentverletzung oft keine eindeutige Tatsache ist, noch eine Drohung aussprechen wie etwa die Androhung von rechtlichen Konsequenzen, da dies den mutmaßlichen Patentverletzer direkt angreifen würde.[453] Die Gefahr einer Nichtigkeitsklage durch die Gegenseite wird erhöht, je aggressiver die Ansprache ist.

Smith und Parr (2004) beschreiben den Prozess der Kontaktanbahnung folgendermaßen: „The first step is to send potential licensees a letter raising the issue and stating that you believe they are using your patent and should take a license."[454] Der Aspekt, dass eine Patentverletzung vorliegen könnte, wird nicht offen thematisiert. Stattdessen dient diese Form der Ansprache als Hinweis, dass ein Unternehmen eventuell eine Lizenz benötigen könnte. Im zweiten und dritten Schritt werden nach Smith und Parr (2004) weitere Schreiben an den mutmaßlichen Patentverletzer versendet, die dazu dienen sollen, den Standpunkt des betroffenen Unternehmens zu festigen und der Anfrage Nachdruck zu verleihen. Der mutmaßliche Patentverletzer ignoriert in den meisten Fällen das erste Schreiben. In der Regel vergehen Monate bevor ein erstes Treffen zu Stande kommt. Im Normallfall streitet der mutmaßliche Patentverletzer zunächst alle Vorwürfe ab und äußert nach Smith und Parr (2004) erst nach Erhalt des dritten Schreibens seinen Widerwillen für die Lizenz zu zahlen.[455]

5.4.2 Empirische Befunde zum dritten Prozessschritt

Nachfolgend werden die empirischen Befunde aus den einzelnen Fallstudien und Expertengesprächen zur Kontaktanbahnung mit dem Patentverletzer dargestellt.

---

[453] Vgl. Poltorak (2006), S. 18.
[454] Vgl. Smith/Parr (2004), S. 255.
[455] Vgl. Smith/Parr (2004), S. 255.

5.4.2.1 Empirische Befunde aus der Fallstudie Hella

Wird Hella auf eine Patentverletzung aufmerksam und entscheidet sich zunächst für einen aktiven Umgang, stellt das Unternehmen zunächst eine Berechtigungsanfrage an den mutmaßlichen Patentverletzer. Eine Drohung wird an dieser Stelle vermieden, da dies mehrere Nachteile mit sich führen könnte. Auf die Berechtigungsanfrage und den damit implizierten Vorwurf der Patentverletzung reagiert der Patentverletzer nach Erfahrung von Hella mit dem Versuch den Vorwurf zu entkräften. Hella erläutert daraufhin seinen Vorwurf und macht den Vorschlag sich persönlich zusammenzusetzen und einen gemeinsamen Lösungsweg zu finden. Nach Erfahrungen der Experten bei Hella wird anschließend schnell nach einem außergerichtlichen Einigungsweg gesucht.

Die Einbindung von Patentverwertungsgesellschaften für die Lizensierung von Patenten betrachtet Hella kritisch: „Wir würden niemals Patentverwerter einbinden, da sowohl Wettbewerber als auch Kunden das unverzeihlich finden würden. Der Kunde würde es uns Zulieferern nicht verzeihen, wenn es zu einem Bandabriss käme, weil Patentansprüche geltend gemacht werden und es deswegen zu Verzögerungen käme.“[456] Dies ist auf die hohe Marktmacht der Automobilhersteller zurückzuführen. Hinzu kommt, dass die Automobilhersteller eine Vielzahl von Ausweichmöglichkeiten in Form von alternativen Zulieferern haben.

5.4.2.2 Empirische Befunde aus der Fallstudie Brose

Die Vorgehensweise von Brose im Rahmen der Kontaktanbahnung mit einem mutmaßlichen Patentverletzer ist ähnlich wie bei Hella. Zunächst stellt Brose eine Berechtigungsanfrage, die keine Drohung beinhaltet, da hier die Gefahr besteht, dass der mutmaßliche Patentverletzer ein Vorbenutzungsrecht hat und ferner im Rahmen eines gerichtlichen Vorgehens eine Nichtigkeitsklage durchsetzen könnte. Normalerweise versucht der mutmaßliche Patentverletzer die Verletzungsvorwürfe mit Argumenten zu entkräften. Wenn die Argumentation Brose nicht plausibel erscheint, dann erfolgt die Abmahnung. Spätestens dann werden nach Brose „die meisten nervös und suchen das Verhandlungsgespräch“.

5.4.2.3 Empirische Befunde aus der Fallstudie Jöst Abrasives

Auch Jöst Abrasives stellt zunächst eine Berechtigungsanfrage, aber begründet seinen Vorwurf gleich im ersten Schritt. Auch Jöst Abrasives erkennt das Risiko der Nichtigkeitsklage durch den mutmaßlichen Patentverletzer und spricht deshalb keine offene Drohung in den ersten Schritten aus. Lenkt ein Unternehmen nach erfolgter Begründung seitens Jöst Abrasives ein, erfolgt schnell eine Einigung auf einen Lizenzvertrag. Kommt es zu keiner Einigung, wird nach erfolgter Prüfung eine gerichtliche Auseinandersetzung angestrebt.

---

[456] Vgl. Hella v. 20.08.2014.

5.4.2.4 Empirische Befunde aus der Fallstudie Fraunhofer-Gesellschaft

Fraunhofer geht im Rahmen der Kontaktanbahnung freundlich auf den mutmaßlichen Patentverletzer zu, nachdem eine Merkmalsanalyse erfolgt ist und man zu der Einschätzung gekommen ist, dass mit hoher Wahrscheinlichkeit eine Patentverletzung vorliegt. Auch Fraunhofer stellt eine Berechtigungsanfrage, die keine Drohung beinhaltet. Dem mutmaßlichen Patentverletzer wird anschließend eine Lizenz zu fairen Konditionen angeboten. Nach Fraunhofer antwortet der mutmaßliche Patentverletzer typischerweise in der Form, dass die Berechtigungsanfrage an den internen oder externen Patentanwalt übergeben wurde.

Eine Drohung muss nach Fraunhofer nicht zwangsläufig explizit ausgesprochen werden. Hier gilt es aber vor allem die Geschäftskultur im Zielland zu beachten. In einigen Ländern müssen formal Verletzungsklagen eingereicht werden. So wird eine Verletzungsklage eingereicht, die noch nicht mit der Zahlung von Gebühren verbunden ist. Damit übt Fraunhofer Druck auf den mutmaßlichen Patentverletzer aus, so dass dieser innerhalb einer bestimmten Frist reagieren muss. Kommt es nicht zu einer Einigung, muss ein gerichtliches Verfahren beginnen. Die Korrespondenz erfolgt dabei zwischen den eingebundenen Anwälten.

5.4.2.5 Empirische Befunde aus dem Expertengespräch mit Papst Licensing

Papst Licensing spricht den mutmaßlichen Patentverletzer direkt an und benennt den Verletzungstatbestand, um in einen direkten Dialog mit dem Patentverletzer zu treten. Häufig reagieren die mutmaßlichen Patentverletzer mit negativen Feststellungsklagen. Ihr Ziel ist es entweder die Nichtverletzung gerichtlich festzustellen, oder sogar das Patent für nichtig zu erklären. Sie folgen der Idee „Angriff ist die beste Verteidigung". So kommt man als Patentinhaber bzw. als Interessensvertreter des Patentinhabers wie Papst Licensing häufig in die Situation eines gerichtlichen Verfahrens, obwohl dies nicht das primäre Interesse war. Da dem Standort des Gerichts eine gewisse Bedeutung beigemessen wird, sollte man als Patentinhaber in solchen Fällen selbst zeitnah die Klage einleiten, denn nur so wird ein Mitspracherecht des Patentinhabers sichergestellt.

In den USA verläuft die Kontaktanbahnung anders. Patentverletzer in den USA werden mit einem sog. „notice letter" über den Verdacht auf Patentverletzung in Kenntnis gesetzt. Hierfür wird das Patent genannt und mindestens ein Produkt, welches das Schutzrecht verletzen könnte. In Deutschland hingegen wir eine Berechtigungsanfrage gestellt mit der zentralen Frage, „weshalb ein Unternehmen sich als berechtigt empfindet, von den Lehren des Patents Gebrauch zu machen". Stuft der Patentinhaber eine Klage nach erfolgter Prüfung als aussichtsreich ein, macht er dem Patentverletzer zunächst ein Verwertungsangebot, ohne dabei direkt mit einer Klage zu drohen. Eine Klage behält sich der Patentinhaber aber vor, um auf diese Weise weiter Druck ausüben zu können. Grundsätzlich sieht Papst Licensing die offene Drohung im Rahmen der Kontaktanbahnung als problematisch an.

Normalerweise streitet der mutmaßliche Patentverletzer die Verletzungshandlung ab. Wenn sie das Risiko der Patentverletzung als gering einstufen, klagen die mutmaßlichen Patentverletzer entweder selbst, oder lassen den Patentinhaber klagen. Nur ganz selten kommt es vor, dass Unternehmen gleich nach den ersten Anfragen das Vorliegen einer Patentverletzung einräumen und versuchen sich mit dem Patentinhaber zu einigen. Dies ist besonders in sensiblen Branchen der Fall, wo man mit Klagen nicht in die Schlagzeilen geraten will. In manchen Fällen erfolgt die Lizensierung erst, nachdem sich der mutmaßliche Patentverletzer für eine Klage entschieden hat. Dieses Vorgehen entsteht vor allem in größeren Unternehmen mit eigener Patentabteilung, wo sich die Abteilung für den Klageweg entschieden hat, aber die Geschäftsführung dagegen ist, so dass dies ein schnelles Einlenken des Unternehmens zur Folge hat.

5.4.2.6 Empirische Befunde aus dem Expertengespräch mit Preu Bohlig

Als Anwaltskanzlei stellt auch Preu Bohlig bei Vorliegen einer Patentverletzung zunächst eine Berechtigungsanfrage. Je nachdem wie verdichtet der Verdacht auf eine Patentverletzung ist, wird der mutmaßliche Patentverletzer bereits im ersten Schritt abgemahnt. Als Anwaltskanzlei steht für Preu Bohlig nicht das Lizensierungsangebot im Fokus, sondern vor allem das Klageverfahren. Zu dem Zeitpunkt an dem Preu Bohlig eingebunden wird, wird naturgemäß auf ein gerichtliches Verfahren abgezielt, da der mutmaßliche Patentverletzer eine Anfrage von einer Anwaltskanzlei meistens als Drohung empfindet. Wenn der Patentverletzer die Patentverletzung verleugnet, oder sich in einem späteren Schritt weigert die Lizenzgebühr zu zahlen, kommt es normalerweise zu einem Gerichtsverfahren.

5.5 Gestaltung der Kooperation

Der vierte Prozessschritt im definierten Modell zur Lizenzvergabe an Patentverletzer ist die Gestaltung der Kooperation. Der Zeitraum zwischen der Identifikation einer Patentverletzung bis zum Lizenzvertag beträgt nach Smith und Parr (2005) im weltweiten Durchschnitt etwa 18 bis 24 Monate.[457]

In diesem Abschnitt wird zunächst auf Basis einer Dokumentenanalyse dargestellt wie die Vorbereitung und der Ablauf einer Lizenzverhandlung erfolgt. Weiterhin werden die juristischen Grundlagen zum Patentlizenzvertrag dargestellt. Darauffolgend werden die Einflussfaktoren, Formen und Berechnungsgrundlagen bei der Ermittlung der Lizensierungskonditionen aufgeführt. Die zentralen Fragestellungen für die empirische Untersuchung umfassen die Lizensierungsformen und -konditionen in Patentverletzungsfällen. Weitere Fragestellungen beziehen sich auf die Art der Verhandlung und die Definition des Verhandlungsrahmens. Nach Darstellung der empirischen Befunde erfolgt auf Grundlage der Dokumenten- und Fallstudienanalyse

[457] Vgl. Smith/Parr (2005), S. 607.

die Betrachtung von Prinzipal-Agent-Problemen und der Transaktionskosten in der Phase der Vereinbarung und Abwicklung. Im Anschluss wird ein Modell zur Bestimmung des Verhandlungsrahmens in Patentverletzungsfällen entwickelt und die wesentlichen Ergebnisse zur Kooperationsgestaltung werden dargestellt.

5.5.1 Lizenzverhandlung

Eine wesentliche Grundlage für die erfolgreiche Lizenzverhandlung ist eine gute Vorbereitung. Dies ist vor allem für das erste Treffen wesentlich, weil der mutmaßliche Patentverletzer versuchen wird, Lücken und Schwächen in der Argumentation des Vertreters des betroffenen Unternehmens zu finden. Wie auch aus den Fallstudien hervorgeht, führen Unternehmen häufig keine Patentrecherche durch, bevor sie eine Lösung entwickeln. So kommt es zu unbeabsichtigten Patentverletzungen. Diese Unternehmen haben hohe Investitionen in F&E, Produktdesign und Marketing getätigt und sind daher häufig nicht zu Lizenzzahlungen bereit.[458]

Die Voraussetzung für eine Patentlizenzvertragsverhandlung ist, dass beide Parteien Interesse an einem solchen Vertrag haben, bzw. einen Nutzen definieren können. Der Entscheidungsprozess bei Lizenzverhandlungen wird in Abbildung 5.4 zusammengefasst.

Der Lizenzgeber gewährt eine Lizenz unter einer bestimmten Voraussetzung bzw. Auflage. Diese wird mit dem Lizenznehmer verhandelt. Der Lizenznehmer legt hierzu seine Planungen für die Produktion und den Verkauf des unter der Lizenz produzierten Gutes dar. Der Lizenznehmer schätzt seinen Gewinn ab, um auf Grundlage dessen die Lizenzeinnahmen bzw. die Lizenzzahlungen zu bestimmen. Bildet eine Patentverletzung die Grundlage für eine Lizensierung, werden nicht nur die Transferkosten betrachtet oder der Gewinn abgeschätzt, sondern auch die Nutzen- bzw. Risikoabschätzung des Lizenzgebers bzw. -nehmers bzgl. einer Unterlassungsklage berücksichtigt. Sowohl der Lizenzgeber als auch der Lizenznehmer können Erträge durch die Lizenzvereinbarung generieren. Der Lizenznehmer kann beispielsweise von der Reputation des Lizenzgebers profitieren. In der Praxis wird häufig durch die Technologieverwertungsabteilung des Lizenzgebers bzw. durch die Lizenzabteilung des Lizenznehmers beurteilt, ob ein Nutzen durch die lizenzbasierte Kooperation entsteht. Im Idealfall besteht ein beidseitiger Nutzen, der höher liegt als die Kosten.[459]

[458] Vgl. Grudziecki/Michel (2002), S. 297 ff.
[459] Vgl. Matsunaga (1983), S. 216 ff.

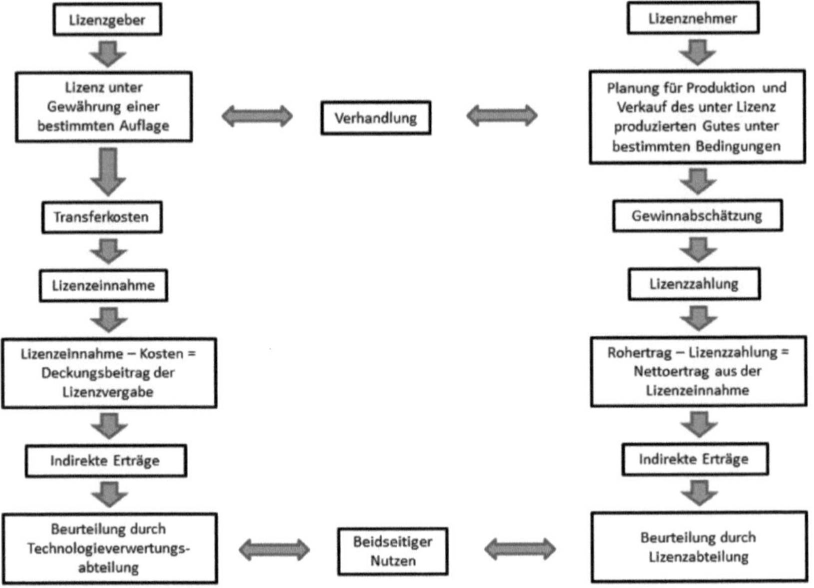

Abb. 5.4: Entscheidungsprozess bei Lizenzverhandlungen (in Anlehnung an Matsunaga, 1983, S. 216 ff.)

Der Geschädigte muss zu Beginn der Lizenzverhandlung in der Lage sein, die mutmaßliche Patentverletzung genau zu erklären. Hierfür muss er dem mutmaßlichen Patentverletzer im Rahmen einer Verhandlung zeigen, dass er sowohl dessen Geschäft als auch die Patentverletzung kennt und versteht. Wesentliche Aspekte, auf die sich der Geschädigte vorbereiten muss, sind nach Smith und Parr (2005) die Folgenden[460]:

- Stärke des eigenen Patents
- Ähnliche Patente des potenziellen Lizenznehmers
- Lizenzvereinbarungen des potenziellen Lizenznehmers
- Genaue Analyse der Patentverletzung und Erläuterung
- Produktvermarktung des potenziellen Lizenznehmers
- Aufwand für den potenziellen Lizenznehmer, das Patent zu umgehen und dabei sein Produkt weiterhin herzustellen und zu vermarkten
- Umsatz des potenziellen Lizenznehmers insbesondere auf Grundlage des Patents
- Wettbewerbssituation des potenziellen Lizenznehmers
- Marktvolumen für das Produkt, welches das Patent verletzt
- Marktanteil und entsprechende Veränderungen des potenziellen Lizenznehmers

[460] Vgl. Smith/Parr (2005), S. 519.

- Vorteile, die der potenzielle Lizenznehmer auf Grundlage der Patentverletzung hat, insbesondere im Hinblick auf Umsatz, Marktanteil, Produktqualität, etc.

Das geschädigte Unternehmen muss über Faktoren informiert sein, welche die Einigung auf eine Lizenzvereinbarung erschweren. Eine solche Erschwerung entsteht beispielsweise aufgrund interner Entscheidungsstrukturen im Unternehmen des Patentverletzers. Hat der unternehmensinterne Entscheidungsträger seitens des Patentverletzers den verantwortlichen Führungskräften versichert, dass keine Gefahr durch eine Patentverletzung besteht, ist eine Einigung auf Lizenzbasis schwieriger. Der Patentverletzer wird auf seinem Recht beharren und es u.U. zu einer gerichtlichen Auseinandersetzung kommen lassen. Dies kann sich somit negativ auf die Verhandlungsposition des geschädigten Unternehmens auswirken. Ein weiterer Faktor ist die allgemeine finanzielle Situation des Patentverletzers. Ist sie schlecht, kann auch dies einer Lizenzvereinbarung im Wege stehen.[461] Auch sollte der sog. „Herdeneffekt" beachtet werden, da Unternehmen eher dazu bereit sind, Lizenzen zu nehmen, wenn andere Marktteilnehmer ebenfalls die gleiche Lizenz erhalten haben.

Das geschädigte Unternehmen sollte für das erste Treffen mit dem Patentverletzer einen Juristen, einen Technologieexperten und ggf. noch einen Entscheidungsträger mit einplanen. Für die Verhandlung sollte das geschädigte Unternehmen den Verhandlungsort festlegen und ein Zusammentreffen vorbereiten. Ein Abfindungsvergleich, der eventuell vom mutmaßlichen Patentverletzer angeboten wird, sollte abgelehnt werden, wenn der Technologieinhaber eine Lizensierung anstrebt.[462]

Im ersten Schritt erläutert das geschädigte Unternehmen seinen Vorwurf der Patentverletzung. Danach bietet es dem mutmaßlichen Patentverletzer eine Lizenz an und erläutert hierbei nicht nur die Lizensierungskonditionen, sondern verdeutlicht auch die Kosten, die dem mutmaßlichen Patentverletzer durch ein gerichtliches Verfahren entstehen könnten. Kommt es im Rahmen der Lizenzverhandlungen zu der Situation, dass das von der Patentverletzung betroffene Unternehmen dem Patentverletzer mit einer Klage drohen muss, sollte dies nach Smith und Parr (2005) nicht emotional geschehen. Das betroffene Unternehmen sollte sich für die Androhung, sein Recht vor Gericht zu verteidigen, auch nicht entschuldigen. Eine Patentverletzungsklage sollte als Bestandteil der Verteidigung des Patentrechtes betrachtet werden.[463]

Auch das Debriefing am Ende der ersten Verhandlung nimmt einen wichtigen Stellenwert ein. Dieses dient vor allem dazu Punkte, die nach der Verhandlung noch unklar geblieben sind,

[461] Vgl. Smith/Parr (2005), S. 519 f.
[462] Vgl. Poltorak/Lerner (2010), S. 116 ff.
[463] Vgl. Smith/Parr (2005), S. 520.

festzuhalten. Weiterhin sollte ein detaillierter Ablaufplan entwickelt werden, der die nächsten Verhandlungsschritte beschreibt und genaue Fristen beinhaltet.[464]

5.5.2 Berechnung der Höhe der laufenden Lizenzgebühr

Für die Kalkulation der Lizenzgebühr können zwei Ansätze unterschieden werden, die retrograde Berechnung und die progressive Berechnung. Bei der retrograden Berechnung orientiert sich die Bestimmung der Lizenzgebühr am Markt, wohingegen die progressive Kalkulation auf den Kosten basiert, die durch die Bereitstellung des Lizensierungsgegenstandes entstanden sind. Bei Letzteren werden auch projektgebundene Kosten berücksichtigt wie z.B. die Kosten für Vertragsverhandlung, Rechtsberatung, Schulungen, Vertragsüberwachung, Qualitätskontrolle oder auch Vertragsstreitigkeiten.[465]

Die Berechnung der Gebührenhöhe auf Teilkostenbasis ist am sinnvollsten, da ein Mindestentgelt auf Grundlage der projektgebundenen Kosten festgelegt werden kann, jedoch nicht die Forschungs- und Entwicklungskosten in die Berechnung mit einfließen. Die Gefahr nicht marktorientiert zu kalkulieren, wird durch eine Berechnung auf Teilkostenbasis eingeschränkt, dennoch kann der Lizenzgeber sich eine Gewinnmarge einräumen.[466] Auch die wirtschaftlichen Effekte auf den Lizenznehmer können unter der Voraussetzung, dass der langfristige Nutzen sich quantifizieren lässt, bei der Berechnung mitberücksichtigt werden.[467]

Nach Poltorak und Lerner (2004) sind die wichtigsten Bestandteile bei der Bestimmung der Lizenzgebühr

- der branchenspezifische Standardsatz
- die 25 Prozent-Regel
- die Standardlizenzgebühr des Lizenzgebers
- die übliche Lizenzgebühr des Lizenznehmers[468]

Nach Bartenbach (2013) bzw. auf Grundlage der Lizenzrahmensätze der Richtlinie Nr. 10 können bestimmte branchenspezifische Erfahrungswerte als Grundlage für die Berechnung der Lizenzgebühr angenommen werden. Dieser Ansatz ist jedoch nicht mehr aktuell, da diese Erfahrungswerte teils sehr subjektiv sind und in der Regel auf Einzelfallentscheidungen beruhen.[469] Nach Poltorak und Lerner (2004) liegen die meisten Lizenzgebühren statistisch betrachtet bei etwa fünf Prozent des Umsatzes.[470] In der Praxis werden zwar in einigen Fällen vergleichbare,

---

[464] Vgl. Poltorak/Lerner (2010), S. 115 ff.
[465] Vgl. Weihermüller (1982), S. 140 ff.
[466] Vgl. Schultz (1980), S. 195.
[467] Vgl. Poley (1980), S. 89.
[468] Vgl. Poltorak/Lerner (2004), S. 103.
[469] Vgl. Bartenbach (2013), S. 536 ff.
[470] Vgl. Poltorak/Lerner (2004), S. 105.

branchenübliche Werte herangezogen, jedoch ist dies nur bedingt nützlich. Nach Grützmacher, Schmidt-Cotta und Laier (1985) existieren „keine allgemein anerkannten Kalkulationsrichtlinien oder Bewertungsgrundsätze für Lizenzentgelte".[471] Entgegen der Aussage dieser Autoren lässt sich jedoch nicht verleugnen, dass vergleichbare, branchenübliche Werte insbesondere für den Lizenzgeber als Anhaltspunkt dienen. So gelangt dieser zu einer Einschätzung, wie hoch der Lizenzpreis ungefähr sein könnte und kann seine Forderungen entsprechend anpassen. Auch im Rahmen der Verhandlung kann der Lizenzgeber den Vergleichswert als Referenz aufführen und somit seine Forderungen an den Lizenznehmer untermauern.

Ein weiterer Ansatz für die Berechnung der Lizenzgebühr ist nach Poltorak und Lerner (2004) die 25 Prozent-Regel. Diese besagt, dass die Lizenzgebühr idealerweise 25 Prozent des operativen Gewinns widerspiegelt, der durch das lizenzbasierte Produkt durch den Lizenznehmer erwirtschaftet wird.[472] Jedoch ist dieser Ansatz in der Praxis eher unüblich.

Gleitende Gebührensätze sind insbesondere im Rahmen von Auslandsaktivitäten sinnvoll, da die Informationsbeschaffung hier viel schwieriger ist als auf dem inländischen Markt. Der Lizenzgeber könnte den Gebührensatz für die laufenden Gebühren variabel gestalten und der Marktentwicklung oder der Situation des Lizenznehmers anpassen. Die Grundlage hierzu würde ein Output-Wert bilden wie z.B. fünf Prozent bei der Produktion von 2000 Einheiten.[473]

Für die Berechnung der Höhe der Lizenzgebühr bei Patentverletzungen im Rahmen von gerichtlichen Verfahren wird in den USA die 15-Faktoren-Methode der Georgia-Pacific Corp. angewendet. Diese Methode geht auf den Fall Georgia-Pacific Corp. gegen U.S. Plywood-Champion Papers (1970) zurück. Die Kriterien, die für die Ermittlung der Lizenzgebühr bei gerichtlichen Verfahren angesetzt werden, können auch ausnahmslos auf frei verhandelte Lizenzverträge in Patentverletzungsfällen angewandt werden. Als Berechnungsgrundlage wird vor allem die Lizenzgebühr betrachtet, die bei einer normalen Lizensierung angefallen wäre, alternativ werden marktübliche Lizenzgebühren für vergleichbare Lizenzen betrachtet. Weiterhin spielen der Geltungsbereich und der Umfang der Lizensierung eine wesentliche Rolle. Auch die technischen und marktorientierten Vorteile, die auf Basis des Patents entstehen, werden berücksichtigt.[474] Grundsätzlich gilt jedoch, dass Lizenzgebühren, die gerichtlich beschlossen werden, deutlich höher liegen, als frei verhandelte Lizenzgebühren.[475] Dennoch erfolgt die Kalkulation der Lizenzgebühr auch bei frei verhandelten Lizenzen als Folge einer Patentverletzung nach den gleichen Grundsätzen.

---

[471] Vgl. Grützmacher et al. (1985), S. 17.
[472] Vgl. Poltorak/Lerner (2004), S. 101 f.
[473] Vgl. Weihermüller (1982), S. 147 ff.
[474] Vgl. Wise (1996), S. 40 f.
[475] Vgl. Poltorak/Lerner (2004), S. 104 f.

5.5.3 Berechnung der entgangenen Gewinne

Die Berechnung der Lizenzgebühr in Patentverletzungsfällen kann sich anders gestalten als bei der strategischen Lizenzvergabe. Dies ist vor allem darauf zurückzuführen, dass neben der Berechnung einer laufenden Lizenzgebühr auch die entgangenen Gewinne aus der Vergangenheit ermittelt werden, die dann wiederum häufig in Form einer Einmalzahlung bzw. als Schadensersatz erbracht werden.

Die Berechnung der entgangenen Gewinne erfolgt zumeist auf Grundlage der Verkaufserlöse, die auf Basis des verletzten Patents hätten erzielt werden können. Eine entscheidende Rolle spielt hierbei die Berechnungsgrundlage. Ist die verletzte Einheit nur ein Bestandteil eines Produktes, so fällt der entgangene Gewinn deutlich geringer aus, als wenn die Berechnung auf Basis des gesamten Endproduktes erfolgt. Der potenzielle Lizenzgeber verfolgt hier das Interesse, eine möglichst weitreichende Definition des verletzten Produktes zu realisieren, während der potenzielle Lizenznehmer an einer Kostensenkung interessiert ist und die Patentverletzung so stark wie möglich begrenzen will. Auch an der Patentverletzung hängende weitere Bestandteile eines Produktes können bei der Ermittlung der entgangenen Gewinne berücksichtigt werden. Solche Produkte oder Produktbestandteile verstoßen nicht direkt gegen ein Patentrecht. Für die klare Bestimmung der entgangenen Gewinne auf Basis der Patentverletzung kann z.B. das Kaufverhalten der Kunden näher untersucht werden, indem hierzu eine Abrechnungs- und Bestellübersicht hinzugezogen wird.[476]

Eine weitere Methode für die Berechnung der entgangenen Gewinne ist die vergangenheitsbezogene Betrachtung, ob das geschädigte Unternehmen durch das Vorliegen der Patentverletzung weniger Umsatz erwirtschaften konnte. Dies ist z.B. dann der Fall, wenn der Patentverletzer ein günstigeres Konkurrenzprodukt anbietet. Hierzu wird der Verkaufspreis des Produktes vor und während des Zeitraums der Patentverletzung betrachtet und mit ähnlichen Produkten verglichen. Als Bezugsrahmen für die Berechnung dient aber nicht nur der Verkaufspreis, sondern auch die Verkaufsmenge, die durch die Patentverletzung gegebenenfalls verringert wurde. Eine klare Darstellung der Kausalkette, die verdeutlicht, dass die Einbußen auf die Patentverletzung zurückzuführen sind, ist hier entscheidend.[477] Die Umsetzung dieser Methode ist jedoch schwierig, da eine solche Kausalkette in der Praxis nur schwer darstellbar ist.

Eine weitere Folge von Patentverletzungen können erhöhte Produktionskosten bei dem geschädigten Unternehmen sein. Ab einem bestimmten Umsatzvolumen kann ein Unternehmen Skaleneffekte erzielen, die aufgrund der Patentverletzung und dem daraus resultierenden niedrigeren Umsatz geringer ausfallen könnten. Voraussetzung hierfür ist, dass beide Unternehmen den

[476] Vgl. Smith/Parr (2005), S. 619 f.
[477] Vgl. Jarosz/Chapman (2013), S. 774.

gleichen Markt bearbeiten. Auch hier bilden klare Berechnungen die Bestimmung der entgangenen Gewinne. Nach Smith und Parr (2005) kann der sog. Panduit-Test für die Berechnung der entgangenen Gewinne und für die Bestimmung einer angemessenen Lizenzgebühr hinzugezogen werden. Dieser wird in Abbildung 5.5 dargestellt:[478]

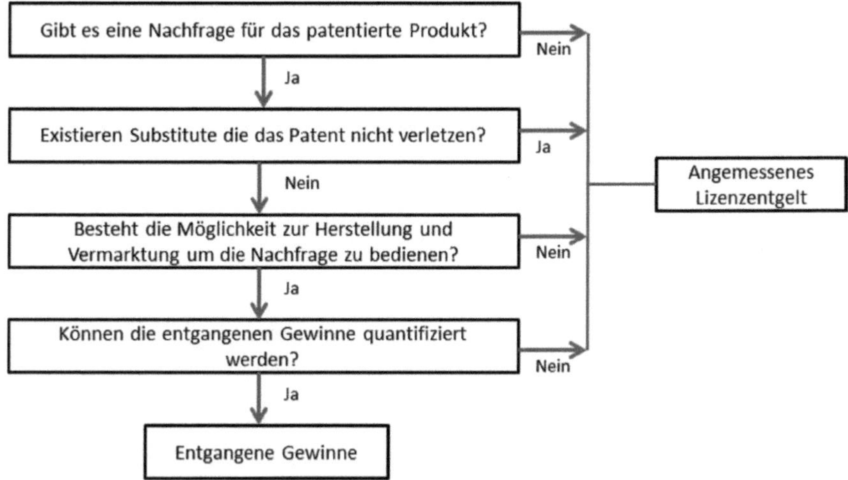

Abb. 5.5: Panduit-Test for Lost Profits (Smith/Parr, 2005, S. 622)

Wie die graphische Darstellung des Panduit-Tests verdeutlicht, hat der Geschädigte nur dann einen Schadensersatzanspruch, wenn alle Kriterien die auf den vier Fragestellungen basieren, erfüllt werden. Folglich muss ein Bedarf für das patentierte Produkt existieren. Es dürfen keine Substitute verfügbar sein, die das Patent nicht verletzten. Die Möglichkeiten zur Herstellung und zum Vertrieb müssen bestehen und die entgangenen Gewinne müssen quantifiziert werden können. Erst dann entsteht eine Grundlage für die Berechnung der entgangenen Gewinne. Werden diese Kriterien nicht erfüllt, z.B., wenn Substitute verfügbar sind, die das Patent nicht verletzen, hat der Geschädigte u.U. lediglich Anspruch auf die Erhebung einer laufenden Lizenzgebühr. Diese kann auch dann erhoben werden, wenn keine Nachfrage existiert, keine Möglichkeit zur Vermarktung besteht und die entgangenen Gewinne nicht quantifiziert werden können.

Dem Geschädigten stehen zwei Möglichkeiten zur Berechnung der Schadenshöhe offen. Diese umfassen, wie Abbildung 5.6 verdeutlicht, die konkrete und die objektive Schadensberechnung.

[478] Vgl. Smith/Parr (2005), S. 622.

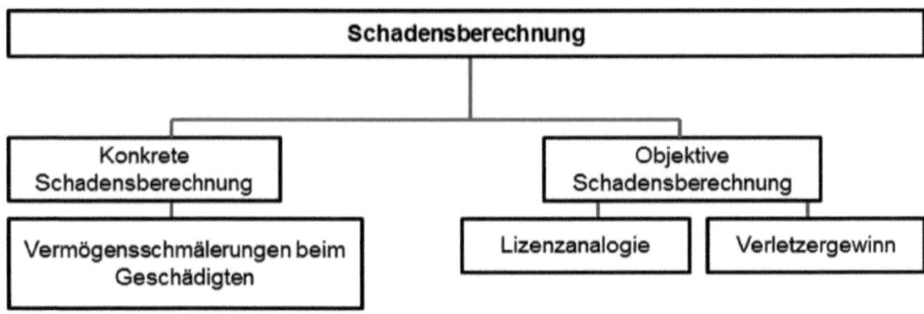

Abb. 5.6: Methoden der Schadensberechnung bei Patentverletzungen (Nitsche, 2007, S. 194)

Bei der konkreten Schadensberechnung kann der Geschädigte von dem Patentverletzer Ersatz für seine Vermögensschmälerung verlangen, um die Kosten und Opportunitätskosten, die ihm durch die Verletzung entstanden sind, zu kompensieren. Bei der konkreten Schadensberechnung werden umfangreiche Kostenpositionen betrachtet, wie etwa die Kosten zur Neutralisierung des Imageschadens, die entgangenen Gewinne und die Rechtverfolgungskosten.[479]

Bei der objektiven Schadensberechnung unterscheidet man zwischen Lizenzanalogie und Verletzergewinn. Bei der Lizenzanalogie verlangt der Geschädigte von dem Patentverletzer die Zahlung einer angemessenen Lizenzgebühr für die Verletzungsgegenstände. Bei der Berechnung der angemessenen Lizenzgebühr werden alle konkreten, wertbestimmenden Faktoren berücksichtigt, die bei der regulären Lizenzvereinbarung wesentlich gewesen wären. Zusätzlich können Rechtsverfolgungskosten geltend gemacht werden, sowie Marktverwirrungskosten, falls es zu Marktverwirrungen gekommen ist. Beim Verletzergewinn verlangt der Geschädigte von dem Patentverletzer den Gewinn, den Letzterer mit den Verletzungsgegenständen erzielt hat.[480] Die Lizenzanalogie ist in der Praxis die am häufigsten gewählte Form der Schadenersatzberechnung.[481]

5.5.4 Empirische Befunde zum vierten Prozessschritt

Nachfolgend werden die empirischen Befunde aus den einzelnen Fallstudien und Expertengesprächen zur Gestaltung der Kooperation dargestellt.

5.5.4.1 Empirische Befunde aus der Fallstudie Hella

Die Vergabe einer exklusiven Lizenz stellt bei Hella die absolute Ausnahme dar. Es werden fast nur Einfachlizenzen vergeben. Häufig erfolgt die Lizenzvergabe gegen eine Einmalzahlung. In einigen Fällen erfolgt eine Einigung auf einen Stück- und Umsatzlizenzgebühr. Für die

479 Vgl. Nieder (2004), S. 62 ff.
480 Vgl. Gross (2009), S. 43 f.
481 Vgl. Mes (1997), S. 544 f.

Entgeltbestimmung werden die branchenüblichen Lizenzgebührensätze als Orientierungspunkt herangezogen.

Im Rahmen der Vertragsgestaltung bildet die Nichtangriffsklausel einen besonderen Schwerpunkt bei der Lizenzvergabe an Patentverletzer. Durch die Nichtangriffsklausel verpflichtet sich der Lizenznehmer dazu, das der Lizenz zu Grunde liegende Patent nicht anzugreifen. Wesentlich ist auch die Formulierung eines ordentlichen Kündigungsrechtes im Vertrag.

5.5.4.2 Empirische Befunde aus der Fallstudie Brose

Brose vergibt im Normalfall einfache Lizenzen. Exklusive Lizenzen werden lediglich aus strategischen Gründen vergeben, selten aber wenn eine vorliegende Patentverletzung die Grundlage für die Lizenzkooperation darstellt. Die Lizenzgebühr wird im Normalfall auf der Berechnungsgrundlage der Stücklizenz ermittelt. Brose kalkuliert im Normalfall 0,7 Prozent auf ein verkauftes Produkt. Die Lizenzzahlungen erfolgen entweder monatlich, quartalsweise oder jährlich. Dies hängt im Wesentlichen von der lizensierten Technologie oder von dem Produkt ab. Wird eine Exklusivlizenz vergeben, wird zusätzlich zu der Stücklizenzgebühr auch eine Einmalzahlung erhoben.

Risiken die im Rahmen der Vertragsgestaltung entstehen, sind z.B. alle zukunftsbezogenen Schutzrechtsanmeldungen, die auf dem zu Grunde liegenden Patent aufbauen. Hier wird eine genaue Formulierung gewählt, die zukünftige Schutzrechtsanmeldungen auf Grundlage des Patents miterfasst.

5.5.4.3 Empirische Befunde aus der Fallstudie Jöst Abrasives

Jöst Abrasives bevorzugt die Vergabe von Einfachlizenzen, obwohl die lizenznehmenden Unternehmen eher auf Exklusivlizenzen abzielen. Die Gefahr, dass der Partner mit einer Exklusivlizenz ausgestattet wird, die den Markt blockiert, will das Unternehmen damit vermeiden. Im Normalfall zahlt der Lizenznehmer zu Beginn der Kooperation eine Einstandsgebühr als Schadensersatz. Zusätzlich wird eine weitere laufende Gebühr erhoben, die im Normalfall quartalsweise entrichtet wird. Je nach Stärke des Produktes, der Marktgegebenheiten und Preise wird eine Lizenzgebühr zwischen zwei und zehn Prozent des produktbezogenen Umsatzes erhoben.

Ob eine Stück- oder Pauschallizenz erhoben wird ist einzelfallabhängig. Jöst Abrasives führt eine Marktabschätzung durch, um die Kosten- und Ertragsstruktur des Lizenznehmers zu ermitteln. Es entsteht eine lizenzbasierte Kooperation mit dem Patentverletzer, die im Normalfall nicht weiter vertieft wird, da die Produkte kaum Weiterentwicklungspotenzial aufweisen. Es wird ein Standardlizenzvertrag abgeschlossen, der wenige Risiken in sich birgt.

5.5.4.4 Empirische Befunde aus der Fallstudie Fraunhofer-Gesellschaft

Die Fraunhofer-Gesellschaft vergibt in Patentverletzungsfällen sehr eingeschränkte Lizenzen. Diese sind nicht-ausschließlich und es können keine Unterlizenzen vergeben werden. Bei Patentverletzungen wird die Vergabe von Exklusivlizenzen grundsätzlich vermieden. Die Zahlung der Lizenzgebühr erfolgt halbjährlich bzw. jährlich und ist umsatzabhängig. In einigen Fällen erfolgt auch eine Einmalzahlung, jedoch ist dies eher der Ausnahmefall, die Erhebung laufender Lizenzgebühren ist der übliche Ansatz.

Es wird ein Standardlizenzvertrag abgeschlossen, der auch bestimmte Verpflichtungen für den Lizenznehmer beinhaltet wie beispielsweise die Beteiligung an Schutzrechtskosten, Einstandszahlungen, ein Schadensersatz für die versäumten Lizenzgebühren der Vergangenheit und eine Mindestlizenzgebühr.

Die Vergabe einer Kreuzlizenz erfolgt zwar eher selten, aber wird nicht kategorisch ausgeschlossen. In einigen freundlich verlaufenden Patentverletzungsfällen kann auch eine Kooperation daraus entstehen. Viele Verhandlungen verlaufen jedoch eher unfreundlich.

Eine spezielle Klausel, die besonders bei Patentverletzungshandlungen beachtet wird, ist die vergangenheitsbezogene Vergütung für die Verletzungshandlung. Für diesen Zeitraum wird eine Einmalzahlung vereinbart.

Die Risiken, die im Rahmen der Vertragsgestaltung entstehen, weichen nicht von den Risiken ab, die in einem normalen Lizenzvertag gegeben sind. Diese beinhalten beispielsweise die Insolvenz des Lizenznehmers.

5.5.4.5 Empirische Befunde aus dem Expertengespräch mit Papst Licensing

Nach Papst Licensing war es in der Vergangenheit üblich, dass Lizenzen vergeben wurden, die auf einer Stück- oder Umsatzlizenz basierten. Immer weniger Unternehmen verfolgen jedoch heute diesen Ansatz. Stattdessen wird lediglich eine Einmalzahlung erhoben. Lässt die Situation es zu, werden die Patente sogar an die Patentverletzer verkauft – dies erfolgt häufiger, wenn die Vergabe einer Exklusivlizenz als Alternative betrachtet wird.

Im Rahmen eines laufenden Lizenzvertrages wird häufig eine einfache Lizenz vergeben. Ein wichtiger Baustein des Lizenzvertrages ist die Definition der lizensierten Schutzrechte und Produkte. Weiterhin müssen die Patentansprüche transparent aufgezeigt werden. Es werden Standardbausteine verwendet, die beispielsweise die Vertraulichkeit und Buchprüfung umfassen.

5.5.4.6 Empirische Befunde aus dem Expertengespräch mit Preu Bohlig

Auch Preu Bohlig gibt an, dass die Lizensierungsform einzelfallabhängig bestimmt werden muss und es keine allgemeingültige Vorgehensweise gibt. Hat ein Unternehmen selbst keinen

Marktzugang oder kein Produktions-Knowhow, dann will es die Patente gar nicht selbst nutzen. Dies ist jedoch eher der seltene Fall.

Aus einem Patentverletzungsfall können auch Forschungskooperationen entstehen. Dies ist branchenabhängig. Im Automobilzuliefierersektor ist die Kooperationsbereitschaft sehr hoch, weil die Automobilhersteller eine sehr dominante Rolle im Markt einnehmen. In solchen Fällen erfolgt eine schnelle Einigung. In dem stark fragmentierten Medizintechnik-Sektor, wo aufwändige Zulassungsverfahren und langfristige Verträge mit Krankenhäusern bestehen, ist das Interesse an einer kooperativen Lösung und einer damit verbundenen Unterstützung weiterer Marktteilnehmer gering. Hier erfolgt eher eine Unterlassungsklage.

Die Lizenzgebühren werden bei speziellen Streitfällen in Form einer Pauschallizenz bzw. Einmalzahlung erhoben. Ziel ist es den Sachverhalt schnell zu beenden. Eine Einmalzahlung kommt meistens in Betracht, wenn der Patentverletzer das Patent nicht mehr weiterverwendet. Alternativ erfolgt der Verkauf des Patents.

Wird auf eine Kooperation abgezielt oder erwirtschaftet der Lizenznehmer hohe Umsätze, dann kommt eher eine Stücklizenz oder Umsatzlizenz in Betracht. Jedoch ist auch hier die Vorgehensweise sehr einzelfallabhängig. Im Normalfall wird eine einfache Lizenz vergeben.

Die Höhe der Lizenzgebühr beläuft sich im Normalfall auf etwa 1,5 Prozent des produktbezogenen Umsatzes. Die vergangenheitsbezogene Einmalzahlung wird auf Basis der Stückzahl ermittelt. Die Abrechnung im Rahmen einer laufenden Lizenz erfolgt quartalsweise oder jährlich.

5.6 Sicherstellung der Kooperation

Der fünfte Prozessschritt im definierten Modell zur Lizenzvergabe an Patentverletzer ist die Sicherstellung der Kooperation. Nach einer erfolgreichen Lizensierung muss die Zusammenarbeit kontrolliert und überwacht werden. Ein wichtiger Aspekt, der in diesem Zusammenhang sichergestellt werden muss, ist ob der Lizenznehmer pünktlich die vereinbarten Lizenzgebühren zahlt. Im Durchschnitt werden Lizenzverträge erst drei bis fünf Jahre nach Vertragsabschluss wieder neu verhandelt, um festzustellen, ob sich die Lizenzierungskonditionen verändert haben.[482]

In diesem Unterkapitel werden zunächst auf Basis einer Dokumentenanalyse die Ausgestaltung der Vertragsüberwachung, die Vereinbarung zur Absicherung der Gebührenzahlung und Vertragsanpassung dargestellt. Die zentralen Fragen für die empirische Untersuchung beziehen sich vor allem auf die Maßnahmen die Unternehmen tätigen, um eine Kooperation mit einem

[482] Vgl. Smith/Parr (2005), S. 607.

Patentverletzer zu kontrollieren und sicherzustellen. Nach der Darstellung der empirischen Befunde erfolgt die Analyse der Transaktionskosten, die für die Kontrolle der Vertragseinhaltung entstehen. Außerdem wird in einem kurzen Exkurs dargelegt, welche Faktoren zu einer Beendigung der Kooperation führen. Als Ergebnis der Dokumenten- und Fallstudienanalyse werden die Erkenntnisse zur Sicherstellung der Kooperation dargestellt.

5.6.1 Vereinbarung zur Absicherung der Gebührenzahlung

Durch Mindestgebühren, Ausübungspflicht und Auslaufklauseln kann die Zahlung der Lizenzgebühr durch den Lizenznehmer grundsätzlich gewährleistet werden.

Eine Mindestgebühr muss für einen festgesetzten Zeitraum unabhängig von Umsatz oder Produktionsoutput gezahlt werden.[483] Falls die Mindestgebühr von den umsatz- oder output-abhängigen Gebühren überschritten wird, ist letzteres die Grundlage für die Berechnung der Gebühr. Analog gilt, wenn die umsatz- oder output-abhängigen Gebühren niedriger sind als die Mindestgebühr, ist die Mindestgebühr zu erbringen. So wird dem Lizenzgeber eine Mindestsumme zugesichert, die der Lizenznehmer zu erbringen hat. Sie dient zugleich als Anreiz für den Lizenznehmer. Insbesondere im Rahmen der ausschließlichen Lizenzvergabe spielt dies eine große Rolle, weil der Lizenzgeber sich auf diese Art absichern kann, dass der Lizenznehmer nicht den Markt sperrt, indem er die Lizenz nicht nutzt, sondern den Markt lediglich mit seinen eigenen Produkten bedient. Die Höhe der Mindestlizenzgebühr ist hierbei entscheidend. Weiterhin kann der Lizenzgeber sich mit einer Mindestlizenzgebühr absichern, dem Lizenznehmer die Ausschließlichkeit aufzukündigen, wenn der Lizenznehmer den Markt nicht zufriedenstellend bearbeitet.[484]

Der Umfang und die Art und Weise der Ausübungspflichten des Lizenznehmers sollte in einer entsprechenden vertraglichen Klausel präzise formuliert und geregelt werden. Eine präzise Formulierung des Nutzungsumfangs setzt gute Kenntnisse im Zielmarkt voraus, der von beiden Parteien idealerweise ähnlich eingeschätzt wird. Auch absatzpolitische Aktivitäten können durch eine solche Regelung festgesetzt werden. Der Umfang dieser Regelungen hängt stark vom Einzelfall ab.[485]

Mit der Auslaufklausel wird der Gebührenanspruch des Lizenzgebers nach Auslaufen des Vertrags oder der vorzeitigen Vertragskündigung geregelt. Hiermit wird für den Lizenzgeber die Gebühr für die verkauften Erzeugnisse nach Vertragsende bestimmt. Dabei muss der Lizenznehmer verpflichtet werden, sein Auftragsvolumen und seine Bestände an den Lizenzgeber zu

483 Vgl. Stumpf (1970), S. 77.
484 Vgl. Knight (1957), S. 178 ff.
485 Vgl. Weihermüller (1982), S. 151 f.

melden. Die Überwachung dessen ist bei der Lizenzvergabe ins Ausland relativ schwierig.[486] Falls Knowhow lizensiert wird, kann auch über einen begrenzten Zeitraum nach der Vertragslaufzeit eine Fortzahlung der Lizenzgebühren vereinbart werden, da oftmals davon ausgegangen werden kann, dass das Knowhow auch nach der vertraglichen Laufzeit genutzt wird. Es kann grundsätzlich auch geregelt werden, ob die Gebühr in Form einer Einmalzahlung oder in Form laufender Zahlung erbracht werden muss.[487]

5.6.2 Überwachung der Vertragseinhaltung

Die Vertragsüberwachung dient zur Gewährleistung einer ordnungsgemäßen Vertragserfüllung. Dabei werden z.B. Geheimhaltungsvereinbarungen überwacht.[488] Die Vertragsüberwachung und -kontrolle als laufender Kostenpunkt verursacht Kosten insbesondere für den Lizenzgeber.[489]

Eine intensive Überwachung des Lizenznehmers ist vor allem dann erforderlich, wenn dieser vorgibt, dass das Unternehmen sich in einer schlechten wirtschaftlichen Situation befinde, um so die Lizenzzahlungen niedrig zu halten. Entsprechende Informationen lassen sich durch Verfolgung der Jahresberichte, der Aktivitäten auf den Unternehmensseiten, Presseberichte und sonstiger Dokumenten überprüfen. Auch die angebotenen Produkte des Lizenznehmers sollten fortlaufend überwacht werden, um sicherzustellen, dass beispielsweise neue Produkte keine Abwandlung des alten lizensierten Produktes sind. Weiterhin sollte bereits im Lizenzvertrag geregelt sein, dass der Lizenzgeber einen Anspruch auf die Sichtung der Geschäftszahlen und -bücher des Lizenznehmers hat, um die vom Lizenznehmer genannten Zahlen verifizieren zu können. Weiterhin sollte auch überprüft werden, ob der Lizenznehmer sich an vorgegebene Lizenzeinschränkungen hält wie beispielsweise die regionale Einschränkung auf ein bestimmtes Gebiet. Der Lizenzgeber sollte darauf achten, dass Patentnummern ordnungsgemäß an einer Ware angebracht werden, sowie auf eine angemessene Qualität der Produkte des Lizenznehmers. Der Lizenzgeber sollte darüber hinaus berücksichtigen, dass das lizensierte Eigentum ordnungsgemäß gewartet wird.[490]

In manchen Fällen kommt es zu einem Audit, d.h. zu einer Sichtung der Geschäftszahlen durch einen Buchprüfer. Ziel des Audits ist es zu prüfen, ob der Lizenznehmer alle Aspekte im Li-

[486] Vgl. Fisher (1961), S. 475.
[487] Vgl. Weihermüller (1982), S. 153 f.
[488] Vgl. Hentschel (2007), S. 62.
[489] Vgl. Fräßdorf (2009), S. 184.
[490] Vgl. Poltorak/Lerner (2004), S. 109 ff.

zenzvertrag, die sich auf die Lizenzgebühr auswirken, beachtet hat und die vollständigen Lizenzgebühren bezahlt hat.[491] Abbildung 5.7 veranschaulicht den Prozess des Audits im Rahmen einer Lizensierung.

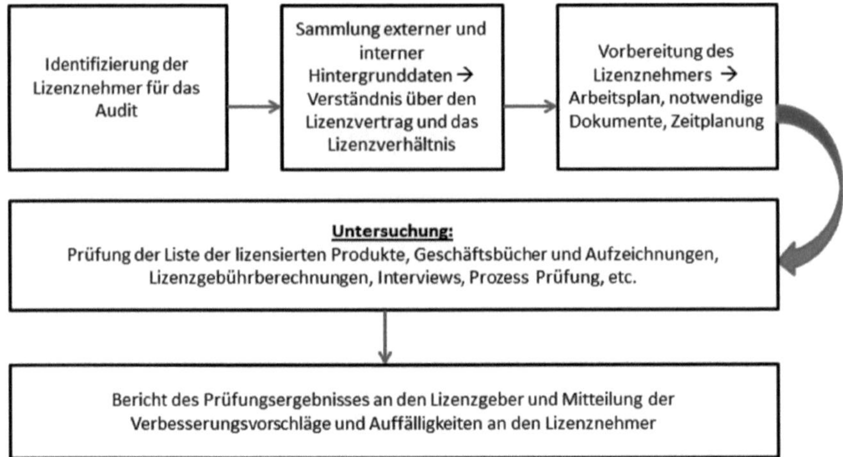

Abb. 5.7: Ablauf des Lizensierungs-Audits (Smith/Parr, 2005, S. 612)

Nachdem der Lizenznehmer für ein Audit identifiziert wurde, sammelt der Buchprüfer externe und interne Hintergrundinformationen, um so zu einem Verständnis über den Lizenzvertrag und das Verhältnis zwischen Lizenzgeber und -nehmer zu gelangen. Im Anschluss wird der Lizenznehmer vorbereitet, indem ihm der Arbeitsplan und die Zeitplanung erläutert und die notwendigen Dokumente von ihm eingefordert werden. Auf Grundlage der ihm vorliegenden Unterlagen prüft der Buchprüfer verschiedene Daten wie etwa die Liste der Produkte, die auf Basis der Lizenz entwickelt und vertrieben werden sowie die Geschäftsbücher. Anschließend erstellt der Buchprüfer einen Abschlussbericht für den Lizenzgeber und teilt dem Lizenznehmer Verbesserungsvorschläge und die Auffälligkeiten im Rahmen der Prüfung mit.

Ein Buchprüfer kann eine Vielzahl von Verstößen offenlegen, die sich in finanzielle Verstöße wie z.B. die Zahlung einer zu geringen Lizenzgebühr, Zweckentfremdungen wie z.B. durch Nicht-Beachtung der geographischen Begrenzungen der Lizenzvereinbarung oder fehlerhafte oder unvollständige Führung der Geschäftsbücher unterteilen.[492] Falls größere Abweichungen in den Zahlen ersichtlich sind, trägt in der Praxis der Lizenznehmer die Kosten für den kostenintensiven Audit-Prozess.

---

491 Vgl. Smith/Parr (2005), S. 611.
492 Vgl. Smith/Parr (2005), S. 612 f.

5.6.3 Vertragsanpassung

Vertragsanpassungen sind nachträgliche Änderungen von Verträgen, die z.B. dann notwendig werden, wenn durch technische Entwicklungen neue Anwendungsmöglichkeiten entstehen. Auch falsche Erwartungen hinsichtlich erzielbarer Erträge können zu Vertragsanpassungen führen, z.B. wenn die Gegenleistung einer der beiden Parteien in einem groben Missverhältnis zu den Erträgen aus der Nutzung des geschützten Eigentums steht.[493] Vertragsanpassungen können aber auch aufgrund von Fehlverhalten des Partners entstehen.[494] Die Vertragsanpassung führt zu weiteren Verhandlungen. Häufig liegen dem Konflikte zu Grunde. Nach Smith und Parr (2005) führen insbesondere die folgenden Aspekte zu Vertragsanpassungen:[495]

- Unklarheiten bei der Definition des lizensierten Produktes
- Unklarheiten bei der Definition der durch die Lizenzvereinbarung entstandenen Umsätze
- Unklarheiten bei den Begrifflichkeiten im Lizenzvertrag
- Zulässige Abzüge der Lizenzgebühr
- Angemessenheit der Lizenzgebühr
- Kostenfreier Verkauf lizenzbasierter Produkte (beispielsweise zu Werbezwecken)

Im internationalen Rahmen führen darüber hinaus auch Wechselkursschwankungen zu Vertragsanpassungen.

5.6.4 Empirische Befunde zum fünften Prozessschritt

Nachfolgend werden die empirischen Befunde aus den einzelnen Fallstudien und Expertengesprächen zur Sicherstellung der Kooperation dargestellt.

5.6.4.1 Empirische Befunde aus der Fallstudie Hella

Für die Sicherstellung der Kooperation auf Basis des Lizenzvertrages bindet Hella Buchprüfer mit ein. Nur in seltenen Fällen wird der Buchprüfer allerdings aktiv, da der Lizensierungspartner sich normalerweise an den vereinbarten Vertrag hält. Eine gezielte Vertragsüberwachung hält Hella für nicht notwendig, da „ein unsicheres Vertragsverhältnis nicht über einen Vertrag gekittet werden kann".[496] Entsprechend stuft Hella den Faktor Vertrauen als wesentliche Komponente im Rahmen der Sicherstellung einer funktionierenden Lizensierungskooperation ein. Vertragsanpassungen sind möglich, sofern die geplanten Einnahmen nicht mit den

[493] Vgl. Gordon (1989), S. 1413.
[494] Vgl. Hentschel (2007), S. 61 f.
[495] Vgl. Smith/Parr (2005), S. 610.
[496] Vgl. Hella v. 20.08.2014.

realisierten Einnahmen übereinstimmen. Zudem wird lediglich die vorher unter Umständen vereinbarte Mindestgebühr erhoben.

5.6.4.2 Empirische Befunde aus der Fallstudie Brose

Eine gezielte Vertragsüberwachung ist nach Brose eher unüblich in der Automobilzuliefererbranche. Das Hinzuziehen eines Buchprüfers wird zwar vertraglich vereinbart, doch kommt es selten zum Einsatz. Brose führt dies auf die Tatsache zurück, dass die Lizenznehmer in der Regel über eine gute Zahlungsmoral verfügen.

5.6.4.3 Empirische Befunde aus der Fallstudie Jöst Abrasives

Auch Jöst Abrasives gibt an, dass der Buchprüfer, der zwar vertraglich eingeplant wird, so gut wie nie zum Einsatz kommt. Das Unternehmen gibt an, dass es basierend auf den Verhandlungen die Verhaltensweisen des Lizenznehmers gut einschätzen kann, so dass eine vertrauensbasierte Kooperation entsteht. Auch kommt es selten zu Vertragsanpassungen, da der Standardvertrag von Jöst Abrasives wenige Risiken birgt.

5.6.4.4 Empirische Befunde aus der Fallstudie Fraunhofer-Gesellschaft

Wird statt oder zusätzlich zu einer Einmalzahlung eine laufende Zahlung der Lizenzgebühr vereinbart, werden bei der Fraunhofer-Gesellschaft Buchprüfungsklauseln in den Lizenzverträgen aufgenommen. Nur bei verdichteter Vermutung, dass der Lizenznehmer Falschangaben macht, wird tatsächlich ein Buchprüfer eingesetzt. Im Rahmen der Buchprüfung erfolgt hier eine genauere Kontrolle, jedoch geschieht dies in der Praxis eher selten. Die Zahlungsmoral der Patentverletzer unterscheidet sich nicht von der eines regulären Lizenznehmers.

Aus der Erfahrung der Fraunhofer-Gesellschaft müssen Lizenzverträge häufiger angepasst werden. Oft sind es kleine Änderungen, die zum Zeitpunkt des Vertragsabschlusses nicht berücksichtigt wurden. Die Fraunhofer-Gesellschaft deutet dies als Zeichen einer guten Zusammenarbeit, in der auch im Rahmen der lizenzbasierten Kooperation ein Austausch erfolgt. Häufig ist auch ein verändertes Geschäftsumfeld der Grund für die Änderung des Lizenzvertrages.

5.6.4.5 Empirische Befunde aus der Fallstudie Papst Licensing

Papst Licensing gibt an, dass es nur selten zu Vertragsanpassungen und -änderungen kommt. Normalerweise bleibt der Lizenzvertrag bis zum Ablauf der Patente bestehen.

Die Zahlung der Lizenzgebühren durch den Lizenznehmer erfolgt normalerweise pünktlich und ohne größeren Aufwand. Ist das schlecht laufende Geschäft die Ursache für eine verspätete Zahlung der Lizenzgebühr, verlängert Papst Licensing die Zahlungsfristen. Wird der Vertrag nicht eingehalten kommt es zu einer Klage, was jedoch in der Praxis nur selten vorkommt. Ein

Buchprüfer wird vertraglich vorgesehen, kommt jedoch erst zum Einsatz, wenn der geldwerte Vorteil als hoch eingestuft wird.

Die Kosten für die Vertragsüberwachung können nach Papst Licensing vermieden werden, wenn man sich bei Patentverletzungen auf eine einmalige Zahlung einigt. So wird sowohl die Schadensersatzsumme als auch die laufende Lizenzgebühr in Form einer Einmalzahlung erbracht. Die Berechnung der laufenden Lizenzgebühren erfolgt auf Basis der restlichen Patentlaufzeit und vergangenheitsbasierter Annahmen, die auch für die Berechnung der Schadensersatzsumme angenommen wurden. Dies ist besonders häufig der Fall, wenn das patentbasierte Produkt sich in einer fortgeschrittenen Stufe des Produktlebenszyklus befindet und hohe Stückzahlen für die Berechnung der Lizenzgebühr zu Grunde liegen. Dieser Ansatz dient lediglich zur Vereinfachung der Abwicklung einer lizenzbasierten Kooperation. Papst Licensing hat keine schlechten Erfahrungen mit der Zahlungsmoral der Lizenznehmer gemacht.

5.6.4.6 Empirische Befunde aus der Fallstudie Preu Bohlig

Auch Preu Bohlig gibt an, dass sich bei Lizenzverträgen auf die unternehmerische Ehrlichkeit verlassen wird. Obwohl die Option einer Buchprüfung vertraglich festgehalten wird, erfolgt eine Umsetzung nur in sehr seltenen Fällen. Für die Restlaufzeit des Patents entsteht daher nur ein kleiner bürokratischer Aufwand.

6 Theoriefortschreibung, Auswertung und Kostenanalyse

Im Rahmen der Theoriefortschreibung und Ergebnisgenerierung wird jeder Prozessschritt auf Grundlage der theoretischen Literatur und der empirischen Befunde analysiert. Die Ergebnisse beziehen sich dabei auf die Definition von kritischen Faktoren für die jeweiligen Prozessschritte, die Analyse der Transaktionskosten und ihre Rolle im Kontext der Lizenzvergabe bei Patentverletzungen sowie auf die Maßnahmen zur Senkung der Transaktionskosten.

6.1 Fortschreibung der Theorie und Auswertung

In diesem Abschnitt werden die Ergebnisse aus der Dokumenten- und Fallstudienanalyse untersucht und kritisch diskutiert. Auf Grundlage der Erkenntnisse werden die übergeordneten Forschungsfragen dieser Arbeit beantwortet. Im Rahmen der Theoriefortschreibung werden die gewonnen Erkenntnisse auf modellhafte Weise zusammengefasst und dargestellt.

6.1.1 Kriterien für die Bestimmung der Intensität der Patentverfolgung

Für die Ermittlung von Patentverletzungen ist eine permanente Markt- und Wettbewerbsanalyse erforderlich. So haben alle in den Fallstudien befragten Unternehmen verschiedene Methoden, die diesem Ziel dienen. Diese Aktivitäten werden unter anderen in die Marketing- und Vertriebsaktivitäten der Unternehmen implementiert. Außendienstmitarbeiter sind in den Prozess der Ermittlung von Patentverletzungen eingebunden. Durch die Nähe zum Kunden und zum Markt haben sie Zugang zu entsprechenden Informationen. Messen werden entweder gezielt bei vorliegendem Verdacht auf Patentverletzung oder systematisch, ohne konkreten Verdacht besucht. Oft liefern auch befreundete Unternehmen oder Kunden Hinweise, die auf eine Patentverletzung durch einen Wettbewerber hindeuten. Eine Studie der VDMA zur Produktpiraterie (2014) zeigt auf, dass die meisten Unternehmen durch ihre Kunden oder auf Messen auf Schutzrechtsverletzungen aufmerksam werden. Fast die Hälfte der befragten Unternehmen gibt zudem noch an, im Internet auf Schutzrechtsverletzungen aufmerksam zu werden.[497] Aus den Fallstudien geht hervor, dass es häufig die Erfinder selbst sind, die auf Patentverletzungen aufmerksam werden. Demnach nimmt neben Marketing und Vertrieb auch die F&E-Abteilung eines Unternehmens einen wichtigen Stellenwert bei der Ermittlung von Patentverletzungen ein. Diese Tatsache impliziert jedoch, dass Patentverletzungen mit einer hohen Wahrscheinlichkeit

[497] Vgl. o.V. (2014), S. 18.

nicht flächendeckend erfasst werden. Zudem ist die Wahrscheinlichkeit, dass nur die Verletzung aktiv verwendeter Patente entdeckt wird, sehr hoch, denn hier können entsprechende Informationen durch Kunden und auf Messen erlangt werden. Auch ist anzunehmen, dass die Erfinder meistens im Rahmen von aktiven F&E-Projekten auf Patentverletzungen aufmerksam werden.

Darüber hinaus erfolgt die gezielte Nutzung von Datenbanken und Kennzahlen für die Analyse von Patentverletzungen. Dies lohnt sich jedoch nur für größere Unternehmen und setzt in der Regel die Existenz einer eigenen Patentabteilung voraus. Wie aus den Fallstudien und der Dokumentenanalyse hervorgeht, erfolgt die Ermittlung von Patentverletzungen nur in den seltensten Fällen systematisch und verläuft häufig eher zufällig.

Aus den Fallstudien geht hervor, dass es keine einheitliche Vorgehensweise bei der Patentverfolgung gibt. Frühwarnindikatoren werden von den befragten Unternehmen und Organisationen nicht in systematischer Form genutzt. Die nachfolgende Abbildung verdeutlicht von welchen Einflusskriterien die Patentverfolgungsaktivitäten eines Unternehmens abhängig sind.

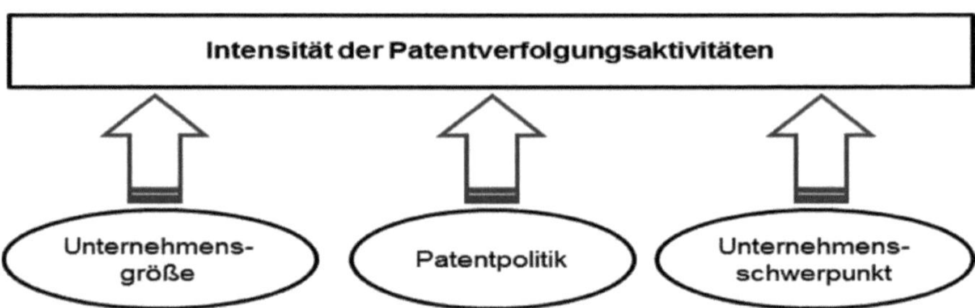

Abb. 6.1: Einflussfaktoren für die Intensität von Patentverfolgungsaktivitäten (eigene Darstellung)

Der erste Einflussfaktor, der sich auf die Intensität der Patentverfolgungsaktivitäten von Unternehmen auswirkt, ist die Größe des Unternehmens. Je größer das Unternehmen ist, desto systematischer kann die Patentverfolgung erfolgen. Mittelständische und große technologiebasierte Unternehmen haben eigene Patentabteilungen aufgebaut, die sich speziell mit diesen Themen beschäftigen. Bei kleinen Unternehmen liegt die Aufgabe der Patentverfolgung aus Kosten- und Kapazitätsgründen bei der Geschäftsführung. Die Ermittlung von Patentverletzungen geschieht daher häufig mit der Einbindung von externen Anwaltskanzleien, Ingenieurbüros und Patentverwertungsgesellschaften. Eine Studie des Europäischen Patentamtes weist nach, dass die Existenz einer Patentabteilung mit der Beschäftigtenzahl in einem Unternehmen korreliert. Je höher die Anzahl der Mitarbeiter, desto wahrscheinlicher ist die Existenz einer Patentabteilung.[498] Aus der Praxis gibt es Empfehlungen, erst ab einer Anzahl von mindestens 500 Mitarbeitern den Aufbau einer eigenen Patentabteilung zu betreiben, da nur hier Skaleneffekte realisiert werden können.[499]

Ein weiterer Einflussfaktor ist die Patentpolitik eines Unternehmens. Verfolgt ein Unternehmen eine defensive Patentstrategie und nicht den Ansatz der Patentverwertung, spielt die Patentverfolgung auch eine entsprechend nachgelagerte Rolle innerhalb des Unternehmens. Dies gilt insbesondere für mittelständische Unternehmen, die aufgrund ihrer Unternehmensgröße einen systematischen Patentverfolgungsansatz haben sollten, jedoch aus patentpolitischen Gründen einen solchen Ansatz häufig nicht benötigen. Wenn Patente aus unternehmenspolitischen Gründen letztendlich nicht durchgesetzt werden sollen, spielt auch die Ermittlung von Patentverletzungen häufig eine nachrangige Rolle.

Einen dritten wesentlichen Einflussfaktor auf die Patentverfolgungsaktivitäten bildet die Schwerpunktsetzung des Unternehmens. Um Patentverletzungen systematisch verfolgen zu können, benötigt ein Unternehmen ein gutes Verständnis von Markt und Wettbewerb. Genaue Marktkenntnisse und Wettbewerbsanalysen sind für eine systematische Patentverfolgung unabdingbar. Je vielschichtiger die Tätigkeitsfelder eines Unternehmens sind, desto schwieriger ist die systematische Patentverfolgung. Die Fraunhofer-Gesellschaft hält beispielsweise Patente für Produkte in einer Vielzahl von Anwendungssegmenten, so dass die systematische Markt- und Wettbewerbsüberwachung einen enormen Aufwand darstellen würde.

Die Ermittlung von Patentverletzungen kann in der operativen Umsetzung ein komplexer Prozess sein und umfasst die Patentanalyse und -bewertung. In der Literatur existieren umfassende Abhandlungen zu den Themen Technologie-Benchmarking und Patent-Controlling bzw. Frühwarnindikatoren. Die Dokumenten- und Fallstudienanalyse in dieser Arbeit beschränkt sich auf die strategische Vorgehensweise bei der Ermittlung von Patentverletzungen. Für eine tiefere Analyse der einzelnen angewandten Methoden sei an dieser Stelle auf die existierende Literatur verwiesen.[500]

6.1.2 Modell zur Vorgehensweise bei Vorliegen einer Patentverletzung

Verdichtet sich der Verdacht einer Patentverletzung und sind die Voraussetzungen für die Patentverfolgung gegeben, überprüft ein Unternehmen den Verdacht. Die Überprüfung erfolgt im Rahmen einer juristischen Analyse und im Rahmen einer technischen Analyse. In Abbildung

[498] Vgl. o.V. (1994), S. 81.
[499] Vgl. Müller (1999), S. 427; Faix (1998), S. 128.
[500] z.B. Gassmann/Bader (2011), Smith/Parr (2004), Nitsche (2007), Mehnert (2002).

6.2 wird der Prozess der Ermittlung von Patentverletzungen durch ein anderes Unternehmen systematisch aufgezeigt.

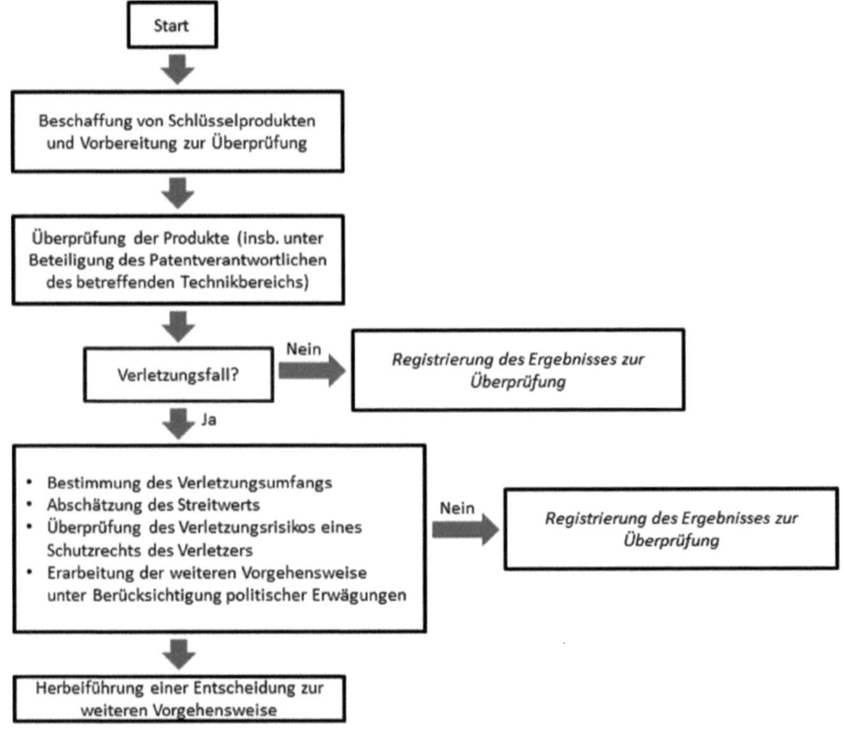

Abb. 6.2: Vorgehensweise bei der Ermittlung von Schutzrechtsverletzungen (eigene Darstellung auf Basis der Expertengespräche)

Die juristische Analyse umfasst vor allem die Merkmalsanalyse des Patents. Diese Prüfung wird entweder unternehmensintern oder durch die Einbindung von Patentanwälten oder Patentverwertungsgesellschaften durchgeführt.

Lässt sich in der juristischen Analyse feststellen, dass eine Patentverletzung vorliegt, erfolgt im nächsten Schritt die technische Analyse. Hierfür werden zunächst die entsprechenden Produkte des Wettbewerbers beschafft und in ihre Einzelteile zerlegt. Erhärtet sich der Verdacht einer Patentverletzung, wird ein Reverse-Engineering durchgeführt, um festzustellen ob tatsächlich eine Patentverletzung im technischen Sinne vorliegt, d.h. jedes Merkmal eines Patents verletzt wurde. Laut einer Studie der VDMA zur Produktpiraterie (2014) sind es in zwei Dritteln der

Fälle einzelne Komponenten, die Patente verletzen.[501] Daraus lässt sich ableiten, dass die meisten Patentverletzungen nur im Rahmen eines Reverse-Engineerings festgestellt werden können. Wird auch hier erneut die vermutete Patentverletzung bestätigt, wird im nächsten Schritt der Stand der Technik überprüft. Es erfolgt die Abschätzung des Streitwerts und die Überprüfung, ob Patente des Patentverletzers durch das eigene Unternehmen verletzt werden. Letztere Prüfung zielt darauf ab eine Nichtigkeitsklage zu vermeiden. Diese Prüfungen bilden die Entscheidungsgrundlage für den Umgang mit der Patentverletzung im nächsten Schritt.

6.1.3 Kriterien für die Entscheidungsfindung

Patentabteilungen verfügen in der Regel über ein bestimmtes Budget und können im Rahmen dieses Budgets Entscheidungen über den Umgang mit Patentverletzungen und über Lizenzvergaben treffen. Wird dieses Budget überschritten, trifft die Geschäftsführung meistens die Entscheidung. Dies ist im Normalfall auch dann der Fall, wenn andere Kriterien wie etwa die potenzielle Gefährdung der Reputation des Unternehmens durch bestimmte Vorgehensweisen eine wesentliche Rolle bei der Entscheidung spielen.

Aus einer Studie der VDMA zur Produktpiraterie (2014) geht hervor, dass in den meisten Fällen die Entscheidung über den Umgang mit Patentverletzungen bei der Geschäftsführung liegt.[502] Hierbei ist jedoch anzumerken, dass knapp die Hälfte der Teilnehmer an der Studie kleine Unternehmen mit weniger als 250 Mitarbeitern sind, die im Normalfall über keine eigene Patentabteilung verfügen.

Aus der Dokumentenanalyse, den Fallstudien und Expertengesprächen lassen sich verschiedene Einflussfaktoren ableiten, die für die Entscheidung über den Umgang mit einer Patentverletzung relevant sind. Abbildung 6.3 bietet eine Übersicht über die Möglichkeiten des Umgangs mit Patentverletzungen.

Jede dieser Ebenen mit den Optionen für den Umgang mit Patentverletzungen unterliegt bestimmten Einflussfaktoren. Alle nachfolgend genannten Einflussfaktoren bestimmen alle ihnen übergeordnete Optionen zum Umgang mit Patentverletzungen. Demnach haben alle Faktoren Einfluss auf die Frage, ob aktiv oder passiv mit einer Patentverletzung umgegangen wird.

---

[501] Vgl. o.V. (2014), S. 13.
[502] Vgl. o.V. (2014), S. 25.

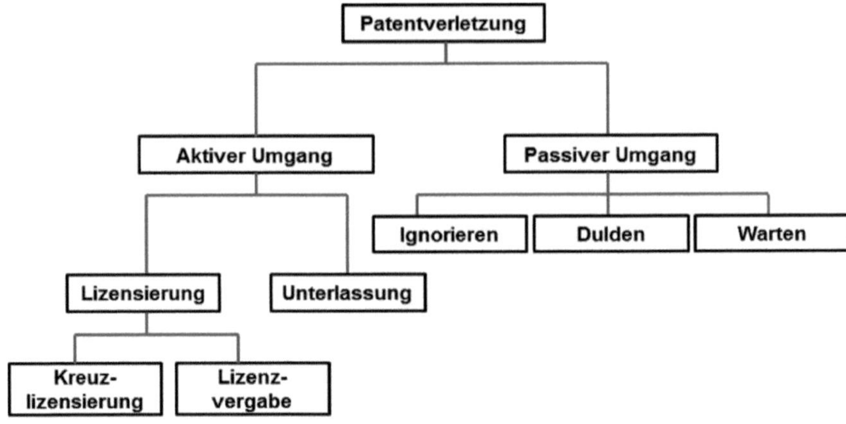

Abb. 6.3: Optionen im Rahmen der Entscheidungsfindung (eigene Darstellung)

Ob ein Unternehmen aktiv oder passiv mit einer Patentverletzung umgeht, hängt im Wesentlichen direkt von drei Faktoren ab:

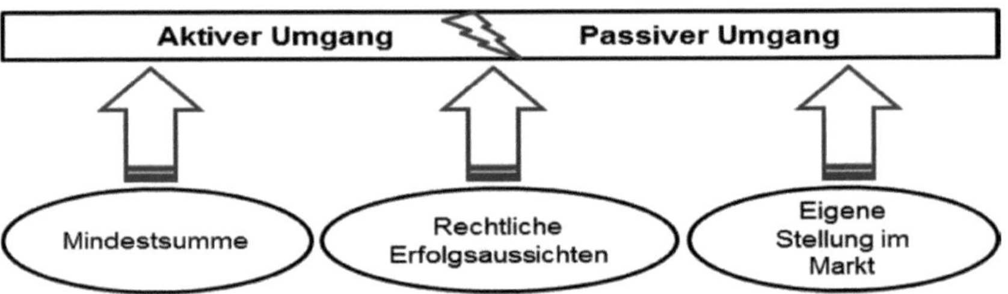

Abb. 6.4: Einflusskriterien auf den aktiven bzw. passiven Umgang mit Patentverletzungen (eigene Darstellung)

Das erste Einflusskriterium ist die Mindestsumme. Die Mindestsumme ist die niedrigste, finanzielle Schwelle für Unternehmen, bei der eine aktive Reaktion auf eine Patentverletzung in Erwägung gezogen wird. Bei den befragten Unternehmen wird für die Bestimmung der Mindestsumme entweder der Patentwert oder der Umsatz, der auf Basis eines bestimmten Patents erzielt wird, herangezogen. Auf Grundlage dessen kann der Verletzungsumfang bzw. die Schadenshöhe bestimmt werden. Darüber hinaus ergaben die Expertengespräche, dass Patentverwertungsgesellschaften einen Mindestwert hinsichtlich des Marktvolumens berechnen, um zu entscheiden, ob eine aktive Reaktion gewinnbringend ist. Für Patentanwaltskanzleien ist der Streitwert von Bedeutung.

Die Entscheidung, ob eine Patentverletzung aktiv verfolgt wird, hängt auch von der Einschätzung zu den rechtlichen Erfolgsaussichten ab. Denn die Partei die vor Gericht das Verfahren verliert, trägt die Verfahrenskosten.[503] Werden diese als hoch eingestuft, ist wahrscheinlich, dass ein Unternehmen, dessen Patente verletzt wurden, aktiv gegen die Patentverletzung vorgeht. Wird hingegen die Gefahr einer erfolgreichen Nichtigkeitsklage durch den vermeintlichen Patentverletzer erkennbar, bevorzugt ein Unternehmen häufig den passiven Umgang mit Patentverletzungen. In der Automobilzuliefererindustrie spielen Nichtigkeitsklagen eine untergeordnete Rolle. Aus den weiteren Fallstudien geht jedoch hervor, dass die Erfolgsaussichten ein wesentliches Kriterium bei der Entscheidungsfindung sind. Besonders Patentverwertungsgesellschaften und Patentanwaltskanzleien haben ein Eigeninteresse Prozesse zu gewinnen, da sowohl ihre Einnahmen als auch ihre Reputation davon abhängen. Werden die rechtlichen Erfolgsaussichten nicht als hoch eingestuft, bevorzugen die Unternehmen einen passiven Umgang.

Aus strategischen Gründen wird jedoch in Einzelfällen der Prozess bevorzugt, z.B. wenn sich der Patentverletzer und das geschädigte Unternehmen auf keine Lösung einigen können. Vor einem Prozess jedoch sollte das geschädigte Unternehmen sicherstellen, dass das Patent rechtbeständig ist, damit der Verklagte nicht mit einer Nichtigkeitsklage reagieren kann. Auch die Qualität der Beweise, die zeigen, dass eine Patentverletzung tatsächlich vorliegt, spielt eine wichtige Rolle für die Bestimmung der Erfolgsaussicht einer Klage.

Auch die eigene Marktstellung bildet einen wichtigen Einflussfaktor. Handelt es sich bei dem Unternehmen, dessen Patente verletzt worden sind, um ein Großunternehmen oder einen Konzern, bestehen häufig Abhängigkeitsverhältnisse im Markt zu Gunsten dieses Unternehmens. Die Wahrscheinlichkeit, dass das betroffene Unternehmen eine Patentverletzung aktiv verfolgt, ist daher umso größer, je größer das Unternehmen ist, je besser seine Reputation ist und je stärker andere Unternehmen von ihm abhängig sind. Kleine Unternehmen ziehen im Normalfall eine passive Vorgehensweise vor, da sie nur über eine geringe Marktmacht verfügen und zumeist auch das Budget für größere, riskante Rechtsstreitigkeiten zu gering ist.

Ein aktiver Umgang mit einer Patentverletzung verfolgt entweder das Ziel der Lizensierung oder das Ziel der Unterlassung. Welcher Weg gewählt wird, hängt vor allem von vier Faktoren ab, die in Abbildung 6.5 dargestellt werden.

Analog zu der eigenen Stellung im Markt wird bei der Entscheidung, ob eine Lizenz vergeben wird, oder auf Unterlassung geklagt wird, die Stellung des Patentverletzers im Markt bewertet. Je größer und mächtiger der Patentverletzer, desto schwieriger ist eine aktive Patentverfolgung durch den Geschädigten. Um die Stellung des Patentverletzers im Markt zu beurteilen, müssen auch etwaige Abhängigkeitsverhältnisse berücksichtigt werden. Handelt es sich bei dem Pa-

[503] Vgl. Miele (2000), S. 63 ff.

tentverletzer um einen neuen Marktteilnehmer, wird in der Automobilzuliefererbranche beispielsweise eine arglistige Patentverletzung vermutet. In diesem Fall wird in Form einer Unterlassungsklage vorgegangen, um potenziellen neuen Wettbewerbern entgegenzuwirken. Handelt es sich um ein etabliertes Unternehmen aus der Branche, werden kooperative Lösungen wie etwa eine Lizensierung angestrebt, da ein Rechtsstreit das Verhältnis zu dem Unternehmen nachhaltig beeinträchtigen kann.

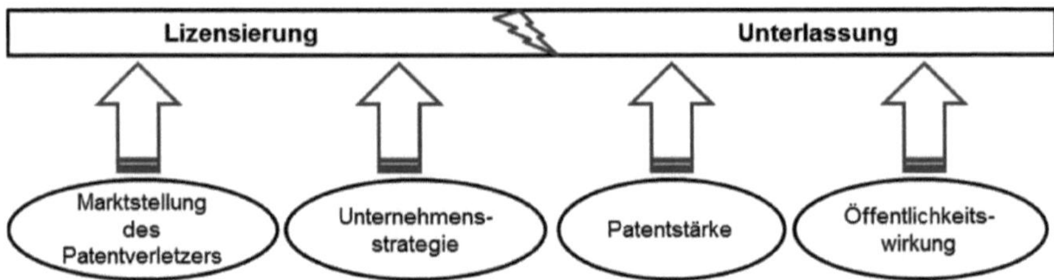

Abb. 6.5: Einflussfaktoren auf die Entscheidung für Lizensierung oder Unterlassung (eigene Darstellung)

Auch unternehmensstrategische Überlegungen spielen bei der Entscheidung, ob Lizensierung oder Unterlassung betrieben wird, eine große Rolle. Diese beinhalten vor allem die patent- und risikopolitischen Präferenzen eines Unternehmens.[504] In der Automobilzuliefererindustrie beispielweise wird eine defensive Patentstrategie bevorzugt, die dazu führt, dass die Lizensierung der Unterlassungsklage vorgezogen wird. Die Fraunhofer-Gesellschaft zieht aus organisationspolitischen Gründen und wegen ihres Status als Verein die Lizensierung vor. Weitere unternehmensstrategische Überlegungen betreffen auch die Beziehung zu anderen Unternehmen. Handelt es sich bei dem Patentverletzer beispielsweise um einen Kunden, hat dies Auswirkungen auf den Umgang mit einer Patentverletzung. Hier neigt das Unternehmen, dessen Patente verletzt worden sind, eher zu einer kooperativen Vorgehensweise.

Auch die Patentstärke ist ein wesentlicher Einflussfaktor. Können auf Grundlage eines Patents entscheidende Wettbewerbsvorteile realisiert werden, wird eine Unterlassungsklage bevorzugt, während bei Patenten, die lediglich für die Herstellung von standardisierten Produkten dienen, eine strategische Lizensierung in Betracht gezogen wird. Dies geht insbesondere aus dem Fallbeispiel von Hella hervor. Jöst Abrasives realisierte auch entscheidende Wettbewerbsvorteile durch seine Produkte und ging deswegen gerichtlich gegen einen Patentverletzer vor und setzte Lizenzvergaben durch.

Die Öffentlichkeitswirksamkeit muss vor allem bei der Entscheidung, gerichtlich gegen einen mutmaßlichen Patentverletzer vorzugehen, berücksichtigt werden. Geht ein Unternehmen ge-

[504] Mehnert (2002), S. 384 ff.

richtlich gegen eine Patentverletzung vor, muss damit gerechnet werden, dass je nach Unternehmensgröße und Reputation eine Öffentlichkeitswirksamkeit erreicht wird. Manche Unternehmen setzen diesen Effekt gezielt ein, um weitere Patentverletzer abzuschrecken. So hat Jöst Abrasives die Patentverletzung mit Hilfe eines Patentverwertungsunternehmens gerichtlich feststellen lassen, damit weitere Unternehmen im Nachgang eigenständig einen Lizenzvertrag mit dem Unternehmen abschließen. Die Einbindung von Patentverwertungsgesellschaften könnte jedoch auch Imageschäden zur Folge haben. In der Automobilzuliefererindustrie wäre dies z.B. undenkbar. Öffentlichkeitswirksame Prozesse werden im Normalfall nicht zuletzt aufgrund des Risikos der Nichtigkeitsklage vermieden. In dem Fall, dass ein Unternehmen mehrere Lizenzen auf ein Patent vergeben hat und eine Verletzung dieses Patents entdeckt wird, hätte eine Nichtigkeitsklage die Folge, dass andere Lizenznehmer auch keine Lizenzgebühren mehr zahlen müssten. Des Weiteren können insbesondere Unterlassungsklagen eine negative Öffentlichkeitswirkung haben.

Die Entscheidung, ob im Rahmen der Lizensierung dann eine Kreuzlizensierung oder Lizenzvergabe gewählt wird, ist branchenabhängig und hängt zusätzlich dazu von der Beziehung des geschädigten Unternehmens zum Patentverletzer ab. Im Normalfall werden einfache Lizenzen vergeben. In bestimmten Branchen wie beispielsweise der Automobilzuliefererbranche ist es üblich, dass unter den existierenden Marktteilnehmern Kreuzlizenzen vergeben werden. Dies ist insbesondere in den Branchen der Fall, in denen der Kunde eine hohe Marktmacht hat. Es hängt folglich auch maßgeblich von der Branche ab, welche Lizensierungsform gewählt wird.

Handelt es sich bei dem Patentverletzer um einen gleichgroßen Wettbewerber, wird eine Kreuzlizensierung eher in Erwägung gezogen, da dieser meistens über Schutzrechte und Knowhow verfügt, die dem betroffenen Unternehmen nützlich sein könnten. Ferner ist dann eine tiefere Kooperation im Rahmen der Lizenzvergabe möglich wie beispielsweise in Form eines gemeinsamen F&E-Projektes, insbesondere wenn die Marktmacht eines Kunden sehr groß ist und dieser beispielsweise auf eine derartige Zusammenarbeit von zwei Wettbewerbern drängt. Außerdem ist dies möglich, wenn ein Unternehmen mehrmals fahrlässig die Patente eines anderen Unternehmens verletzt hat. Dies könnte darauf hindeuten, dass beide Unternehmen in ähnlichen Bereichen tätig sind. Je nach Wettbewerbssituation und unter der Voraussetzung, dass es sich um befreundete Unternehmen handelt, ist auch hier eine tiefere Kooperation auf Basis einer strategischen Lizenz denkbar.

6.1.4 Umgang mit grenzüberschreitenden Patentverletzungen

Aus der Dokumenten- und Fallstudienanalyse geht hervor, dass die Ermittlung von grenzüberschreitenden Patentverletzungen nicht anders erfolgt, als wenn diese im eigenen Land erfolgt. Die meisten Patentverletzungen werden durch die eigenen Kunden, auf Messen oder über das

Internet entdeckt. Häufig sind es die Erfinder selbst oder Außendienstmitarbeiter, die auf eine Patentverletzung aufmerksam werden. Unternehmen gehen bei der Suche nach Patentverletzungen nicht systematisch vor. Die Ermittlung erfolgt demnach viel eher zufällig. Die interne Erfassung der Patentverletzung erfolgt in größeren Unternehmen jedoch systematisch z.B. in Form von unternehmensweit implementierten Patentmanagementsystemen. Um Patentverletzungen auf Messen und über Kunden im Ausland zu entdecken, müssen Unternehmen in ausländischen Märkten ähnlich präsent sein wie im inländischen Markt. Da die Unternehmen in den meisten Fällen keine so starke Präsenz auf ausländischen Märkten haben wie auf inländischen, ist auch fragwürdig, ob Kunden im Ausland die betroffenen Unternehmen auf etwaige Patentverletzungen hinweisen. Häufig ist die Nähe zwischen den Kunden im Ausland und den Unternehmen nicht gegeben. Daraus lässt sich ableiten, dass die Maßnahmen, die Unternehmen für die Ermittlung von Patentverletzungen einleiten, nicht hinreichend sind für die Entdeckung von grenzüberschreitenden Patentverletzungen. Dies gilt insbesondere für kleine Unternehmen, deren Netzwerke und Präsenz auf Messen und Veranstaltungen naturgemäß geringer ausfallen. Unternehmen müssen sich im internationalen Kontext auf Wettbewerbsanalysen und Internetrecherchen verlassen. Die Wahrscheinlichkeit, dass eine Patentverletzung durch Wettbewerber entdeckt wird, ist dabei höher als die Wahrscheinlichkeit, dass eine Patentverletzung, die von einem fremden Unternehmen begangen wird, erkannt wird.

Die befragten Unternehmen im Rahmen der Fallstudienanalyse gaben an, dass eine Grenzüberschreitung kein relevantes Kriterium für die Entscheidungsfindung beim Umgang mit Patentverletzungen ist. Die befragten Unternehmen gaben an, dass die wesentlichen Fragestellungen bei der Entscheidung im Umgang mit Patentverletzungen strategischer und unternehmenspolitischer Natur sind und die Tatsache, ob es sich bei dem Patentverletzer um ein ausländisches oder ein inländisches Unternehmen handelt, von nachgelagerter Bedeutung ist. Indirekt wirkt sich eine grenzüberschreitende Patentverletzung dennoch auf die Entscheidungsfindung zum Umgang mit dieser aus.

Dies gilt vor allem für die Risikoabschätzung und die Gefahr einer Nichtigkeitslage. Je unsicherer die Rechtssituation in einem Land ist, desto größer ist die Gefahr, dass der Patentverletzer eine Nichtigkeitsklage erfolgreich bestreiten kann. Dadurch hätte das geschädigte Unternehmen einen noch höheren Schaden. Dies führt dazu, dass Unternehmen in ihrer Risikoabschätzung nicht die Tatsache, dass eine Patentverletzung grenzüberschreitend vorgekommen ist, als relevantes Kriterium betrachten, sondern lediglich die unklare rechtliche Situation.

Aus den Fallstudien ging hervor, dass etwa 70 Prozent der Patentansprüche und der damit verbundenen Patentverletzungsklagen deutschlandweit als nichtig eingestuft werden. Die Unternehmen schätzen, dass der Anteil im internationalen Raum noch höher liegt. Aufgrund der hohen Prozesskosten und des ungewissen Ausgangs von Patentverletzungsprozessen, der im internationalen Rahmen noch schwieriger zu prognostizieren ist, ist davon auszugehen, dass in vielen Fällen alternative Reaktionen auf Patentverletzungen vorgezogen werden.[505] Ein aktiver Umgang im Falle einer grenzüberschreitenden Patentverletzung ist u.U. teurer als eine inländische Patentverletzung. Im Ergebnis bedeutet dies, dass grenzüberschreitende Patentverletzungen seltener verfolgt werden als inländische. Die Risiken einer Patentverfolgung werden aufgrund der oben aufgeführten Aspekte als größer vermutet, deshalb ist die Wahrscheinlichkeit, dass eine passive Strategie vorgezogen wird, entsprechend höher.

6.1.5 Modellhafte Darstellung der Kontaktanbahnung

Zu zwei verschiedenen Zeitpunkten bietet sich ein Lizenzangebot an den Patentverletzer durch das geschädigte Unternehmen an. Entscheidet das betroffene Unternehmen eingangs, dass auf eine Lizenzvergabe abgezielt wird, kann sich diese Entscheidung je nach Verhandlungsablauf nach der Erstansprache des Patentverletzers ändern. Dies hängt maßgeblich von der Reaktion des Patentverletzers auf die Erstansprache ab. Die nachfolgende Abbildung verdeutlicht die Zeitpunkte, zu denen eine Lizenzvergabe an einen Patentverletzer üblich ist.

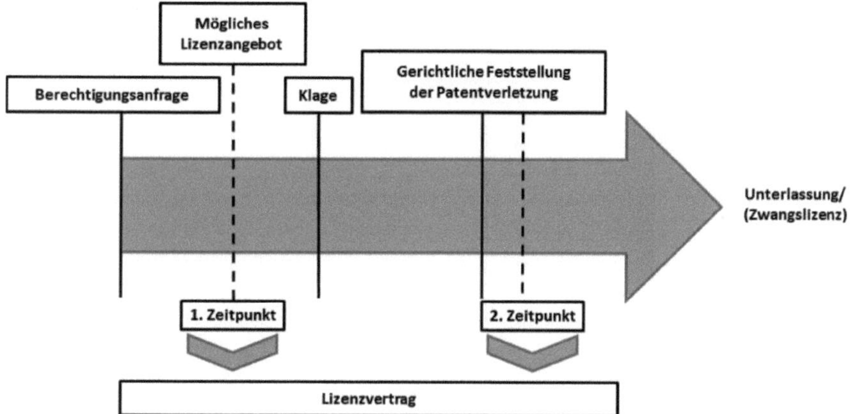

Abb. 6.6: Zeitpunkt der Lizenzvergabe (eigene Darstellung)

Wird eine Lizenzvergabe grundsätzlich angestrebt, wird dem Patentverletzer zunächst eine Berechtigungsanfrage gestellt. Diese Berechtigungsanfrage stellt normalerweise keine direkte Drohung dar, jedoch behält sich der Patentinhaber die Möglichkeit zur Klage vor. Möglicherweise bietet das betroffene Unternehmen ihm eine Lizenz an. Die Dokumenten- und Fallstudie ergab, dass das mutmaßlich geschädigte Unternehmen mehrere Anläufe unternehmen muss, bis

[505] Vgl. Poltorak (2010), S. 3 f.

der Patentverletzer auf die Verletzungsvorwürfe reagiert. Zunächst lehnt dieser aber häufig alle Beschwerden ab. Einige Unternehmen versuchen dann, eine gerichtliche Feststellung der fehlenden Patentverletzung zu erreichen, andere reichen eine Nichtigkeitsklage ein. Wenn sich beide Parteien den Tatbestand der Patentverletzung anerkennen, kann es gleich an dieser Stelle zu einer Lizenzvereinbarung kommen. Eine Einigung auf Lizensierung in dieser ersten Phase ist möglich, wenn der mutmaßliche Patentverletzer den Vorwurf des Patentinhabers akzeptiert. Diese Situation entsteht am ehesten, wenn der Verletzungstatbestand eindeutig ist. Abbildung 6.7 fasst den Ablauf der Kontaktanbahnung mit einem Patentverletzer zusammen.

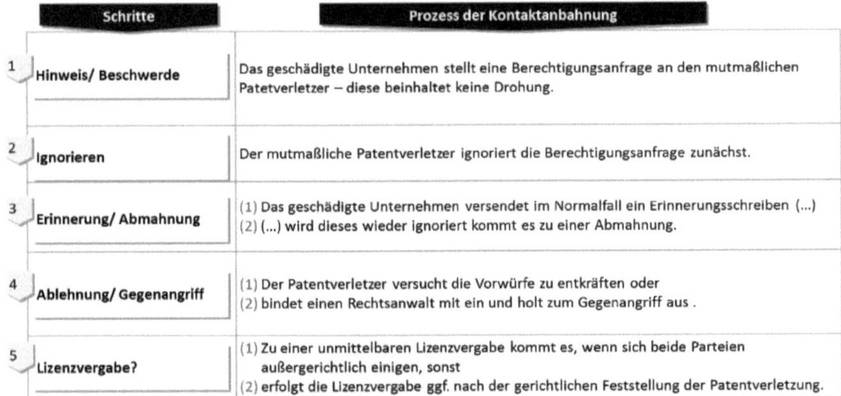

Abb. 6.7: Prozess der Kontaktanbahnung mit einem Patentverletzer (eigene Darstellung)

Aus allen Fallstudien geht hervor, dass die Drohung einer gerichtlichen Auseinandersetzung eingangs zwar nicht offen ausgesprochen wird, aber dennoch implizit die Grundlage für die Lizenzverhandlung mit dem Patentverletzer ist. Eine Klage und die gerichtliche Feststellung einer Patentverletzung nach der Kontaktanbahnungsphase erfolgt, wenn der mutmaßliche Patentverletzer nicht auf das Lizenzangebot des Patentinhabers eingeht bzw. diesem gar keine Lizenz angeboten wird.

Bevor ein Unternehmen auf Unterlassung anklagen kann, muss die Patentverletzung gerichtlich festgestellt werden. Liegt diese tatsächlich vor, kann das betroffene Unternehmen dem Patentverletzer eine Lizenz anbieten. Dies wäre der zweite Zeitpunkt, zu dem eine Lizenzvereinbarung entstehen kann. Darüber hinaus hat das Unternehmen nach der gerichtlichen Feststellung einer Patentverletzung auch Anspruch auf die Überprüfung der Geschäftsbücher des Patentverletzers in Bezug auf die Umsätze mit dem entsprechenden Produkt. Einigen sich beide Parteien auch in dieser Phase nicht auf eine Lizenzvereinbarung, wird die Unterlassung oder in seltenen Fällen eine gerichtliche Zwangslizenz durchgesetzt. Möglicherweise will das geschädigte Unternehmen von vornherein eine Unterlassungsklage erreichen.

Die Lizensierung stellt somit eine strategische Alternative auf dem Weg der Unterlassungsklage bzw. der gerichtlichen Feststellung einer Patentverletzung dar. Der monetäre und ideelle Wert des verletzten Patents spielt bei der Entscheidung über den Zeitpunkt der Lizenzvergabe eine ebenso wichtige Rolle, wie die Einschätzung ein gerichtliches Verfahren erfolgreich zu bestreiten.

6.1.6 Modell zur Bestimmung des Verhandlungsrahmens in Patentverletzungsfällen

In Anlehnung an die Fallstudien und insbesondere an das Expertengespräch mit Papst Licensing wird im Folgenden der Verhandlungsrahmen für die Verhandlung zwischen dem geschädigten Unternehmen als Lizenzgeber und dem Patentverletzer als Lizenznehmer definiert.

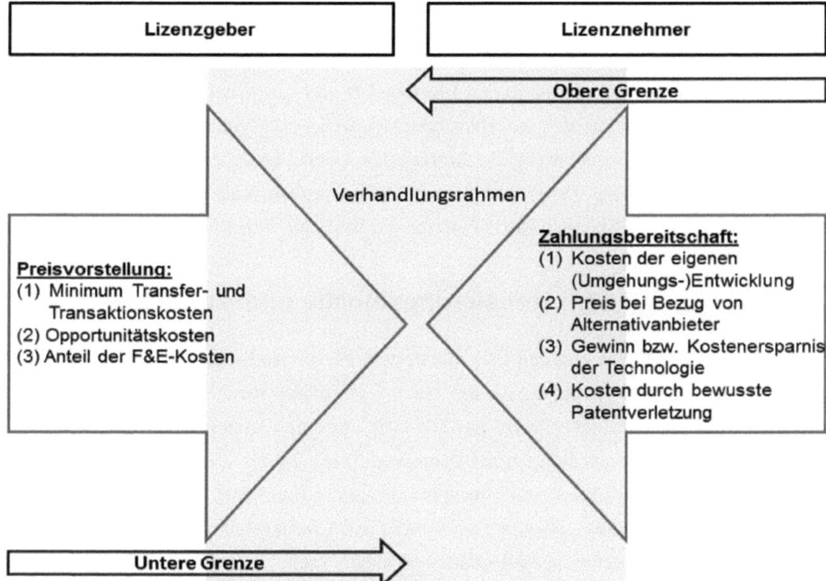

Abb. 6.8: Die Bestimmung des Verhandlungsrahmens bei Patentverletzungen (eigene Darstellung in Anlehnung an die Expertengespräche und an Contractor, 1981, S.39 ff. und Cho, 1988, S. 74 ff.)

Der Verhandlungsrahmen wird durch die Preisvorstellungen des Lizenzgebers und die Zahlungsbereitschaft des Lizenznehmers definiert. Der Lizenzgeber definiert die untere Preisgrenze. Die Preisvorstellung des Lizenzgebers ergibt sich aus den Transfer- und Transaktionskosten, den Opportunitätskosten und dem Anteil der F&E-Kosten, die er für die Entwicklung eines Produktes oder Technologie aufgebracht hat. Der Lizenzgeber zielt als absolutes Minimum darauf ab, seine Transfer- und Transaktionskosten zu decken. Positive Deckungsbeiträge können erst dann erwirtschaftet werden, wenn die Lizenzgebühren die variablen Kosten übersteigen. Der Lizenzgeber tendiert naturgemäß dazu, seinen Schutzrechten einen höheren Wert beizumessen, als die Realität wiederspiegelt. Jedoch bestimmt der Lizenznehmer die obere Zahlungsgrenze.

Die Zahlungsbereitschaft des Lizenznehmers ergibt sich zum einen aus den Entwicklungskosten, die er für eine eigene Entwicklung bzw. Umgehung des Schutzrechtes aufbringen müsste und zum anderen aus dem Preis, den er für eine ähnliche Lösung aufbringen müsste. Weitere Einflussfaktoren auf die Zahlungsbereitschaft des Lizenznehmers bilden der Gewinn bzw. die Kostenersparnis, die er durch das Produkt oder die Technologie erwirtschaftet, und die Kosten, die ihm durch eine bewusste Patentverletzung entstehen würden. Eine Einigung und eine Lizensierung sind nur möglich, wenn sich die jeweiligen Verhandlungsrahmen der Parteien berühren oder überschneiden.[506]

Die Breite des Verhandlungsrahmens wird jedoch auch noch von anderen Faktoren bestimmt als die Rahmenbedingungen, die durch den Lizenzgeber und Lizenznehmer definiert werden. Bei diesen Faktoren handelt es sich um Marktfaktoren, welche die Vertragselemente entscheidend mitbestimmen wie beispielsweise die Marktgröße, politische und wirtschaftliche Risiken und die Anzahl der Substitute. Durch entsprechende Vertragsbausteine wie etwa den Exklusivitätsgrad oder die Laufzeit können beide Parteien die Einigung beeinflussen.

6.1.7 Bestimmung der Lizensierungsinhalte und -konditionen

Aus der Dokumentenanalyse und den Fallstudien geht hervor, dass Unternehmen in der konkreten Gestaltung des Lizenzvertrages kaum einen Unterschied machen, ob es sich bei dem Lizenznehmer um einen Patentverletzer handelt oder um einen strategischen Lizenznehmer. Bei der Lizenzkooperation als Folge einer Patentverletzung ist der wesentliche Unterschied, dass hier meistens eine Schadenersatzleistung in Form einer Einmalzahlung durch den Patentverletzer erbracht werden muss. Hierfür wird eine fiktive Lizenzgebühr für die Vergangenheit angenommen. Patentverwertungsgesellschaften erheben nicht nur vergangenheitsbezogene Einmalzahlungen, sondern häufig auch zukunftsbezogene Einmalzahlungen mit dem Ziel den bürokratischen Aufwand so gering wie möglich zu halten.

Die Höhe der Lizenzgebühr muss nicht zwangsläufig höher sein als bei einer strategischen Lizenz. Mit Ausnahme der Fraunhofer Gesellschaft geben alle Unternehmen an, dass sie in Patentverletzungsfällen nicht zwangsläufig eine höhere Gebühr für zukünftige Lizenzzahlungen erheben. Ein Erklärungsansatz ist, dass eines der Kerngeschäfte der Fraunhofer Gesellschaft die Lizensierung ist und diese daher auch eine höhere Lizenzgebühr in Patentverletzungsfällen

[506] Vgl. Mordhorst (1994), S. 299.

erheben. Eine zweite Vermutung, die sich daraus ableitet, ist, dass die Lizensierung für viele Unternehmen nur ein Randgeschäft ist und deswegen die Lizenzgebühr in Patentverletzungsfällen nicht mit Nachdruck verhandelt wird.

Der Ansatz zur Berechnung der Lizenzgebühr unterscheidet sich nach Unternehmen und Branche. Während einige Unternehmen Standardlizenzgebühren erheben, berechnen andere Unternehmen die Lizenzgebühr auf Basis von anderen Faktoren wie etwa dem Lizensierungsobjekt selbst oder den Markt- und Absatzpotenzialen.

Die Unternehmen aus den Fallstudien vergeben meistens einfache Lizenzen, es sei denn es liegen besondere Gründe vor, andere Lizensierungsformen wie etwa die Exklusivlizenzen vorzuziehen. Das wäre beispielweise der Fall, wenn der Lizenznehmer bestimmte Märkte alleinig bearbeiten soll. Dies gilt auch für den Fall der Lizenzvergabe an einen Patentverletzer, was in der Praxis jedoch seltener erfolgt. Aus dem vorangegangen Kapitel zur Ermittlung von Patentverletzung geht hervor, dass die Wahrscheinlichkeit, dass Verletzungen aktiv genutzter Patente erkannt werden, höher ist als bei nicht genutzten Patenten. Dies deutet darauf hin, dass die Unternehmen ein geringeres Interesse haben Exklusivlizenzen auf aktiv genutzte Patente zu vergeben. Bei Ausläufertechnologien und anderen Technologien, bei denen das Patent nicht aktiv genutzt wird und die nicht im Fokus der Geschäftstätigkeit des Unternehmens stehen, wird die Vergabe einer Exklusivlizenz eher in Erwägung gezogen, wie aus den Fallstudien hervorgeht.[507]

Aus den Fallstudien geht auch hervor, dass Unternehmen eine tiefergehende Kooperation mit dem Patentverletzer nicht gänzlich ausschließen, sondern einzelfallabhängig in Erwägung ziehen, wenn es Vorteile für sie birgt. Die Fallstudien bestätigen zudem die Analyse, dass sich die Lizenzvereinbarung beim Carrot Licensing inhaltlich nicht wesentlich von der beim Stick Licensing unterscheidet. Auch die laufenden Lizenzgebühren im Rahmen einer Stick License sind nicht zwangsläufig höher als bei einer Carrot License. Der wesentliche Unterschied besteht darin, dass beim Stick License eine vergangenheitsbezogene Zahlung in Form eines Schadensersatzes erbracht werden muss. Diese Aussage relativiert sich unter Berücksichtigung der Tatsache, dass der Lizenznehmer zum Zeitpunkt der Lizenzvergabe das Patent bereits genutzt hat. Demzufolge sind die tatsächlichen Kosten für das Patent nicht zwangsläufig höher, als wenn der Patentverletzer von Beginn an eine strategische Lizenz erhalten hätte. Diese Entscheidung basiert jedoch auf strategischen, unternehmens- und machtpolitischen Faktoren.

Die Art der Verhandlung unterscheidet sich kaum von einer Verhandlung mit einem strategischen Lizenznehmer. Jedoch unterscheidet sich der Verhandlungsumfang, da meistens auch

[507] Vgl. Hella v. 20.08.2014.

noch eine Schadensersatzsumme verhandelt werden muss. Diese werden in einigen Fällen gerichtlich festgelegt. Die Art der Verhandlung hängt maßgeblich davon ab, wie der Patentverletzer auf eine Berechtigungsanfrage reagiert hat. Lenkt er schnell ein und hält den Patentverletzungsvorwurf für legitim, verläuft eine Verhandlung viel schneller, als wenn der mutmaßliche Patentverletzer zur Gegenklage ausholt.

Es kann kaum ein Unterschied zwischen der Ausgestaltung eines Lizenzvertrages für einen strategischen Lizenznehmer und der Ausgestaltung eines Lizenzvertrages für einen Patentverletzer festgestellt werden. Die Lizenzverträge sind nicht stärker reglementiert, jedoch wird der Nichtangriffsklausel mehr Beachtung geschenkt.

Alle befragten Unternehmen gaben in den Fallstudien an, dass Vertrauen lediglich eine untergeordnete Rolle spielt beim Umgang mit Patentverletzern. Die meisten befragten Unternehmen geben an, dass nur in ganz seltenen Fällen eine arglistige Patentverletzung vermutet wird. Viel eher ist hier die Annahme, dass Patentverletzungen ein Zufallsprodukt sind, weil es im Rahmen der Forschung und Entwicklung zu Überschneidungen gekommen ist. Brose gibt z.B. an, dass bei Patentverletzungen aus dem asiatischen Raum eine arglistige Patentverletzung vermutet wird. Selbst wenn dies der Fall ist, müsste nach Angaben von Brose dieser Verdacht näher geprüft und die Rahmenbedingungen betrachtet werden, denn diese entscheiden viel mehr über den Umgang mit Patentverletzungen. Dieser Befund ist vor allem vor dem Hintergrund der klaren begrifflichen Trennung zwischen Stick und Carrot License in der Literatur beachtlich und verdeutlicht auch im Rahmen der Fallstudienanalyse, dass weder die konkrete Ausgestaltung des Lizenzvertrages noch das Vertrauensverhältnis durch die Tatsache, dass es sich bei dem Lizenznehmer um einen Patentverletzer handelt, beeinträchtigt wird.

6.1.8 Erkenntnisse zur Sicherstellung der Kooperation

Aus den Fallstudien geht hervor, dass die befragten Unternehmen selten bis nie die lizenzbasierte Kooperation überwachen oder verfolgen. Auch erfolgen nachträgliche Vertragsanpassungen eher selten. So lange die Zahlungen pünktlich und in einem erwarteten und angemessenen Zeitraum erfolgen, setzen die Unternehmen keine Buchprüfer ein. Dennoch behalten die Unternehmen sich die Option vor, bei Verdacht einen Buchprüfer einsetzen zu dürfen. Dieser Befund ist überraschend, weil empirische Untersuchungen zeigen, dass Lizenznehmer oft falsche Angaben machen.

Smith und Parr (2005) nehmen an, dass ca. 40 Prozent aller Lizenzgebührenzahlungen in der Praxis fehlerhaft sind. Dies hat u.a. zur Folge, dass für den Lizenzgeber ein Verlust von etwa 12 Prozent bis 20 Prozent entsteht. Eine Überzahlung erfolgt in der Praxis selten.[508]

Dieser Diskrepanz können verschiedene Ursachen zu Grunde liegen. Ein wesentlicher Grund könnte sein, dass eine genaue Überwachung zeit- und kostenintensiv ist. Ein weiterer Grund könnte sein, dass die Lizensierung für die meisten Unternehmen ein Randgeschäft ist und deswegen kein großes Augenmerk auf die Gefahr der Falschangaben gelegt wird. Weitere Bedenken von Unternehmen könnten daraus resultieren, dass die Gefahr besteht, dass eine genaue Vertragsüberwachung das Verhältnis zum Lizenznehmer verschlechtert und vom letzteren als Anzeichen für mangelndes Vertrauen gedeutet werden kann. Entsprechend würden strategische Überlegungen hier auch eine Rolle spielen. Ein weiterer Grund könnte sein, dass die Lizenzeinnahmen und somit der Verlust durch Falschangaben so gering sind, dass sich eine intensive Überwachung nicht lohnt.

Deutlich ist, dass unabhängig von den Ursachen, Unternehmen den Verlust, der durch Falschangaben entsteht, kompensieren können. Beispielsweise könnte der Verlust durch Falschangaben bereits im Rahmen der Lizenzgebührberechnung einkalkuliert werden, so dass eine höhere Lizenzgebühr erhoben wird. Alternativ könnte die Berechnungsgrundlage angepasst werden. Wenn sich Stückzahlen z.B. leichter nachvollziehen lassen, als Umsatzzahlen, sollte diese Berechnungsgrundlage gewählt werden. Als dritte Maßnahme könnten Unternehmen Maßnahmen entwickeln die Lizenzzahlungen zu überwachen, indem z.B. ein Buchprüfer regelmäßig eingesetzt wird.

Laut einer Studie der VDMA erfolgen fünf Prozent der Patentverletzungen durch Lizenznehmer. Die meisten Unternehmen ergreifen keine gesonderten Maßnahmen, um Patentverletzungen bei Lizenznehmern entgegenzusteuern. Die Gefahr der Patentverletzung durch die Lizenznehmer ist niedriger als die durch Wettbewerber.[509]

6.1.9 Gründe für die Beendigung der Kooperation

Aus verschiedenen Gründen kann eine Kooperation beendet werden. Dies ist im Rahmen der Lizenzvergabe an einen Patentverletzer beispielsweise dann der Fall, wenn die Kooperation zeitlich oder sachlich befristet ist, wenn die Attraktivität der Kooperation sinkt bzw. die Gewinne sinken und die Kosten steigen, oder wenn ein Vertrauensverlust vorliegt bei unlösbaren Problemen seitens des Managements, bei einer existenzbedrohenden Krise des Partnerunter-

[508] Vgl. Smith/Parr (2005), S. 613 f.
[509] Vgl. o.V. (2014), S. 28.

nehmens, bei attraktiveren strategischen Alternativen und bei einer strategischen Umorientierung des Partnerunternehmens, welches das relevante Geschäftsfeld betrifft.[510] Wird kein zeitlicher Rahmen vereinbart, so läuft der Lizenzvertrag auf unbefristete Zeit. Ohne juristische Interventionen entstehen unlösbare Probleme oder Vertrauensverlust dann, wenn Vertragspflichten nicht erfüllt werden, wenn vertragliche Mitwirkungspflichten verleugnet werden, der Lizensierungsgegenstand wirtschaftlich nicht verwertbar ist, wenn die Ausführungspflichten seitens des Lizenznehmers verletzt werden oder unüberwindbare Meinungsverschiedenheiten vorherrschen.[511] Ein Lizenzvertrag kann, wenn ein wichtiger Grund vorliegt, außerordentlich gekündigt werden. Dies ist nach § 543, Abs. 1 BGB dann möglich, wenn eine Weiterführung des Lizenzverhältnisses nicht mehr zugemutet werden kann.[512]

Durch sogenannte beendigungshemmende Faktoren kann der Beendigung einer Kooperation vorgebeugt werden. Diese beinhalten hohe Kosten für die Stilllegung, vertragliche Verpflichtungen gegenüber den Geschäftspartnern, Reputationsverlust, hohe Investitionen im Rahmen der Kooperation und hohe Verbundwirkungen auf dem Markt. Von der absoluten Kooperationsattraktivität hängt ab, ob eine Kooperation fortgeführt oder abgebrochen wird. Diese hängen maßgeblich von den strategischen Vorteilen aus der Kooperation ab.[513]

Es gibt verschiedene Arten die Kooperation zu beenden, die von der Stilllegung der Kooperation bis hin zur Übernahme durch den Kooperationspartner reichen. Eine Kooperationsbeendigung zieht in der Regel verschiedene Belastungen nach sich, die finanzieller oder personeller Natur sind, oder den Verlust von Markt- und Kundenkontakten bedeuten.[514]

Aus den Fallstudien geht hervor, dass es nur in seltenen Fällen zu einer außerordentlichen Beendigung einer lizenzbasierten Kooperation kommt. Die meisten Kooperationen laufen bis zum Ende der Patentlaufzeit. Mögliche Gründe für eine vorzeitige Beendigung entstehen z.B., wenn der Lizenznehmer das Patent blockiert, oder eine Exklusivlizenz erhalten hat, die er nicht aktiv nutzt. Dies geschieht jedoch im Rahmen von Patentverletzungsfällen eher selten. Auch wenn die Lizenznehmer die Mindestlizenzgebühr nicht aufbringen können oder wollen, ist eine vorzeitige Beendigung der lizenzbasierten Kooperation in vielen Fällen möglich, da diese Lizenznehmer in der Regel dann keine Umsätze auf Basis der Lizenz erwirtschaften.

---

[510] Vgl. Klanke (1995), S. 178 ff.; Staudt (1992), S. 146 ff.
[511] Vgl. Henn (1999), S. 219 ff.
[512] Vgl. Kortunay (2003), S. 67 f.
[513] Vgl. Staudt (1992), S. 244 f.
[514] Vgl. Staudt (1992), S: 248.

6.2 Analyse auf Grundlage der Ansätze der Neuen Institutionenökonomik

Die Ergebnisse aus der Fallstudien- und Dokumentenanalyse werden in diesem Abschnitt aus dem Blickwinkel der Ansätze der Neuen Institutionenökonomik untersucht. Besonders eignen sich hierbei die Betrachtung der Prinzipal-Agent-Probleme und die Analyse der Transaktionskosten für jeden Prozessschritt. Im Rahmen der Theoriefortschreibung wurde deutlich, dass Unternehmen in jeder Phase des Prozesses der Lizenzvergabe an Patentverletzer die entstehenden Transaktionskosten berücksichtigen. Bei der Entscheidung über den Umgang mit einer Patentverletzung definieren die meisten Unternehmen Mindestschwellen wie etwa den Patentwert oder die Schadenshöhe, die mindestens vorliegen muss, damit eine Patentverletzung verfolgt wird. Wird diese Schwelle nicht erreicht, liegen u.U. nicht nur die tatsächlichen Kosten, sondern auch die Transaktionskosten meistens höher als der erzielbare Nutzen aus einem aktiven Umgang mit einer Patentverletzung. In diesem Abschnitt erfolgt nicht nur die Analyse der Transaktionskosten, sondern es werden auch Maßnahmen zur Senkung der Transaktionskosten in jedem Prozessschritt vorgeschlagen.

6.2.1 Prinzipal-Agent-Probleme und Kostenbegrenzung im Rahmen der Lizenzvergabe an Patentverletzer

Durch eine asymmetrische Informationsverteilung, Interessenskonflikte und unterschiedliche Risikoeinschätzungen entstehen Prinzipal-Agent-Probleme zwischen Lizenzgeber und Lizenznehmer. Beispielsweise hat der Lizenznehmer insbesondere bei einer internationalen Lizenzvergabe oftmals einen Informationsvorsprung hinsichtlich der Markt- und Kostenstruktur. Diese Informationen werden dem Lizenzgeber in der Regel nicht zur Verfügung gestellt.[515]

Der Prinzipal ist im Rahmen der Lizenzvergabe der Lizenzgeber, weil dieser dem Lizenznehmer bzw. Agenten das Recht übergibt sein Patent zu nutzen. Der Prinzipal kann nicht davon ausgehen, dass der Lizenznehmer die Aufgabe, die ihm durch den Lizenzvertrag übertragen wurde, bestmöglich und bereitwillig im Interesse des Lizenzgebers übernehmen wird, insbesondere wenn es sich bei dem Lizenznehmer um einen Patentverletzer handelt. Normalerweise streben beide Parteien die Maximierung ihres jeweils eigenen Nutzens an, was zu Interessensgegensätzen führt. Daher besteht immer die Gefahr, dass der Agent sich zu einer Form der Aufgabendurchführung entschließt, die sich negativ für den Prinzipal auswirkt. Der Lizenznehmer könnte beispielsweise verfälschte Angaben zu seinen Umsatzzahlen machen, um auf diese Weise niedrigere Lizenzgebühren zu zahlen. Dass dies der Fall ist, belegen Smith und Parr

[515] Vgl. Fräßdorf (2009), S. 184 f.

(2005). Ihrer Ansicht nach haben Lizenzgeber einen Einnahmenverlust von ca. 12 bis 20 Prozent, weil 40 Prozent der Lizenzgebührberechnungen fehlerhaft sind.[516] Der Prinzipal sollte den Lizenzvertrag daher so arrangieren, dass das Handeln des Agenten zielkonform zu seinen eigenen Strategien ist. Dies kann über die Setzung von entsprechenden Anreizen und Entlohnungen erfolgen. In der Praxis wird jedoch kein Anreiz gesetzt, sondern es wird im Normalfall ein Buchprüfer eingebunden, wenn die Lizenzgebührzahlungen zu stark von den erwarteten Beträgen abweichen. Weiterhin muss auch der Reservationsnutzen berücksichtigt werden, da davon ausgegangen werden kann, dass der Nutzen, den der Agent aus einer Vertragsbindung bezieht, mindestens so hoch sein muss wie der Nutzen aus der besten Alternative, die er hat.[517]

Auch Moral-Hazard-Probleme müssen in diesem Zusammenhang beleuchtet werden. Hat ein Vertragspartner die Möglichkeit, durch ein abweichendes Verhalten einen höheren Nutzen zu erzielen, muss davon ausgegangen werden, dass er die auch tun wird, auch dann, wenn dem anderen Vertragspartner dadurch Schaden zugefügt wird. Von dem erzielbaren höheren Nutzen müssen die Kosten einer etwaigen Sanktionierung durch den Vertragspartner abgezogen werden. Dies setzt ein funktionierendes Informationssystem beim Vertragspartner voraus, so dass ein etwaiges Fehlverhalten des Partners rechtzeitig identifiziert werden kann. Ein Moral-Hazard-Problem entsteht durch den Lizenznehmer, der je nach Vertragsgestaltung und Lizenzumfang beispielsweise einen Anreiz hat, falsche Mengenangaben vorzulegen, Unterlizenzen an Dritte zu vergeben, oder Unternehmensgeheimnisse weiterzugeben. Mit Kontrollrechten kann diesen Anreizen entgegengewirkt werden. Sind die Kosten für die Überwachung und Kontrolle, die dem Lizenzgeber durch die Lizenzvergabe entstehen, höher als der erzielbare Gewinn, ist eine alternative Reaktion auf die Patentverletzung eventuell vorteilhafter.[518]

Aufgrund dieser beiden Problematiken spielen Verhaltensannahmen und Umweltfaktoren eine große Rolle bei der Lizenzvergabe. Die Parteien handeln aufgrund ihrer Unsicherheiten und der Komplexität der Kooperation nur begrenzt rational.[519]

Aus Sicht der Prinzipal-Agent-Theorie kann z.B. durch eine Erhöhung der Faktorspezifität die Gefahr des opportunistischen Verhaltens verringert werden. Diese entsteht durch die Schaffung von gegenseitigen Abhängigkeitsverhältnissen wie beispielsweise durch eine gemeinsame technologische Weiterentwicklung oder durch die Wahl einer engeren Kooperationsform in Verbindung mit einer entsprechenden Vertragsgestaltung. Auch die Gewinn- bzw. Ergebnisbeteiligung des Agenten kann der Opportunitätsgefahr entgegenwirken, ist aber nur dann kostensenkend, wenn nicht mehrere Individuen den Agenten darstellen.[520]

[516] Vgl. Smith/Parr (2005), S. 613 f.
[517] Vgl. Jost (2001), S. 12 ff.
[518] Vgl. Jost (2001), S. 204 ff.
[519] Vgl. Picot et al. (2002), S. 69.
[520] Vgl. Alchian/Demsetz (1972), S. 779 ff.

6.2.2 Ermittlung von Patentverletzungen aus Transaktionskostensicht

In der Phase der Ermittlung von Patentverletzungen fallen Such- und Informationskosten für ein Unternehmen an, die durch die Suche nach der Patentverletzung und die Identifikation des Patentverletzers entstehen. Informationskosten entstehen durch die Suche nach Informationen, die für eine Transaktionsentscheidung benötigt werden. Hierbei wird auch der Zeitaufwand berücksichtigt.[521] Konkret fallen Kosten für unternehmensinterne Arbeitszeit oder für die Beauftragung externer Partner an.

Such- und Informationskosten entstehen bei einer systematischen Überwachung von Patentverletzungen durch die Implementierung entsprechender Systeme. Diese Patentmanagement-Systeme müssen dauerhaft gepflegt werden, so dass Transaktionskosten durch den Zeitaufwand für die Datenbankpflege entstehen. Außerdem werden unternehmensinterne Personalressourcen dafür beansprucht, so dass auch Opportunitätskosten entstehen.

Hinzu kommt der Zeitaufwand, den Mitarbeiter des Unternehmens, insbesondere die Patentabteilung aufbringen, um eine Patentverletzung als solche zu identifizieren. Daher entstehen auch Kosten, wenn Unternehmen nur zufällig z.B. von befreundeten Unternehmen oder auf Messen von mutmaßlichen Patentverletzungen erfahren. Bei gegebener Voraussetzung wird dem Patentverletzungsverdacht unternehmensintern nachgegangen. Pagatorische Kosten entstehen durch die Beschaffung der Schlüsselprodukte. Ergänzend dazu entstehen Transaktionskosten durch den personellen Aufwand für ein Reverse-Engineering. Für die Durchführung des Reverse-Engineering wird zusätzlich zu der Patentabteilung auch der F&E-Bereich bzw. der technische Bereich eingebunden. Je nach Unternehmensgröße und Kapazität erfolgt die Überprüfung von Patentverletzungen durch Ingenieurbüros oder Patentverwertungsgesellschaften. Erfolgt die Zahlung einer Prämie für die Mitarbeiter, weil diese eine Patentverletzung aufgedeckt haben, entstehen dem Unternehmen zusätzliche pagatorische Kosten.

Weiterhin entsteht ein Verwaltungsaufwand durch das Anlegen von Verletzungsakten, die Abschätzung des Verletzungsumfangs und Streitwerts und durch die Risikoabschätzung im Hinblick auf ein rechtliches Verfahren. Neben der technischen Analyse einer Patentverletzung muss auch eine juristische Analyse erfolgen, durch die Informationskosten in Form von Zeitaufwand entstehen. Je nach Unternehmensgröße und Kostenrestriktion müssen in diesem Schritt Patentanwälte oder Patentverwertungsgesellschaften eingebunden werden, so dass nicht

[521] Vgl. Rotering (1993), S. 104 f.

nur weitere Zahlungsmittelabflüsse sondern auch Transaktionskosten entstehen. Für die Wertermittlung eines Patents fallen Informationskosten an, die in der Ermittlungsphase notwendig sind, um abzuschätzen, ob und wann sich ein aktiver Umgang mit einer Patentverletzung lohnt.

Der Begriff Grenzkosten spielt in diesem Zusammenhang eine entscheidende Rolle. Aus ökonomischer Sicht suchen die Akteure nur nach Informationen, solange der Grenznutzen die Grenzkosten übersteigt. Diese beiden Einheiten können jedoch bei einer Patentverletzung nicht eindeutig bestimmt und oft auch nur schwer gemessen werden.[522]

Die Informationskosten können verringert werden, wenn potenzielle Patentverletzer allgemein bekannt sind, oder über Datenbanken recherchiert werden können.

6.2.3 Entscheidungsfindung aus Transaktionskostensicht

Mit jeder Entscheidung entstehen Transaktionskosten durch den Zeitaufwand für die Vorbereitung und Durchführung von Entscheidungen. Dieser Zeitaufwand wird auch als Zeitkosten bezeichnet und beschreibt die Opportunitätskosten eines Unternehmens, die durch den Aufwand für eine entgangene alternative Aktivität entstehen. Für die Entscheidungskosten gilt, je größer die Anzahl der Personen, die gemeinsam eine Entscheidung treffen müssen, desto höher sind die Entscheidungskosten. Für die Erzielung einer einstimmigen Entscheidung sind die Transaktionskosten am höchsten, da der Zeitaufwand für die Konsensbildung höher ist. Daher gilt auch, dass je höher die qualifizierte Mehrheitsregel bei einer Entscheidungsfindung ist, desto höher sind die Entscheidungskosten.[523]

Für die Entscheidung über den Umgang mit Patentverletzungen muss ein Unternehmen den Schaden, der durch die Patentverletzung entstanden ist, ermitteln und den Streitwert bestimmen. Auf Grundlage dessen und unter Beachtung der Patentpolitik des eigenen Unternehmens und des Patentverletzers wird eine Entscheidung über den Umgang mit einer Patentverletzung getroffen. Entsprechend ist der Zeit- und Kostenaufwand für die erforderliche Markt- und Wettbewerbsanalyse und die Bestimmung des Streitwerts im Rahmen der Transaktionskostenanalyse zu berücksichtigen.

Die Entscheidungskosten hängen von der Vorgehensweise eines Unternehmens bei Vorliegen einer Patentverletzung ab. So müssen im Rahmen der juristischen und technischen Analyse der Patentverletzungen Entscheidungen getroffen werden. Hierfür werden mehrere Abteilungen eines Unternehmens, insbesondere die Rechts-, Patent- und F&E-Abteilung hinzugezogen. Auch der bürokratische Aufwand, der während des Entscheidungsprozesses entsteht, erhöht die Entscheidungskosten. Liegt die Entscheidung bei der Geschäftsführung, wie dies häufig in kleinen

[522] Vgl. Akerlof (1970), S. 488 ff.
[523] Vgl. Schmidt/Bozdag/Suna (2010), S. 259.

Unternehmen der Fall ist, können die Entscheidungskosten auch höher ausfallen, weil der Geschäftsführer meist einen höheren Stundensatz hat, als die restlichen Mitarbeiter in einem Unternehmen.

Die Transaktionskosten für die Entscheidung über den Umgang mit einer Patentverletzung können gesenkt werden, indem die Abläufe im Entscheidungsprozess einfacher strukturiert und klare Vorgehensweisen für den Umgang mit Patentverletzungen definiert werden. Dies könnte zu Fixkosten für die Implementierung eines entsprechenden Systems führen, jedoch werden die laufenden Kosten dadurch verringert.

In Branchen, in denen es eine informelle Vereinbarung zwischen den Marktteilnehmern gibt, wie beispielsweise in der Automobilzuliefererbranche, wo mit wenigen Ausnahmen überwiegend Kreuzlizenzierungsvereinbarungen getroffen werden, sind die Entscheidungskosten niedriger. Für solche Branchen sind auch die Entscheidungskosten beim Umgang mit neuen Marktteilnehmern geringer, da hier beispielweise immer Unterlassungsklagen durchgeführt werden.

Aber auch ein passiver Umgang mit einer Patentverletzung kann zu hohen Transaktionskosten führen. Dies gilt insbesondere für Dulden und Abwarten, weil die Beobachtung der Tätigkeiten des Patentverletzers notwendig wird, die den Entscheidungsprozess verlängert und somit zu höheren Kosten führt. Ignoriert ein Unternehmen eine Patentverletzung, hängt dies normalerweise mit einer risikoscheuen Patentpolitik des Unternehmens zusammen. Da ein Unternehmen, das diese Strategie verfolgt, bereits entschieden hat, wie es mit Patentverletzungen umgeht, fallen die Entscheidungskosten gering aus. Die Entscheidungskosten sind normalerweise höher, wenn ein Unternehmen den aktiven Umgang mit einer Patentverletzung anstrebt. Dem stehen bei einer passiven Strategie aber höhere Kosten durch wettbewerblichen Verlust gegenüber. Diese gilt es abzuwägen.

Es gilt, je kleiner ein Unternehmen ist, desto geringer sind die Kosten für die Entscheidungsprozesse beim Umgang mit Patentverletzungen, da bei kleinen Unternehmen meist alleinig die Geschäftsführung entscheidet. Jedoch könnten hier dennoch verhältnismäßig hohe Kosten entstehen, weil die Stundensätze der Geschäftsführung höher ausfallen.

Die Transaktionskosten in der Phase der Entscheidungsfindung zum Umgang mit Patentverletzungen können gesenkt werden, indem Schwellen des Patentwerts definiert werden, ab wann Patentverletzungen nachgegangen wird. Eine solche Voraussetzung könnte ein Mindest-Patent- oder Lizenzwert sein. Besteht der Verdacht auf eine Patentverletzung, schätzt ein Unternehmen im ersten Schritt den Patentwert, die Schadenssumme oder den Lizenzwert ab, bevor weitere Schritte erfolgen. Ist eine Mindestsumme nicht erreicht, wird der vermuteten Patentverletzung nicht weiter nachgegangen. Vor der Beschaffung der Produkte der Wettbewerber sollte zudem die juristische Grundlage für den Patentverletzungsverdacht genauer überprüft werden, da nicht jede vermutete Patentverletzung im juristischen Sinne eine ist. Eine weitere Rolle spielen auch die patentpolitischen Präferenzen im Unternehmen. So sollte stets geprüft werden, ob das Verfolgen einer vermuteten Patentverletzung dem Unternehmen mehr Nutzen als Schaden bringt. Auch die Festlegung eines festen Entscheiderkreises im Unternehmen wirkt sich transaktionskostensenkend aus. Darüber hinaus sollten auch kritische Summen und Faktoren definiert werden, ab denen die Geschäftsführung über den Umgang mit einer Patentverletzung entscheidet.

6.2.4 Anbahnungskosten

Transaktionskosten in Form von Anbahnungskosten entstehen durch die Kontaktanbahnung mit dem Patentverletzer. Einige weitergehende Definitionen des Begriffs umfassen jedoch auch alle vorbereitenden Maßnahmen, die zu einer Kontaktanbahnung führen, so auch die Such- und Informationskosten.[524] Die Anbahnungskosten, die durch die Kontaktanbahnung mit einem Patentverletzer entstehen, sind vor allem Zeitkosten. Der Patentverletzer wird zunächst auf die Patentverletzung aufmerksam gemacht und es wird um eine Stellungnahme gebeten. In der Praxis ist üblich, dass der Patentinhaber mehrfach nachfassen muss, bevor der mutmaßliche Patentverletzer reagiert. Auch hierdurch entstehen Anbahnungskosten. Streitet der mutmaßliche Patentverletzer zunächst alle Vorwürfe ab, entstehen bereits in dieser Phase der Kontaktanbahnung Verhandlungen und somit auch Verhandlungskosten. Diese entstehen auch vor allem im Rahmen der ersten Gespräche.

Zudem müssen in der Anbahnungsphase eventuell vorab getroffene Entscheidungen revidiert bzw. unternehmensintern neu verhandelt werden, wenn neue Informationen vorliegen oder wenn der Patentverletzer anders reagiert als vorgesehen. Somit entstehen erneut Entscheidungskosten.

6.2.5 Transaktionskosten der Lizenzvereinbarung

Eine Kooperationsverhandlung mit einem mutmaßlichen Patentverletzer erfordert u.U. Sensibilität, da das grundsätzliche Vertrauen in das Wohlwollen des Partners nur eingeschränkt gegeben ist. Eine erfolgreiche Verhandlung führt dazu, dass beide Parteien den größtmöglichen Nutzen aus den verhandelten Konditionen ziehen und somit eine Win-win-Situation hergestellt wird. Der in der Theorie und Praxis gängige Verhandlungsansatz ist jedoch, dass jede Partei für sich selbst den größten Nutzen aus einer Verhandlung ziehen will und somit eine Win-lose-Situation angestrebt wird.[525]

---

[524] Vgl. Jost (2001), S. 39.
[525] Vgl. Fisher et al. (1991), S. 15 ff.

Kosten, die durch eine Vertragsaushandlung entstehen, werden durch die Transaktion direkt verursacht und dienen nur dieser einen bestimmten Transaktion. Diese werden auch transaktionsspezifische Investitionen genannt. Je höher diese Kosten im Bezug zur Substitutionsmöglichkeit bzw. zur nächstbesten Transaktionsalternative sind, desto mehr zielen die Vertragspartner auf eine dauerhafte Bindung ab und desto eher schließen sie langfristige Verträge untereinander ab. Es entstehen darüber hinaus Kosten für den Abschluss des Vertrages. Auch juristische Unterstützung wird im Rahmen der Vertragsverhandlungen benötigt; somit fallen auch hierfür pagatorische Kosten und Transaktionskosten an.[526]

Spezifische Transaktionskosten, die im Rahmen der Vertragsaushandlung bzw. des Vertragsabschlusses für den Lizenzgeber entstehen, umfassen zum einen fixe Kosten, die durch die Formulierung von (Standard-)Verträgen entstehen, zum anderen variable Kosten, die im Rahmen des Vertragsabschlusses entstehen. Variable Kosten entstehen schon bereits in der Phase der Ermittlung der Patentverletzung und der Identifikation des Patentverletzers. Diese können auch als Informationskosten betrachtet werden. Sie fallen gering aus, wenn potenzielle Partner allgemein bekannt sind, oder über Datenbanken recherchiert werden können. Weitere variable Kosten, die im Rahmen des Vertragsabschlusses entstehen, sind die Verhandlungskosten. Diese sinken mit der zunehmenden Anzahl an Lizenzverträgen, da damit die Erfahrungswerte und Lerneffekte steigen.[527]

Für die Wertermittlung einer Lizenz fallen Informationskosten an. Der Lizenzgeber muss hierfür den Wert seines Patentes und der Lizenz einschätzen. Der Lizenznehmer legt seine Gewinnerwartungen zu Grunde, um über die Höhe der Lizenzgebühr zu entscheiden. Die Informationskosten sind umso höher, je unsicherer seine Prognosen sind. Durch eine flexible Gestaltung des Lizenzvertrages wie z.B. durch eine umsatz- oder gewinngebundene Lizenzgebühr lassen sich die Informationskosten für den Lizenzgeber begrenzen.[528]

Die Verhandlungskosten können für den Lizenznehmer hoch sein, wenn keine Standardverträge existieren, bzw. wenn der Lizenznehmer mit den vertraglichen Bedingungen nicht einverstanden ist und diese nachverhandelt werden müssen. Je wichtiger und höherwertiger die Rechte für den Lizenznehmer sind, desto höher sind in der Regel die Verhandlungskosten, die entstehen.[529]

Der Lizenzgeber erwartet aufgrund seines Kenntnisstandes häufig eine höhere Lizenzgebühr, als der Lizenznehmer zu zahlen gewillt ist. Dies führt dazu, dass der Lizenzgeber Informationen

[526] Vgl. Bing (2002), S. 136.
[527] Vgl. Bing (2002), S. 142 ff.
[528] Vgl. Thorpe (1998), S. 318 f.
[529] Vgl. Bing (2002), S. 145 ff.

zum geschützten Gegenstand herausgeben muss, um seine Forderung zu rechtfertigen. Je komplexer eine Technologie ist, desto schwieriger ist es, diese genau zu evaluieren. Hierbei muss der Lizenzgeber jedoch beachten, dass er nicht zu viele Informationen herausgibt. Bei der Vergabe von Patentlizenzen kann der Lizenzgeber jedoch auf die Patentschrift verweisen.[530] Die erwirtschafteten Lizenzgebühren decken oftmals nicht die Kosten, die dem Lizenzgeber durch den F&E-Aufwand des geschützten und lizensierten Gegenstandes entstehen.[531]

Wird darüber hinaus im Zuge der Vertragsverhandlungen mit dem Patentverletzer eine Patentverwertungsgesellschaft eingebunden, besteht die Gefahr, dass Reputationskosten entstehen. Da der Terminus Patentverwertungsgesellschaft bzw. viel mehr „Patent-Trolls“ negativ konnotiert ist, kann dies – wenn er mit dem von der Patentverletzung betroffenen Unternehmen in Verbindung gebracht wird – zu Reputationskosten führen.[532] Die Einbindung von Patentverwertungsgesellschaften wird in einigen Branchen sehr kritisch betrachtet.

Zur Senkung der Transaktionskosten dient Vertrauen als eine wesentliche Funktion. Institutionen haben einen Einfluss auf die Höhe der Transaktionskosten, weil mit ihrer Hilfe Verhaltensspielräume eingeengt werden und weniger alternative sicherheitsbringende Vorkehrungen getroffen werden müssen. Solche alternativen Vorkehrungen verursachen in der Regel Kosten. Nach Williamson (1998) ist Vertrauen eine Institution und hat somit auch einen Einfluss auf die Transaktionskosten.[533] Die Transaktionskosten werden durch die komplexitätsmindernde Wirkung von Vertrauen gesenkt. Verhaltensspielräume werden eingeengt, da die subjektive Unsicherheit reduziert wird. Vertrauen senkt demzufolge den Koordinations- und Kontrollaufwand und somit auch die entsprechenden Kosten. Die Wirkung von Vertrauen kann mit Hilfe der Transaktionskostentheorie analysiert werden, ist jedoch kein Bestandteil der Theorie. Williamson (1993) betrachtet Vertrauen nicht als faktisches neues Analysegebiet der Transaktionskostentheorie, aber lehnt das Konzept des Vertrauens auch nicht ab.[534]

Vertrauen kann bei der potenziellen Kooperation mit einem Patentverletzer eine besonders kritische Rolle spielen. Seitens des Lizenzgebers muss dies nach einer mutmaßlichen Patentverletzung durch den potenziellen Partner zunächst aufgebaut werden. Daneben ist Vertrauen auch entscheidend im Rahmen der Lizenzvergabe und Kooperation, da der Lizenzgeber den Lizenznehmer nur eingeschränkt überwachen kann. Ohne Vertrauen ist eine solche Kooperationsform kaum praktikabel.[535] Aus der Fallstudienanalyse geht jedoch hervor, dass Vertrauen keine entscheidende Rolle bei der Lizenzvergabe an Patentverletzer spielt, da Patentverletzungen häufig

530 Vgl. Hennart (1982), S. 104 ff.
531 Vgl. Mordhorst (1994), S. 87 ff.
532 Vgl. Pohlmann/Opitz (2010), S. 1.
533 Vgl. Williamson (1998), S. 77 f.
534 Vgl. Williamson (1993), S. 463.
535 Vgl. Münscher/Hormuth (2013), S. 3 ff.

nicht arglistig erfolgen, sondern fahrlässig entstehen, weil es innerhalb einer Branche zu Überschneidungen in der Forschungs- und Entwicklungstätigkeit kommt. Dennoch soll an dieser Stelle auf die Funktion von Vertrauen eingegangen werden, da es die Transaktionskosten sehr senken kann.

Durch Vertrauen werden Kommunikationsprozesse und der Austausch zwischen den Akteuren gefördert. Weiterhin werden durch Vertrauen Verhandlungsprozesse gefördert und Konfliktpotenziale vermindert.[536] Eine wesentliche Funktion von Vertrauen ist die Überbrückung von zeitlichen Differenzen. Da ein Tausch zwischen den Marktteilnehmern nicht simultan erfolgt, sondern in der Praxis die Gegenleistung häufig zu einem anderen Zeitpunkt erbracht wird, ist Vertrauen zwischen den Partnern wesentlich. Der Austauschprozess wird nur auf Grundlage von Vertrauen ermöglicht, da nur so ein bestimmter Zeitraum überbrückt werden kann.[537]

Eine weitere Funktion von Vertrauen ist die Komplexitätsreduktion. Im Rahmen einer Kooperation entstehen für die Partner Spielräume, die für den jeweils anderen nicht vollständig kontrollierbar sind. Diese Spielräume entstehen durch Komplexität. Durch die komplexitätsreduzierende Wirkung von Vertrauen können Handlungsmöglichkeiten erschlossen werden, die sonst nicht umsetzbar gewesen wären.[538] Vertrauen hat außerdem eine effizienzsteigernde Wirkung in Bezug auf die Leistungen der jeweiligen Partner. Auf Basis von Vertrauen können Synergiepotenziale erzielt werden, da Informationen und Erkenntnisse der jeweiligen Partner gemeinsam genutzt werden können, was zu einem Mehrwert für beide Partner führt.[539] Eine weitere Funktion von Vertrauen ist die Ausweitung der Handlungsfreiheit. Umso spezifischer der Vertrag zwischen den Partnern ist, desto weniger Möglichkeiten bestehen, schnell auf Marktveränderungen reagieren zu können. Stark reglementierte Verträge deuten dabei auf fehlendes Vertrauen hin. Die Ausweitung der Handlungsfreiheit der Partner kann folglich nur auf Vertrauen basieren.[540]

Weitere Funktionen von Vertrauen umfassen u.a. die erhöhte Akzeptanz der gegenseitigen Abhängigkeit, die Reduktion der Neigung der Informationsvorenthaltung oder der ausgewählten Informationsweitergabe, eine größere Problemlösungsorientierung und eine intensivere Suche nach Handlungsalternativen, ein höherer wechselseitiger Einfluss und schließlich die Verringerung der Angst des Missbrauchs der Vorleistungen.[541] Vertrauen wirkt sich entsprechend transaktionskostensenkend aus.

[536] Vgl. Gambetta (1988), S. 219 ff.
[537] Vgl. Vogt (1997), S. 61; Cordini (2007), S. 83; Luhmann (1973), S. 26.
[538] Vgl. Cordini (2007), S. 73.
[539] Vgl. Nooteboom (1999), S. 25.
[540] Vgl. Preisendörfer (1995), S. 270; Nooteboom (1999), S. 25.
[541] Vgl. Krystek (1997), S. 544 ff.; Neubauer (1997), S. 107 f.; Meifert (2001), S. 109 ff.; Cullen et al. (2000), S. 226 ff.

6.2.6 Kontrollkosten für die Vertragseinhaltung

Zunächst kann grundsätzlich festgehalten werden, dass die Wahrscheinlichkeit einer illegalen Nutzung von geistigem Eigentum umso höher ist, je teurer die legale Nutzung und je geringer das Bewusstsein des mutmaßlichen Nutzers ist im Unrecht zu sein. Außerdem gilt, dass umso geringer die Rechtssicherheit im Zielland ist, desto höher sind die Überwachungs- und Kontrollkosten. Auch Abschreckungsmaßnahmen fallen unter die Kontrollkosten des Lizenzgebers, die er alleinig tragen muss.[542]

Die Kontrollkosten hängen maßgeblich von der Kontrollform ab. Wenn die Kontrolle technisch umsetzbar ist, entstehen hauptsächlich nur Fixkosten. Normalerweise bindet die Kontrollform jedoch personelle Ressourcen, was wiederum höheren Zeitaufwand und höhere Kosten bedeutet. Folglich sind die Transaktionskosten bei der Bindung von personellen Ressourcen für die Kontrolle höher. Hier steigen die Kosten mit zunehmender Vertragsanzahl. Überwachungskosten entstehen durch die Verwaltung der Lizensierung z.B. durch die Überwachung der Zahlung der Lizenzgebühr. Außerdem können durch die Qualitätskontrolle für die Produkte der Lizenznehmer, die auf Basis eines Patents hergestellt wurden, Kosten entstehen.[543]

Der Lizenznehmer hat grundsätzlich immer Anreize zu opportunistischem Verhalten. Er könnte das geschützte Produkt oder Verfahren in veränderter Form oder häufiger nutzen als vertraglich vereinbart. Dadurch entstehen dem Lizenzgeber Kontrollkosten, Konfliktschlichtungskosten und gegebenenfalls auch Kosten für eine Sanktionierung oder eine rechtliche Verfolgung. Unter Umständen können auch Kontrollkosten anfallen, wenn die Lizenz durch den Lizenzgeber beschränkt wird. Hier sollten beide Parteien sich gegenseitig kontrollieren, ob die Beschränkungen auch eingehalten werden. Grundsätzlich kann festgehalten werden, dass der Wert einer Lizenz für den Lizenznehmer mit zunehmenden Transaktionskosten sinkt. Das gleiche gilt auch für den Lizenzgeber.[544] Darüber hinaus entstehen dem Lizenzgeber Kosten, wenn jemand Drittes das lizensierte Patent verletzt. Hierfür muss der Lizenzgeber normalerweise die Kosten tragen.[545]

Auf Grundlage der Fallstudienanalyse kann festgehalten werden, dass dem Lizenzgeber für die Sicherstellung der Kooperation kaum Kosten entstehen, da die Kontrolle durch einen Buchprüfer lediglich im Vertrag festgehalten, aber selten umgesetzt wird. Auch erfolgen nachträgliche Vertragsanpassungen eher selten. Somit muss in den meisten Fällen lediglich überprüft werden, ob die Zahlungen durch den Lizenznehmer fristgerecht eingegangen sind. Meistens erfolgen diese fristgerecht und ohne größere Komplikationen, so dass in dieser Stufe nur geringe Transaktionskosten entstehen. In seltenen Fällen, in denen der Lizenznehmer nicht in der Lage ist,

542 Vgl. Brinkmann (1989), S. 27.
543 Vgl. Smith/Parr (2000), S. 348.
544 Vgl. Bing (2002), S. 142 ff.
545 Vgl. Smith/Parr (2000), S. 349.

pünktlich seine Zahlungen zu leisten, muss der Lizenzgeber mit einem erhöhten bürokratischen Aufwand rechnen, der Kosten verursacht.

Durch die eingeschränkte Vertragsüberwachung können dem Lizenzgeber jedoch Kosten durch entgangene Zahlungen entstehen, die auf Falschangaben durch den Lizenznehmer zurückzuführen sind. Falls jedoch ein Buchprüfer hinzugezogen wird, der die Angaben des Lizenznehmers überprüft, können neben Kontrollkosten auch weitere Transaktionskosten entstehen, die auf einen Vertrauensverlust zurückzuführen sind. Eine systematische Überwachung ist zeit- und kostenintensiv, woraus wiederum hohe Transaktionskosten entstehen. Es wird angenommen, dass die Transaktionskosten ein ganz entscheidender Faktor sind, weshalb die Richtigkeit der Lizenzgebührzahlungen nicht genau verfolgt wird.

Für einen Lizenznehmer entstehen Kontrollkosten in der Regel nur dann, wenn er der Erstnutzer eines Verfahrens oder Erzeugnisses ist und das lizensierte Produkt noch nicht fertiggestellt oder die Funktionsfähigkeit des Verfahrens noch nicht erwiesen ist. In diesem Fall könnte der Lizenzgeber sich opportunistisch verhalten, indem er das Produkt oder das Knowhow nicht vereinbarungsgemäß liefert.[546] Weitere Kontrollkosten können für den Lizenznehmer auf Grundlage der konkreten Vertragsgestaltung entstehen. Der Lizenznehmer muss kontrollieren, ob der Lizenzgeber sich an etwaige vertragliche Beschränkungen hält. Hat der Lizenznehmer beispielsweise eine Exklusivlizenz erhalten, muss er kontrollieren, ob der Lizenzgeber keine weiteren Lizenzen an andere Unternehmen vergeben hat. In allen anderen Fällen entstehen dem Lizenznehmer keine Kontrollkosten.

546 Vgl. Bing (2002), S. 136 f.

7 Fazit und zukünftige Fragestellungen

Ausgehend von den übergreifenden Fragestellungen und Zielstellungen, die in der Einleitung und im Rahmen der Vorüberlegungen formuliert wurden, erfolgt in diesem Kapitel die Zusammenfassung der Ergebnisse. Auch die wesentlichen Erkenntnisse zu den einzelnen Prozessschritten werden in diesem Kapitel zusammengefasst.

Nachfolgend werden zunächst die übergreifenden Fragestellungen formuliert und die wesentlichen Ergebnisse aus der Dokumenten- und Fallstudienanalyse zu den jeweiligen Fragen zusammengefasst.

Eines der Hauptanliegen der vorliegenden Arbeit war die Beantwortung der Frage, ob die Lizenzvergabe einen Weg darstellt, mit Patentverletzungen umzugehen. Ausgehend von der Dokumentenanalyse und den Erkenntnissen aus den Fallstudien kann festgestellt werden, dass die Lizenzvergabe eine Möglichkeit ist mit Patentverletzungen umzugehen. Wann und weshalb sich Unternehmen für diese Strategie entscheiden, hängt von vielen verschiedenen Faktoren ab. Im Wesentlichen spielen Faktoren wie etwa die unternehmensinterne Patent- und Risikopolitik sowie die zu Grunde liegende Unternehmensstrategie eine wichtige Rolle. Eine Detailbetrachtung konnte stattfinden, indem der gesamte Prozess der Lizenzvergabe an Patentverletzer in Anlehnung an den Transakionskostenansatz auf einzelne Prozessschritte herunter gebrochen wurde.

Eine weitere Zielstellung der vorliegenden Arbeit war die Prüfung, ob und inwiefern grenzüberschreitende Patentverletzungen anders behandelt werden, als solche die im Inland geschehen. Hier gaben alle befragten Unternehmen an, dass dies kein relevantes Merkmal sei. Andere Kriterien hielten die befragten Unternehmen für wichtiger als die Tatsache, in welchem Land die Patentverletzung stattgefunden hat. Auch die Dokumentenanalyse liefert keine Hinweise auf die Andersbehandlung von Patent-verletzungen aus dem Ausland.

Diese Tatsache bedeutet jedoch nicht, dass die Entscheidung über den Umgang mit Patentverletzungen im Ausland, nicht durch andere Kriterien indirekt beeinflusst wird. Bereits die Ermittlung von Patentverletzungen im Ausland ist mit höheren Transaktionskosten verbunden. Die Wahrscheinlichkeit, dass diese zufällig auf Messen entdeckt werden, oder Kunden von Patentverletzungen berichten, ist geringer. Hinzu kommt, dass alle befragten Unternehmen angeben, dass sie eine Risikoabschätzung durchführen, bevor sie sich für eine bestimmte Vorgehensweise entscheiden. Im Zusammenhang mit grenzüberschreitenden Patentverletzungen bedeutet dies, dass die Risiken wie z.B. eine Nichtigkeitsklage durch den mutmaßlichen Patentverletzer aufgrund einer unsichereren Rechtssituation im Ausland höher eingeschätzt werden als im Inland. Nicht nur die Risiken sind größer, sondern auch die Transaktionskosten eines aktiven Umgangs mit einer Patentverletzung im Ausland sind größer. Dies führt im Ergebnis dazu, dass grenzüberschreitende Patentverletzungen seltener verfolgt werden als inländische. Die Risiken einer Patentverfolgung werden meistens größer vermutet, weshalb die Wahrscheinlichkeit, dass eine passive Strategie vorgezogen wird entsprechend höher ist.

Für die Beantwortung der weiteren zentralen Fragestellung im Rahmen der vorliegenden Arbeit, wie Unternehmen strategisch vorgehen, wenn sie Lizenzen an Patentverletzer vergeben, wurde der Prozess der Lizenzvergabe an einen Patentverletzer auf Basis des Transaktionskostenansatzes definiert. Auf Basis des definierten Prozesses können die Transaktionskosten, die bei jedem einzelnen Prozesschritt entstehen, näher betrachtet werden. Die einzelnen Prozessschritte orientieren sich entsprechend an den Transaktionsphasen und umfassen konkret:

- Identifikation und Ermittlung von Patentverletzungen
- Entscheidungsgrundlagen im Umgang mit Patentverletzungen
- Kontaktanbahnung mit dem Patentverletzer
- Gestaltung der Kooperation
- Sicherstellung der Kooperation

Der Prozess wurde auch im Rahmen der Fallstudienanalyse bestätigt und konnte so angewandt werden. Ergänzt wurde der Prozess um das Instrument der Androhung eines gerichtlichen Vorgehens.

Im ersten Prozessschritt steht die Identifikation und Ermittlung von Patentverletzungen im Fokus. Die Methoden und die operative Umsetzung der Ermittlung von Patentverletzungen wurden nicht näher betrachtet. Eine detaillierte Betrachtung der verschiedenen Methoden zur Patentbewertung wurde ebenfalls vernachlässigt, da dies keine direkte Relevanz für diesen Prozessschritt hat. Am wichtigsten für die Bestimmung einer angemessenen Reaktion auf eine Patentverletzung ist, wie gravierend die Patentverletzung für das Unternehmen insbesondere aus ökonomischer Sicht ist und wie genau das Unternehmen zu seiner Einschätzung gelangt. Ernst (1996) hat hierzu die unternehmensbezogene Patentanalyse entwickelt. Demnach sollten Unternehmen Indikatoren und Kennzahlen als Frühwarnsysteme etablieren, die potenzielle künftige Patentverletzungen einbeziehen. Im Rahmen der empirischen Erhebungen konnte festgestellt werden, dass Unternehmen, die aktiv Patentverletzungen ermitteln und Patentverletzer identifizieren, auch einen aktiven Umgang mit der Patentverletzung anstreben. Patente haben einen hohen Stellenwert in diesen Unternehmen, daher wollen diese sowohl über Patentverletzungen und die Tätigkeiten der Wettbewerber informiert sein, um auf diese Weise aktiv auf Patentverletzungen reagieren zu können.

Bei Verdacht auf eine Patentverletzung beschafft sich das mutmaßlich geschädigte Unternehmen das Produkt, bei dem die Patentverletzung vermutet wird, und analysiert dieses im Rahmen eines Reverse-Engineerings. Ziel ist es, den Verletzungsumfang zu bestimmen, den Streitwert abzuschätzen und das Risiko einer Gegenklage durch den mutmaßlichen Patentverletzer abzuschätzen. Auch politische Erwägungen werden hierbei betrachtet.

Eine permanente Markt- und Wettbewerbsanalyse ist für die Ermittlung von Patentverletzungen notwendig. Aus der Dokumenten- und Fallstudienanalyse geht hervor, dass Patentverletzungen nur eingeschränkt systematisch ermittelt werden. Viel häufiger handelt es sich um zufällige Entdeckungen durch Vertriebs- oder F&E-Mitarbeiter. Außerdem werden für die Ermittlung von Patentverletzungen auch Datenbanken und Kennzahlen herangezogen. Die Intensität der Patentverfolgungsaktivitäten eines Unternehmens hängt im Wesentlichen von der Unternehmensgröße, der Patentpolitik und der Schwerpunktsetzung des Unternehmens ab. Bei kleinen Unternehmen befasst sich die Geschäftsführung mit strategischen Fragestellungen zu denen auch die Patentstrategie zählt. Größere Unternehmen haben oftmals eigene Patentabteilungen. Hier kann die Ermittlung von Patentverletzungen systematischer erfolgen. Ob ein Unternehmen eine eher defensive oder offensive Patentstrategie verfolgt, hat maßgeblichen Einfluss auf die Intensität der Patentverfolgung. Wenn Patente aus unternehmenspolitischen Gründen nicht durchgesetzt werden sollen, spielt die Ermittlung von Patentverletzungen häufig eine nachrangige Rolle. Weiterhin ist die Ermittlung von Patentverletzungen für Unternehmen mit einem klaren Technologie- und Geschäftsfeldfokus leichter als für Unternehmen, die in verschiedenen Geschäftsfeldern tätig sind. Die Fallstudienanalyse ergab, dass je vielschichtiger die Tätigkeitsfelder eines Unternehmens sind, desto schwieriger ist eine systematische Patentverfolgung.

In der Ermittlungsphase entstehen Transaktionskosten für das geschädigte Unternehmen, die auf Such- und Informationskosten in dieser Phase zurückzuführen sind. Der Grenznutzen muss vor allem in der Ermittlungsphase klar definiert werden. Verfolgt ein Unternehmen eine defensive Patentstrategie nutzt eine kostenintensive, systematische Ermittlung von Patentverletzungen nur selten. Die Senkung von Transaktionskosten ist in dieser Phase möglich, wenn potenzielle Patentverletzer allgemein bekannt sind, oder vergleichsweise einfach ermittelt werden können.

Die zentralen Fragestellungen im zweiten Prozessschritt dieser Arbeit sind, welche Entscheidungsoptionen Unternehmen im Umgang mit Patentverletzungen haben und welche Kriterien sie für die Entscheidungsfindung zu Grunde legen. Die Entscheidungsgrundlage zum Umgang mit Patentverletzern basiert u.a. auf den Fragen, wie schwerwiegend ist die Patentverletzung, wie viel Erfahrung hat das betroffene Unternehmen mit Lizensierung und dem Umgang mit Patentverletzern, wie viel internationale Erfahrungen hat das Unternehmen, wie ist die Technologie zu klassifizieren bzw. wie weit ist der Reifegrad, oder ob es sich um ein Erzeugnis- oder Verfahrenspatent handelt. Weiterhin muss sich das betroffene Unternehmen Fragen zum Potenzial des Zielmarktes stellen, die Markt- und Wettbewerbssituation untersuchen und eine Lizenznehmerevaluierung durchführen. Die Möglichkeiten von Unternehmen, mit einer Patentverletzung umzugehen, umfassen die passiven Strategien des Ignorierens, Duldens und Wartens und die aktiven Strategien der Lizensierung oder Unterlassungsklage. Die aktiven Strategien gehen meistens mit einer gerichtlichen Feststellung der Patentverletzung einher. Im Anschluss erfolgt entweder die Einigung auf einen Lizenzvertrag, oder es wird eine Unterlassungsklage angestrebt. Mehnert (2002) fasst im PIRAT-Modell die Faktoren, die zu einer Entscheidungsgenerierung notwendig sind, zusammen und stellt die verschiedenen Optionen zum Umgang mit einem Patentverletzer vor. Grundsätzlich gibt es zwei aktive Wege zum Umgang mit einem Patentverletzer: zum einen den Weg der Klage und zum anderen den Weg der Kooperation. Der Weg der Klage ist kosten- und zeitintensiv und gerade im internationalen Raum mit einem ungewissen Ausgang verbunden.

Aus der Dokumentenanalyse geht hervor, die wesentlichen Kriterien im Zuge der Entscheidungsfindung sind die risiko- und patentpolitischen Präferenzen eines Unternehmens, d.h. der Zugang zu Patentdatenbanken, die Zeitressourcen im Unternehmen, das Ergebnis aus der Markt- und Wettbewerbsbeobachtung und der Patentwert. Im Rahmen der Fallstudienanalyse wurde näher untersucht, welche Kriterien zu einem aktiven Umgang mit Patentverletzungen vor allem in Form einer Lizenzvergabe führen. Im Folgenden werden die wesentlichen Treiber einer aktiven Reaktion zusammengefasst:

- Mindesthöhe des Schadens aus der Patentverletzung
- Erfolgsaussichten bei einem gerichtlichen Verfahren
- Unternehmensgröße und Marktmacht des eigenen Unternehmens
- Unternehmensgröße und Marktmarkt des Patentverletzers
- Unternehmensstrategische Überlegungen bzw. risiko- und patentpolitische Präferenzen
- Stärke des verletzten Patents
- Öffentlichkeitswirksamkeit
- Unternehmensinternes Budget für die Verfolgung von Patentverletzungen
- Üblicher Umgang mit Patentverletzungen innerhalb der Branche
- Kooperationspotenzial und Synergien mit dem Patentverletzer

In dieser Phase entstehen Transaktionskosten vor allem durch den Zeitaufwand im Rahmen der Entscheidungsfindung. Je größer der Entscheiderkreis ist und je stärker eine Konsensentscheidung benötigt wird, desto höher sind die Entscheidungskosten. Eine Senkung der Transakionskosten ist möglich, wenn Abläufe im Entscheidungsprozess strukturiert sind und klare Vorgehensweisen für den Umgang mit Patentverletzungen definiert werden. Außerdem führt die Definition von Patentwertschwellen oder Mindestschadenssummen dazu, dass die Transaktionskosten in der Entscheidungsphase gesenkt werden. Unternehmensstrategische Überlegungen wie etwa patentpolitische Präferenzen sollten auch in einer frühen Phase der Entscheidungsfindung stattfinden. Weiterhin sollte auch die juristische Grundlage für einen Patentverletzungsverdacht frühzeitig geprüft werden. Falls die Aussicht auf eine erfolgreiche Lizenzsierung oder Feststellungsklage gering ist, hat dies einen transaktionskostensenkenden Einfluss in der Phase der Entscheidungsfindung.

Der dritte Prozessschritt beschreibt die Kontaktanbahnung mit einem Patentverletzer. Die Dokumenten- und Fallstudienanalyse ergab, dass der Prozess der Kontaktanbahnung mit einer Berechtigungsanfrage beginnt, in dem das geschädigte Unternehmen den Patentverletzer über die mutmaßliche Patentverletzung informiert und ihm eine Lizenz anbietet. Dieses Angebot wird im Normalfall von dem mutmaßlichen Patentverletzer abgelehnt oder ignoriert. Nach mehrmaligen Kontaktversuchen zielt der Patentverletzer entweder auf eine gerichtliche Feststellung der Patentverletzung oder auf eine Nichtigkeitsklage ab. In einigen Fällen, etwa wenn der mutmaßliche Patentverletzer den Verletzungsvorwurf als legitim ansieht, ist er in dieser Phase bereit, das Lizenzangebot des geschädigten Unternehmens anzunehmen. In den meisten Fällen erfolgt die Lizensierung jedoch erst nach der gerichtlichen Feststellung der Patentverletzung. Entsprechend gibt es zwei zentrale Zeitpunkte vor und nach der gerichtlichen Feststellung der Patentverletzung, zu denen eine Lizenzvergabe an einen Patentverletzer möglich ist. In dieser Phase der Anbahnung entstehen Transaktionskosten für das geschädigte Unternehmen. In der Anbahnungsphase müssen u.U. getroffene Entscheidungen revidiert und neu entschieden werden. Dies führt zu hohen Kosten in der Anbahnungsphase. Da in dieser Stufe des Prozesses eine starke Abhängigkeit von den Verhaltensweisen des mutmaßlichen Patentverletzers gegeben ist, sind nur im eingeschränkten Umfang Maßnahmen zur Senkung von Transaktionskosten umsetzbar.

Im vierten Prozessschritt steht die Gestaltung der Kooperation im Fokus. Zentrale Fragen, die sich bei diesem Prozessschritt stellen, beziehen sich auf die Bestimmung des Verhandlungsrahmens im Rahmen der Kooperation mit einem Patentverletzer und in der Ausgestaltung des Lizenzvertrages. Aus der Dokumenten- und Fallstudienanalyse geht hervor, dass der Verhandlungsrahmen durch die Preisvorstellung des Lizenzgebers und die Zahlungsbereitschaft des Lizenznehmers abgegrenzt wird. Der Lizenzgeber legt mit seiner Preisvorstellung das Minimum an Transfer- und Transaktionskosten, seine Opportunitätskosten und seine F&E-Kosten zu Grunde. Der Lizenznehmer bestimmt seine Zahlungsbereitschaft, indem er dafür die Kosten für eine (Umgehungs-) Entwicklung heranzieht, den Preis für den Bezug eines Substituts, seinen Gewinn bzw. die Kostenersparnis und die Kosten durch eine bewusste Patentverletzung betrachtet. Der Lizenzvertrag mit einem Patentverletzer unterscheidet sich kaum von einem Lizenzvertrag mit einem strategischen Lizenznehmer. Jedoch muss bei Vorliegen einer Patentverletzung normalerweise eine vergangenheitsbezogene Schadensersatzzahlung in Form einer Einmalleistung erbracht werden. Zudem ist die Nichtangriffsklausel bei der Lizenzvergabe an einen Patentverletzer besonders bedeutsam. Die Kooperationstiefe kann grundsätzlich variieren. Sehen beide Parteien Kooperationspotenziale, ist eine engere Zusammenarbeit zwischen dem Patentverletzer und dem geschädigten Unternehmen nicht ausgeschlossen. Meistens werden jedoch einfache Lizenzen vergeben.

Ein Vergleich der beiden Termini „Carrot“ und „Stick Licensing“ ergibt, dass der wesentliche Unterschied darin besteht, dass bei der Stick License eine vergangenheitsbezogene Zahlung in Form eines Schadensersatzes erbracht werden muss. Diese Aussage wird unter Berücksichtigung der Tatsache relativiert, dass der Lizenznehmer zum Zeitpunkt der Lizenzvergabe das Patent bereits genutzt hat. Demzufolge sind die tatsächlichen Kosten für das Patent nicht zwangsläufig höher, als wenn der Patentverletzer von Beginn an eine Carrot License bzw. eine strategische Lizenz erhalten hätte.

Die Prinzipal-Agent- und Moral-Hazard-Problematik werden im Rahmen der Ausgestaltung der Kooperation berücksichtigt. Diese entstehen insbesondere aufgrund von Informationsasymmetrien zwischen potenziellem Lizenzgeber und Lizenznehmer, durch Interessenskonflikte und unterschiedliche Risikoeinstellungen. In diesem Prozessschritt entstehen dem Lizenzgeber Vereinbarungs- und Abwicklungskosten durch die Formulierung von Lizenzverträgen und durch Verhandlungen. Eine der wesentlichen Faktoren zur Senkung der Transaktionskosten ist Vertrauen. Ist zwischen beiden Parteien grundlegendes Vertrauen vorhanden, müssen weniger sicherheitsbringende Vorkehrungen getroffen werden. Zudem werden die Kommunikations- und Verhandlungsprozesse durch Vertrauen effizienter. Darüber hinaus wirkt Vertrauen komplexitätsreduzierend.

Der fünfte und letzte Prozessschritt ist die Sicherstellung der Kooperation. Nach Vertragsabschluss sind die Vertragsüberwachung und ggf. auch die Vertragsanpassung zu leisten. Die Vertragskontrolle kann durch die regelmäßige Sichtung der Geschäftszahlen des Partners geleistet werden. Außerdem schließt die Sicherstellung einer funktionierenden Kooperation auch die Absicherung der Gebührenzahlung z.B. durch Erhebung einer Mindestgebühr mit ein. Die empirische Erhebung ergab, dass im Lizenzvertrag eine Klausel für die Einbindung eines Buchprüfers berücksichtigt wird, in der Praxis jedoch nur selten eine Buchprüfung erfolgt, wenn die Lizenzgebührzahlung fristgerecht erfolgt. In dieser Phase entstehen dem Lizenzgeber Kontrollkosten, die den Lizenzgeber u.U. von der Einbindung eines Buchprüfers abhält. Im Rahmen der Dokumentenanalyse wurde fesgestellt, dass gravierende Abweichungen zwischen den kalkulierten und tatsächlich erfolgten Lizenzgebührzahlungen existieren. Eine systematische Überwachung der Lizenzgebührzahlungseingänge ist zeit- und kostenintensiv, woraus wiederrum hohe Transaktionskosten entstehen. Insbesondere in der Kontrollphase sind Unternehmen darauf bedacht, die Transaktionskosten so niedrig wie möglich zu halten. Die Gründe für die Beendigung einer Kooperation reichen von der natürlichen Beendigung, wenn der Lizenzvertrag zeitlich befristet war, bis hin zum Vertrauensverlust.

Im Rahmen der vorliegenden Arbeit wurde untersucht, wie Unternehmen aktiv in Form einer Lizenzvergabe mit Patentverletzungen umgehen. Diese Untersuchung stellt eine Grundlage für weitere betriebswirtschaftliche Analysen zu dem Umgang mit Patentverletzungen dar. Um diese Thematik weiter zu bearbeiten, werden im folgenden Forschungsarbeiten vorgeschlagen:

- Betrachtung und Vergleich verschiedener Branchen im Hinblick auf den Umgang mit Patentverletzungen
- Quantitative Untersuchung der Entscheidungskriterien für den Umgang mit Patentverletzungen
- Betrachtung des Prozesses der Lizenzvergabe bei Patentverletzungen in spezifischen Branchen
- Gegenüberstellung der Position des Lizenznehmers im Rahmen der Lizenzvergabe bei Patentverletzungen
- Quantitative Analyse der Auswirkung der Risiko- und Verfahrenskosteneinschätzung auf die Verfolgung von Patentverletzungen
- Lizenzvergabe in Patentverletzungsfällen in einzelnen ausländischen Märkten
- Vergleich und Analyse des Einflusses des nationalen Rechtssystems auf den Umgang mit Patentverletzungen
- Quantiative Messung der Diskrepanz zwischen der errechneten und tatsächlich erfolgten Lizenzgebührzahlung durch den Lizenznehmer
- Aktives Lizenzgebührtracking: Detailierte Analyse aus einer Gegenüberstellung von Kontrollkosten zu den entgangenen Lizenzgebührzahlungen im Rahmen einer Kooperation

Die Lizenzvergabe stellt eine effektive Alternative für den Umgang mit Patentverletzungen dar. Aufgrund immer schneller werdenden Innovations- und Produktzyklen und der globalen Verflechtung der wirtschaftlichen Aktivitäten bieten Schutzrechte den Unternehmen eine Möglichkeit, zusätzliche Einnahmen zu generieren und sich strategisch in Zielmärkten zu positionieren. Darüber hinaus bietet die Lizenzvergabe in Patentverletzungsfällen eine Alternative mit der wachsenden Anzahl von Schutzrechtsverletzungen effektiv umzugehen. Unternehmen sollten diese Möglichkeit im Rahmen ihrer patent- und risikopolitischen Strategie berücksichtigen und ein effektives Patentmanagement implemenieren.

Anhang

Leitfaden Fallstudien

Einführung

Danksagung
Einführung in die Thematik und Ziel der Arbeit
Erläuterung der Fallstudienmethodik
Geplante Dauer des Interviews: 45-60 Minuten
Erlaubnis Gesprächsaufzeichnung

A. Basisdaten

A.1 Unternehmen (Name/Rechtsform/Mutter- oder Tochterunternehmen/ Organisationsstruktur/Gründungszeitpunkt)
A.2 Beschreibung der Unternehmenstätigkeit
A.3 Historie des Unternehmens
A.4 Ansprechpartner/Funktion des Ansprechpartners
A.5 Datum des Interviews, Dauer des Gesprächs
A.6 Anzahl Mitarbeiter (2014) gesamt/ggf. Tochter
A.7 Umsatz (2014) gesamt/ggf. Umsatz (2014) Tochter:

B. Patentwesen

B.1 Anzahl der laufenden Patente und Patentanmeldungen (Stand 2014)
B.2 Anzahl Mitarbeiter in der Patentabteilung bzw. Mitarbeiter die sich mit Patentthemen auseinandersetzen/Budget (2014)
B.3 Wie ist die Patentabteilung im Unternehmen eingeordnet?
B.4 Gibt es einen festen Prozess bei der Patentanmeldung? Zu welchem Zeitpunkt im Innovationsprozess werden Patente i.d.R. angemeldet?
B.5 Erfolgt eine Klassifizierung des Patentbestandes (wichtige/unwichtige Funktion des Patents: Sperrpatente, Vorratspatente, Zeitliche Klassifikation nach Anmeldezeitpunkt/Ablaufzeitpunkt oder Laufzeit)? Wenn ja, wie?

B.6 Erfolgt eine Berechnung des Patentwerts und eine Einschätzung hinsichtlich des Beitrags des Patents zum Unternehmenserfolg? Wenn ja, wie? Was ist die Folge der Berechnung?

C. Patentverletzungen

Identifikation und Ermittlung

C.1 Wie hoch schätzen Sie die Bedeutung von Patentverletzungen in ihrem Unternehmen und in ihrer Branche ein?

C.2 Finden gezielte Markt- und Wettbewerbsbeobachtungen statt, um Patent-verletzungen zu identifizieren? Wenn ja, wie? Existiert ein Frühwarnsystem, dass auf standardisierte Verfahren beruht (Checkliste, Software, wöchentlich/monatlich)?

C.3 Wurde ihr Unternehmen in der Vergangenheit mit Patentverletzungen konfrontiert? Wenn ja, wie häufig?

C.4 Handelte es sich bei den Patentverletzern um ausländische oder inländische Unternehmen?

C.5 Wie wurden die Verletzungshandlungen entdeckt?

C.6 Wie hoch schätzen Sie die *Dunkelziffer* von Verletzungshandlungen?

Entscheidungsgrundlagen zum Umgang mit Patentverletzungen

C.7 Wie schätzen sie die Effizienz und Effektivität ihrer Patentabteilung ein im Hinblick auf die Patentverfolgung?

C.8 Geschehen Patentverletzungen ihres Erachtens eher absichtlich aus strategischen Gründen oder unbewusst? Welchen Einfluss hat diese Tatsache auf den Umgang mit der Patentverletzung?

C.9 In welchen Fällen entscheiden Sie sich aktiv mit einer Patentverletzung umzugehen? Welchen prozentualen Anteil hat die gerichtliche Klärung von Patentverletzungen?

C.10 In welcher Phase fällt die Entscheidung, ob eine Unterlassungsklage oder eine Lizenzvergabe angestrebt wird? In welchen Fällen entscheiden Sie sich für die Lizenzvergabe?

C.11 Was sind die Entscheidungsgrundlagen? Wer trifft diese Entscheidung im Unternehmen?

C.12 Erfolgt eine Marktevaluierung/Marktanalyse vor der Entscheidungs-findung? Wenn ja, welche Kriterien müssen für eine Lizenzierung erfüllt werden?

C.13 Inwiefern spielt die Reputation des Patentverletzers eine Rolle bei der Entscheidung, wie mit der Patentverletzung umgegangen wird?

C.14 Inwieweit spielt es bei grenzüberschreitenden Patentverletzungen eine Rolle, in welchem Land der Patentverletzer seinen Sitz hat? Wie gehen sie mit Patentverletzungen aus dem Ausland um? Ist Lizenzvergabe hier eine Option? Antwort erläutern.

D. Lizenzvergabe bei Patentverletzungen

Kooperationsanbahnung

D.1 Wie erfolgt die Kontaktanbahnung mit dem Patentverletzer? Welche Rolle spielt hierbei die Androhung eines gerichtlichen Vorgehens?

D.2 Wie reagieren Patentverletzer auf die Kontaktanbahnung? Wie wird hier weiterverfahren?

D.3 Zu welchem Zeitpunkt wird dem Patentverletzer eine Lizenz angeboten? Welche Voraussetzungen muss dieser erfüllen?

D.4 Wie kooperationsbereit zeigen sich Patentverletzer? Kann trotz Verletzungshandlung eine Vertrauensbasis entwickelt werden? Welche Rolle spielt Vertrauen?

D.5 Werden externen Partner (z.B. Anwaltskanzleien, Patentverwertungsgesellschaften) mit in den Lizenzierungsprozess eingebunden? Wenn ja, welche und in welcher Form?

D.6 Wie erfolgt die Verhandlung bzw. die Auseinandersetzung mit dem Patentverletzer (Abwicklung über externe Kanzleien oder Beteiligung der Patentabteilung oder Geschäftsführung, etc.)?

Gestaltung der Kooperation

D.7 Wirkt sich ein schnelles Einlenken des Patentverletzers positiv auf den Lizenzvertrag bzw. auf die Lizensierungskonditionen aus? Wenn ja, wie konkret?

D.8 Welche Lizensierungsform wird gewählt bei Patentverletzungsfällen gewählt? Wie erfolgt die Entgeltzahlung?

D.9 Wie ermitteln Sie die Höhe der Schadensersatzgebühr bzw. wie wird die Lizenzgebühr ermittelt?

D.10 Gibt es auch Fälle in denen neben dem Patent auch die Technologie lizensiert wurde und somit eine tiefergehende Kooperation entstanden ist? Wenn ja, in welcher Form? Welche Voraussetzungen müssen hierfür gegeben sein?

D.11 Was sind die wesentlichen Vertragsbausteine? Welche Klauseln sind für den Lizenzvertrag mit einem Patentverletzer besonders relevant?

Sicherstellung einer funktionierenden Kooperation

D.12 Wie erfolgt die Vertragsüberwachung? Wie ist ihre Einschätzung über Falschangaben um geringere Lizenzgebühr zu zahlen? *(falls keine Einmalzahlung)*

D.13 Musste der Vertrag noch nachträglich angepasst werden? *(falls keine Einmalzahlung)*

D.14 Wurden die Lizenzgebühren regelmäßig wie vereinbart gezahlt?

D.15 Welche weiteren Risiken sehen Sie in der Vertragsgestaltung und Sicherstellung der Vertragseinhaltung? Was tun sie um diesen Risiken entgegenzuwirken?

Kooperationsbeendigung

D.16 Was führt zu einer Beendigung der Kooperation (insb. bei außerordentlicher Kooperationsbeendigung)?

D.17 Wie kann eine außerordentliche Kooperationsbeendigung vermieden werden?

Abschluss

Freigabe des Interviews für die Fallstudie in der Dissertation
Hinweise zu weiteren Gesprächspartnern, Unternehmen, etc.
Anmerkungen, Rückfragen und Danksagung

Literaturverzeichnis

Akerlof, G.A., 1970. „The Market for Lemons“: Quality Uncertainty and the Market Mechanism. In: Quarterly Journal of Economics, Vol. 5/ 1970, pp. 488-500

Alchian, A.A., Demsetz, H., 1972. Production, Information Costs and Economic Organization. In: American Economic Review, Vol. 62/1972, pp. 777-795

Alchian, A.A., Woodward, S., 1988. The Firm is Dead: Long Live the Firm. A Review of Oliver E. Williamson's The Economic Institutions of Capitalism. In: Journal of Economic Literature, Vol. 26/1988, pp. 65-79

Amberg, M., Bodendorf, F., Möslein, K.M., 2011. Wertschöpfungsorientierte Wirtschaftsinformatik. Springer Verlag Berlin Heidelberg, Berlin/Heidelberg

Aoki, M., 1984. The cooperative game theory of the firm. Oxford University Press, New York

Arora, A., Fosfuri, A., 2003. Licensing is the Presence of Competing Technologies. In: Journal of Economic Behavior and Organization, Vol. 52/2003, pp. 277-295

Arrow, K.J., 1969. The Organisation of Economic Activity: Issues Pertinent to the Choice of Market versus Non-Market Allocation. In: The Analysis and Evaluation of Public Expenditures: The PBB-System, Joint Economic Committee, 91th Congress, 1st Session, Band 1, Washington D.C.

Ashton, W.B., Sen, R.K., 1989. Using patent information in technology business planning I. In: Research Technology Management, Vol. 1-2/1989, pp. 36-42

Austin, D., 1995. The Power of Patents. In: Resources, Vol. 19/1995, pp. 2-5

Autio, E., Laamanen, T., 1995. Measurement and evaluation of technology transfer: review of technology transfer mechanisms and indicators. In: International Journal of Technology Management, Vol. 10(7/8)/1995, pp. 643-664

Axelrod, R., Keohane, R.O., 1993. Achieving Cooperation under Anarchy: Strategies and Institutions. In: Baldwin, David A.: Neorealism and Neoliberalism. The Contemporary Debate. New York, pp. 85-115.

Axelrod, R., 1988. Die Evolution der Kooperation. Oldenbourg Verlag, München

Ball, D.A, McCulloch, W.H., 1990. Test Bank to Accompany International Business: Introduction & Essentials. 4th Edition, Irwin Professional Publishing, Illinois

Barnes, H.W., 1968. Das Lizenzwesen im internationalen Handel. Dissertation, Technische Universität Braunschweig

Bartenbach, K., 2013. Patentlizenz und Knowhow-Vertrag. 7. Auflage, Verlag Dr. Otto-Schmidt, Köln

Bartenbach, B., 2002. Die Patentlizenz als negative Lizenz: Inhalt, Bedeutung und Abgrenzung zur positiven Lizenz, Verlag Dr. Otto Schmidt, Köln

Bartenbach, K., Gennen, K., 2001. Patentlizenz und Knowhow-Vertrag. 5. Auflage, Verlag Dr. Otto Schmidt, Köln

Bea, F.X., Haas, J., 2005. Strategisches Management. 4. Auflage, Lucius & Lucius Verlag, Stuttgart

Behrman, J.N., Schmidt, W., 1959. Royalty Provisions in Foreign Licensing Contracts. In: The Patent, Trademark and Copyright Journal of Research and Education, Vol. 3(4)/1959, pp. 272-302

Behrman, J.N., 1958. Foreign Licensing. In: The Patent, Trademark and Copyright Journal of Research and Education, Vol. 1(2)/1957, pp. 181-277

Berekoven, L., 1985. Internationales Marketing. 2. Auflage, Verlag Neue Wirtschafts-Briefe, Herne u.a.

Berndt, R., Sander, M., 1997. Betriebswirtschaftliche, politische und rechtliche Probleme der Internationalisierung durch Lizenzerteilung. In: Handbuch Internationales Management, Gabler Verlag, Wiesbaden

Bernhardt, W., 1974. Die Bedeutung des Patentschutzes in der Industriegesellschaft. München

Bhattacharya, R., Devinney, T.M., Pillutla, M.M., 1998. A formal model on trust based on outcomes. In: The Academy of Management Review, Vol. 23(3)/1998, pp. 459-472

Bing, F., 2002. Die Verwertung von Urheberrechten: Eine ökonomische Analyse unter besonderer Berücksichtigung der Lizenzvergabe durch Verwertungsgesellschaften. Zeitungs-Verlag Service, Berlin

Boos, M., 1992. A Typology of Case Studies. Rainer Hampp Verlag, Stuttgart

Bortz, J., Döring, N., 1995. Forschungsmethoden und Evaluation. 2. Auflage, Springer Verlag, Heidelberg u.a.

Bosshardt, C., 2001. Homo Confidens: Eine Untersuchung des Vertrauensphänomens aus soziologischer und ökonomischer Perspektive. Lang Verlag, Bern, Berlin, Bruxelles u. a.

Bramson, R.S., 2000. Some Comparisons of and Comments about Carrot and Stick Licensing. Pennsylvania, verfügbar: http://www.b-p.com/Documents/Comparisons.pdf (Zugriff: 15.11.2012)

Bramson, R.S., 1999. Primer on Licensing. Bramson & Pressman, verfügbar: http://www.b-p.com/Documents/PrimerOnLicensing.doc (Zugriff: 12.07.2013)

Brand, D., 1990. Der Transaktionskostenansatz in der betriebswirtschaftlichen Organisationstheorie – Stand und Weiterentwicklung der theoretischen Diskussion sowie Ansätze zur Messung des Einflusses kognitiver und motivationaler Persönlichkeitsmerkmale auf das transaktionskostenrelevante Informationsverhalten. Lang Verlag, Frankfurt a. M.

Brinkmann, T., 1989. Urheberschutz und wirtschaftliche Verwertung. Schriften zum gewerblichen Rechtschutz, Urheber- und Medienrecht (SGRUM), Band 17, Neuwied/ Frankfurt

Brockhoff, K., 1992. Instruments for patent data analysis in business firms. In: Technovation, Vol 12(1)/1992, pp. 41-58

Bronder, C., 1995. Unternehmensdynamisierung durch strategische Allianzen. Shaker Verlag, Aachen

Brose, verfügbar: http://www.brose.de (Zugriff: 17.03.2015)

Bülow, T., 1976. Der Einfluss des Territorialitätsprinzips auf die Wirkung des europäischen Patents für den gemeinsamen Markt. Dissertation, Technische Universität München

Buhrow, A., Nordemann, J.B., 2005. Grenzen ausschließlicher Rechte geistigen Eigentums durch Kartellrecht. In: GRUR Int. 2005, S. 407-419

Bullinger, H.J., Seidel, U., 1994. Einführung in das Technologiemanagement: Modelle, Methoden, Praxisbeispiele (Technologiemanagement – Wettbewerbsfähige Technologieentwicklung und Arbeitsgestaltung), Teubner Verlag, Stuttgart

Busche, J., 2001. Patente in der Wettbewerbsordnung – Kartellrechtlicher Verwertungszwang versus Innovationsschutz? In: Jahrbuch der Heinrich-Heine-Universität, Düsseldorf, S. 345-356

Busse, K.L., 1978. Internationaler Technologietransfer und Steuerrecht. In: Studien zu Finanz- und Steuerrecht, Band 2/1978, Bern

Campbell, R.S., 1983. Patenting the future: A new way to forecast changing technology. In: The Futurist, Vol. 12/1983, pp. 62-67

Carayannis, E., Jeffrey, A., 1999. Secrets of success and failure in commercializing US government R&D laboratory technologies: a structured case study approach. In: International Journal of Technology Management, Vol. 18/1999, pp. 246-269

Chien, H.-R., 2012. Indirect Infringement of Patent Rights. International Law Office IP Newsletter on July, 29, 2013, verfügbar:
http://www.leeandli.com/web/c/files/E043391.pdf (Zugriff: 5.08.2013)

Chiles, T.H., McMackin, J.F., 1996. Integrating variable risk preferences, trust, and transaction cost economics. In: Academy of Management Review, Vol. 21/1996, pp. 73-99

Cho, K. R., 1988. Issues of compensation in international technology licensing. In: Management International Review, Vol. 28(2)/1988, pp. 70-78

Coleman, J. S., 1990. Foundations of social theory. The Belknap Press of Harvard University Press Cambridge/Massachusetts

Commons, J.R., 1931. Institutional Economics. In: American Economic Review, Vol. 21/1931, pp. 648-657

Contractor, F.J. (1981), International Technology Licensing: Compensation, Costs and Negotiation, D.C. Heath, Lexington

Cordini, M., 2007. Vertrauen im Prozess komplexer Systeme: Zur Führungsfunktion des Mittelmanagements als Hauptträger personellen Vertrauens. Dissertation, Leibniz Universität Hannover

Cullen, J.B., Johnson, J.L., Sakano, T., 2000. Success through commitment and trust: the soft side of strategic alliance management. In: Journal of World Business, Vol. 35(3)/2000, pp. 223-240

Däbritz, E., 2001. Patente – Wie versteht man sie? Wie bekommt man sie? Wie geht man mit ihnen um? 2. Auflage, Verlag C.H. Beck, München

Debus, C., 2002. Routine und Innovation. Marburger Förderzentrum für Existenzgründer aus der Universität, Marburg

Demsetz, H., 1967. Toward a Theory of Property Rights. In: American Economic Review, Vol. 57/ 1967, pp. 347-359

Deutsches Marken und Patentamt, verfügbar: http://www.dpma.de/patent/index.html (Zugriff: 12.07.2013)

Diekmann, A., 2001. Empirische Sozialforschung – Grundlagen, Methoden, Anwendungen. 7. Auflage, Rowohlt Verlag, Reinbek

Dijk, T.W.B. Van, 1994. The Economic Theory of Patents: A Survey. In: MERIT Research Memorandum, No. 017, 2

Diller, H., 1992. Lizenz, Lizenzpolitik, Lizenzrecht. In: Vahlens Großes Marketing-Lexikon, München, S. 621-624

Döring, H., 1998. Kritische Analyse der Leistungsfähigkeit des Transaktionskostenansatzes. Dissertation, Georg-August-Universität Göttingen

Dolder, F., 1991. Geheimhalten oder patentieren? Patentmanagement im Betrieb. In: io Management Zeitschrift, 60, Zürich, S. 64-68

DPMA, verfügbar: http://www.dpma.de/ (Zugriff: 20.09.2015)

Dülfer, E., 1996. Internationales Management in unterschiedlichen Kulturbereichen. 3. Auflage, Oldenbourg Wissenschaftsverlag, Stuttgart

Ebers, M., Gotsch, W., 1999. Institutionenökonomische Theorien der Organisation. In: Kieser, A.: Organisationstheorien, Stuttgart, S. 193-242

Eckstorm, L.J., 1957. Licensing in Foreign Operations. In: Case Studies in Foreign Operations, IMA Special Report Nr. 1, International Management Association, New York

Eisenhardt, K.M., 1989. Building Theories from Case Study Research. In: Academy of Management Review Vol. 14/1989, pp. 532–550

Erlei, M., Jost, P.J., 2001. Theoretische Grundlagen des Transaktionskostenansatzes. In: Jost, P.J.: Der Transaktionskostenansatz in der Betriebswirtschaftslehre. Schäffer-Pöschel Verlag, Stuttgart, S. 35-75.

Ernst, H., 1996. Patentinformationen für die strategische Planung von Forschung und Entwicklung. Deutscher Universitätsverlag, Wiesbaden

Eto, H., Lee, J. H., 1993. Foreign Patenting and Trade with regard to Competitiveness. In: Technovation, Vol. 13(4)/1993, pp. 221-233

Fahse, H., 1994. Patentrecht für Ingenieure mit Gebrauchsmusterrecht und Arbeitnehmererfindungsrecht. 3. erw. Auflage, Kohlhammer W.Verlag, Kaiserslautern

Faix, A., 1998. Patente im strategischen Marketing: Sicherung der Wettbewerbsfähigkeit durch systematische Patentanalyse und Patentnutzung. Verlag E. Schmidt, Berlin

Ferrantino, M.J., 1993.The Effect of Intellectual Property Rights on International Trade and Investment. In: Weltwirtschaftliches Archiv 129(2)/1993, pp. 300-331

Fershtman, C., Kamien, M.L., 1992. Cross Licensing of Complementary Technologies. In: International Journal of Industrial Organization, Vol. 10/1992, pp. 329-348

Fischer, E., 1994. Lizenzen. In: Management-Enzyklopädie, Band 6, 2. Auflage, Landsberg/Lech, S. 236-251

Fisher, R., Ury, W.L., Patton, B., 1991. Getting to Yes: Negotiating Agreement Without Giving In. 2. Auflage, Penguin Publishing, New York

Fisher, T. E., 1961. Foreign Licensing Check List. In: Trademark Reporter, Vol. 51/1961

Ford, D., Ryan, C., 1981. Taking Technology to Market. In: Harvard Business Review, Vol. 59(2)/1981, pp. 117-126

Fräßdorf, H., 2009. Rechtsfragen des Zusammentreffens gewerblicher Schutzrechte, technischer Standards und technischer Standardisierung, GWV Fachverlage, Wiesbaden

Fraunhofer Gesellschaft, verfügbar: http://www.fraunhofer.de/ (Zugriff: 30.3.2015)

Fraunhofer Gesellschaft, 2013. Jahresbericht 2013: Leben in der digitalen Welt.

Friedmann, W.G., Kalmanoff, G., 1961. Joint International Business Ventures. Columbia University Press, New York/London

Fröhlich, F.W., 1974. Multinationale Unternehmen – Entstehung, Organisation und Management. Band 71, Europäische Wirtschaft, Baden-Baden

Furubotn, E., Pejovich, S., 1972. Property Rights and Economic Theory: A Survey of the recent literature. In: Journal of Economic Literature, Vol. 10/1972, pp. 1137-1172

Gaul, D., Bartenbach, K., 1973. Patentlizenz- und Knowhow-Vertrag, 2. Auflage, Otto-Schmidt-Verlag, Köln

Gambardella, A., Giuri, P., Torrisi, S., 2014. Markets for Technology. In: Dodgson, M., Gann, D., Philipps, N.: The Oxford Handbook of Innovation Management. Oxford University Press, Oxford, pp. 229-247

Gambardella, A., Torrisi, S., 2010. The barriers to expansion of international licensing. Bocconi University, Mailand

Gambetta, D., 1988. Trust: Making and breaking cooperative relations. Blackwell, Oxford

Ganske, T., 1996. Mitbestimmung, Property-Rights-Ansatz und Transaktionskostentheorie: Eine ökonomische Analyse. Frankfurt

Gassmann, O., Bader, M.A., 2011. Patentmanagement: Innovationen erfolgreich nutzen und schützen. 3. Auflage, Springer Verlag, Berlin

Gerpott, T., 1999. Strategisches Technologie- und Innovationsmanagement: Eine konzentrierte Einführung. Schäffer-Poeschel Verlag, Stuttgart

Gerpott, T., 2005. Strategisches Technologie- und Innovationsmanagement. 2. Auflage Schäffer-Poeschel Verlag, Stuttgart

Girschner, M.F.W., 1963. Märkte erobern mit Lizenzen. In: Absatzwirtschaft, 07/08 1963

Giuri, P., Mariani, M., Brusoni, S., Crespi, G., Francoz, D., Gambardella, A., Garcia-Fontes, W., Geuna, A., Gonzales, R., Harhoff, D., Hoisl, K., Lebas, C., Luzzi, A., Magazzini, L., Nesta, L., Nomaler, O., Palomeras, N., Patel, P., Romanelli, M., Verspagen, B., 2007. Inventors and invention processes in Europe: Results from the PatVal-EU survey. In: Research Policy, Vol. 36/2007, pp. 1107–1127

Göbel, E., 2002. Neue Institutionenökonomik: Konzeption und betriebswirtschaftliche Anwendungen. Lucius & Lucius Verlag, Stuttgart

Goldscheider, R., Gordon, A.H., 2006. Licensing Best Practices: Strategic, Territorial, and Technology Issues. John Wiley & Sons, New York

Gordon, W.J., 1994. Systemische und fallbezogene Lösungsansätze für Marktversagen bei Immaterialgütern. In: Ott, C. und Schäfer, H.-B., Ökonomische Analyse der rechtlichen Organisation von Innovationen, Tübingen, S. 328-369

Gordon, W.J., 1989. An Inquiry into the Merits of Copyright: The Challenge of Consistency, Consent and Encouragement Theory. In: Stanford Law Review, Vol. 41/1989, pp. 1343-1469

Graham, S.J.H., Hall, B.H., Harhoff, D., Mowery, D.C., 2003. Post-Issue Patent Quality Control: A Comparative Study of US Patent Re-Examinations and European Patent Oppositions. In: Patents in the Knowledge-Based Economy, The National Academies Press, Washington, D.C.

Greipl, E., Täger, U.C., Grefermann, K., 1982. Wettbewerbswirkungen der unternehmerischen Patent- und Lizenzpolitik unter besonderer Berücksichtigung kleiner und mittelständischer Unternehmen. Duncker & Humblot Verlag, Berlin

Gross, F., 2009. Schutz von Erfindungen: Patent- und Lizenzrecht. TU Berlin, Berlin

Grudziecki, R.L., Michel, A. (2002): Licensing and Litigation. In: Goldschneider, R. (Hrsg.): Licensing Best Practices – The LESI Guide to Strategic Issues and Contemporary Realities. John Wiley & Sons, New York

Grützmacher, R., Schmidt-Cotta, R.R., Laier, H., (1985). Der Internationale Lizenzverkehr: Genehmigungsvorschriften, Steuern, Devisenbestimmungen und Hinweise zur internationalen Lizenzpraxis. 7. Auflage, Fachmedien Recht und Wirtschaft in Deutscher Fachverlag GmbH, Frankfurt a. M.

Grupp, H., 1994. The measurement of technical performance of innovations by technometrics and ist impact on established technology indicators. In: Research Policy, Vol. 23(2)/1994, pp. 175-193

Gummesson, E., 2000. Qualitative Methods in Management Research. 2nd edition, Sage, London

Hanslik, A., 2012. Internationaler Markteintritt von kleinen und mittleren Unternehmen in China: Eine transaktionskostentheoretische Modellierung. Springer Gabler Verlag, Wiesbaden

Harhoff, D., Reitzig, M., 2001. Strategien zur Gewinnmaximierung bei der Anmeldung von Patenten: Wirtschaftliche und rechtliche Entscheidungsgrößen beim Schutz von Erfindungen. In: ZfB Nr. 5/2001, S. 509-530

Haver, F., Mailänder, K. P., 1967. Lizenzvergabe durch deutsche Unternehmen im Ausland. Verlag Recht und Wirtschaft, Heidelberg

Hederich, H.; Gronow, S., 1957. Der Lizenzvertrag. 15. Auflage, Bodenbender Verlag, Berlin

Heißner, S., Bahram, A., 2012. Intellectual Property Protection: Strategien für einen wirksamen Schutz geistigen Eigentums. Ernst&Young, Düsseldorf

Hella, 2013. Geschäftsbericht 2012/2013.

Henn, G., 1999. Patent- und KnowHow-Lizenzvertrag: Handbuch für die Praxis. 4. Auflage, C.F. Müller Verlag, Heidelberg

Henn, G., 1994. Patent- und Know-how-Lizenzvertrag. Ein Handbuch. 3. Auflage, C.F. Müller Verlag, Heidelberg

Hennart, J.F., 1982. A theory of multinational enterprise. Ann Arbor, The University of Michigan Press, Michigan

Hentschel, M., 2007. Patentmanagement, Technologieverwertung und Akquise externer Technologien: Eine empirische Analyse. Deutscher Universitäts-Verlag, Gabler Edition Wissen, Wiesbaden

Hepp, D., 1978. Handbuch des Lizenzgeschäfts. Band I und Band II, Verlag Industrie und Recht, Wil

Herstatt, C., Walch, S., 1999. Lizensierung als Instrument des Internationalen Technologiemarketings. Discussion Paper 99-02, Stuttgart

Hess, C., 1987. Rechtsfolgen von Patentverletzungen im europäischen Patentrecht. Duncker & Humblot Verlag, Berlin

Hesse, H.G., 1982. Die subjektiven Tatbestandsmerkmale der mittelbaren Patentverletzung. In: GRUR 1982, S. 191-197

Höft, U., 1992. Lebenszykluskonzepte: Grundlage für das strategische Marketing und Technologiemanagement. Erich Schmidt Verlag, Berlin

Högberg, B., 1977. Interfirm cooperation and strategic development. BAS Verlag, Göteborg

Hommers, R., 2007. Die treibende Kraft: Neue Technologien. GRIN Verlag, Norderstedt

Hubmann, H., Götting, H.P., 2010. Gewerblicher Rechtschutz: Patent-, Gebrauchsmuster-, Geschmacksmuster- und Markenrecht. 9. Auflage, Verlag C.H. Beck, München

Idris, K., 2004. Successful Technology Licensing. In: IP Assets Management Series, World Intellectual Property Organization, Genf

Jacobi, I., 1972. Direktinvestitionen im Export. Verlag Weltarchiv, Hamburg

Jarvin, S., 1988. Arbitrating International Disputes. In: LES Nouvelles 03/1988

Jaume, R., 1972. Lizenzverträge und Wettbewerbsregeln. In: WuW Zeitschrift für deutsches und europäisches Wettbewerbsrecht, 22/1972, S. 775-796

Jensen, M., Meckling, W., 1976. Theory of the Firm: Managerial Behavior, Agency Costs and Ownership Structure. In: Journal of Financial Economics, Vol. 3/1976, pp. 305-360

Jöst Abrasives, verfügbar: http://www.joest-abrasives.de/ (Zugriff: 24.03.2015)

Jost, P.J., 2001. Der Transaktionsansatz in der Betriebswirtschaftslehre. Schäffer-Poeschel-Verlag, Stuttgart

Jost, P.J., 2001. Die Prinzipal-Agenten-Theorie in der Betriebswirtschaftslehre. Schäffer-Poeschel-Verlag, Stuttgart

Kappich, L., 1989. Theorie der internationalen Unternehmungstätigkeit – Betrachtung der Grundformen des internationalen Engagements aus koordinationskostentheoretischer Perspektive. VVF Verlag, München

Kasper, W., Streit, M.E., 1999. Institutional Economics – Social Order and Public Policy. Edward Elgar, Cheltenham

Kelbel, G., 1966. Patentrecht und Erfinderrecht 1. Systematische Darstellung. Scheck Verlag, Hamburg

Khazam, J., Mowery, D., 1994. The Commercialization of RISC: Strategies for the Creation of Dominant Designs. In: Research Policy, Vol. 23(1)/1994, pp. 89-102

Kidder, L.H., 1981. Research methods in social relations, Rinehart & Winston, New York

Kieser, A., 2006. Organisationstheorien. 6. Auflage, Kohlhammer Verlag, Stuttgart

Kirsch, W., 1971. Entscheidungsprozesse: Informationsverarbeitungstheorie des Entscheidungsverhaltens. Band 2, Gabler Verlag, Wiesbaden

Klanke, B., 1995. Kooperation als Instrument der strategischen Unternehmensführung: Analyse und Gestaltung – dargestellt am Beispiel von Kooperation zwischen Wettbewerbern. Dissertation, Westfälische Wilhelms-Universität Münster

Klein, B., Crawford, R.G., Alchian, A.A., 1978. Vertical integration, appropriable rents, and the competitive contracting process. In: Journal of Law and Economics, Vol. 21/1978, pp. 297-326

Klenk, C., König, J., Dhom, M., Sandner, P., Wittner, R., 2013. German Champions: Innovationsmotor Mittelstand. Munich Innovation Group und TU München, verfügbar: http://www.germanchampions.de/wordpress/wp-content/uploads/AusarbeitungGermanChampions_Web.pdf (Zugriff: 27.07.2015)

Knight, F.H., 1965. Risk, Uncertainty and Profit. Harper & Row, New York

Knight, A.B., 1957. A Foreign Licensing Operation. In: IMA Special Report No. 3, International Management Association

König, H., Licht, G., 1995. Patents, R&D and Innovation. Evidence from the Mannheim Innovation Panel. In: ifo Studien, Vol. 41(4)/1995, pp. 521-543

Körber, T., 2013. Standardessentielle Patente, FRAND-Verpflichtungen und Kartellrecht. Band 6, Nomos Verlag, Baden-Baden

Kolde, E.J., 1968. International Business Enterprise. Pentice Hall, New Jersey

Kortunay, A., 2003. Patentlizenz und Know-how Verträge im deutschen und europäischen Kartellrecht. Dissertation, Universität zu Köln, Köln

Koshy, S., 1995. The Effect of TRIPs on Indian Patent Law: A Pharmaceutical Industry Perspective. Journal of Science & Technology Law, Boston University, Boston

Kriependorf, P., 1989. Internationale Lizenzstrategie. In: Handwörterbuch Export und Internationale Unternehmensführung, Stuttgart

Kromrey, H., 2000. Empirische Sozialforschung – Modelle und Methoden der standardisierten Datenerhebung und Datenauswertung. 4. Auflage, Leske + Budrich Verlag, Opladen

Krystek, U., 1997. Vertrauen als vernachlässigter Erfolgsfaktor der Internationalisierung. In: Krystek, U., Zur, E.: Internationalisierung: Eine Herausforderung für die Unternehmensführung. Springer Verlag, Heidelberg, u.a., S. 543-562

Kubicek, H., 1977. Heuristische Bezugsrahmen und heuristische angelegte Forschungsdesigns als Elemente einer Konstruktionsstrategie empirischer Forschung. In: Köhler, R. (Hrsg.), Empirische und handlungstheoretische Forschungskonzeptionen in der Betriebswirtschaftslehre.

Bericht über die Tagung des Verbandes der Hochschullehrer für Betriebswirtschaft e.V., Stuttgart, S. 5-36

Kühnen, T., 2011. Handbuch der Patentverletzung. Carl-Heymanns-Verlag, Köln

Kühnen, T., Geschke, E., 2002. Die Durchsetzung von Patenten in der Praxis: Von der Abmahnung bis zur Zwangsvollstreckung. Carl-Heymanns-Verlag, Köln

Kulhavy, E., 1986. Internationales Marketing. 3. Auflage, Rudolf Trauner Verlag, Linz

Kutschker, M., Schmid, S., 2008. Internationales Management. 6. Auflage, München

Lamnek, S., 2005. Qualitative Sozialforschung. 4. Auflage, Beltz Verlag, Weinheim

Lange, M., 2006. Anspruchspolitik im Rahmen der Patentanmeldung. 1. Auflage, Schriften zum Produktionsmanagement, Gabler Edition Wissenschaft, Jena

Langen, E., Wilke, H.-U., 1958. Internationale Lizenzverträge. 2. Auflage, Verlag Chemie, Weinheim

Lanjouw, J.O., Schankerman, M., 2000. Characteristics of Patent Litigation: A window on competition. In: The RAND Journal of Economics, Vol. 32(1)/2000, pp. 129-151

Legler, H., Grupp, H., Gehrke, B., Schasse, U., 1992. Innovationspotenzial und Hochtechnologie: Technologische Position Deutschlands im internationalen Wettbewerb. Physica-Verlag, Heidelberg

Lewis, J. D., Weigert, A., 1985. Trust as a social reality. In: Social Forces, Vol. 63/1985, pp. 967-985

Lichtenthaler, U., 2010. Determinants of proactive and reactive technology licensing: A contingency perspective. In: Research Policy, Vol. 39(1)/2010, pp. 55-66

Lichtenthaler, U., 2007. The Drivers of Technology Licensing: An Industry Comparison. In: California Management Review, Vol. 49(4)/2007, pp. 67-89

Lichtenstein, E., 1964. Der Lizenzvertrag mit dem Ausland. In: Neue Juristische Wochenzeitschrift, 17 Jahrgang., Heft 30/1964, S. 1345 ff.

Liebig, K., 2001. Geistige Eigentumsrechte: Motor oder Bremse wirtschaftlicher Entwicklung? – Entwicklungsländer und das TRIPS-Abkommen. Deutsches Institut für Entwicklungspolitik, Bonn

Lohtia, R., Brooks, C.M., Krapfel, R.E. (1994): What Constitutes a Transaction-specific Asset: An Examination of the Dimensions and Types. In: Journal of Business Research, Vol. 30/1994, pp. 261-270

Lovell, E.B., 1969. Appraising Foreign Licensing Performance. In: National Industrial Conference Board, Studies in Business Policy, No. 128, New York

Lovell, E.B., 1959. Foreign Licensing Agreement Part II – Contract Negotiation and Administration. In: National Industrial Conference Board, Studies in Business Policy, No. 91, New York

Lowe, J., Crawford, N., 1984. Innovation and Technology Transfer for the Growing Firm. Pergamon Press, Oxford

Lüdecke, W., Fischer, E., 1957. Lizenzverträge. Weinheim

Lüdecke, W., 1955. Lizenzgebühren für Erfindungen. Stoytscheff Verlag, Darmstadt

Luhmann, N., 1989. Vertrauen – Ein Mechanismus der Reduktion sozialer Komplexität. 3. Aufl., Uni-Taschenbücher Verlag, Stuttgart

Luhmann, N., 1988. Familiarity, Confidence, Trust: Problems and Alternatives. In: Gambetta, D.: Trust-Making and Breaking Cooperative Relations, New York, pp. 94-108

Luhmann, N., 1973. Vertrauen – Ein Mechanismus der Reduktion sozialer Komplexität. Ferdinand Enke Verlag, Stuttgart

Markarian, J., 2011. Strategic and Legal View of Licensing Patents. In: Bryer, L.G., Lebson, S.J.: Intellectual Property Operations and Implementation in the 21st Century Corporation. John Wiley & Sons, Hoboken

Martin, W., Grützmacher, R., Lemke, P., 1977. Der Internationale Lizenzverkehr. 6. Auflage, Heidelberg

Martinek, M., 1992. Franchising, Know-how-Verträge, Management- und Consultingverträge. Schriftenreihe der Juristischen Schulung Band 110, Verlag C.H. Beck, München

Matsunaga, Y., 1983. Determining Reasonable Royalty Rates. In: LES Nouvelles, Vol. 12/1983, pp. 216-218

Mauritz, H., 1996. Interkulturelle Geschäftsbeziehungen. Deutscher Universitäts-Verlag, Wiesbaden

Mayer, R.C., Davis, J.H.; Schoorman, F.D., 1995. An integrative model of organizational trust. In: Academy of Management Review, Vol. 20/1995, pp. 709-734

Mayring, P., 2003. Qualitative Inhaltsanalyse – Grundlagen und Techniken. 8. Auflage, Beltz Verlag, Weinheim

Mayring, P., 2002. Einführung in die qualitative Sozialforschung. 5. Auflage, Beltz Verlag, Weinheim

Mehnert, M., 2002. Ermittlung, Verfolgung und Bewertung von Patentverletzungen: Eine betriebliche Untersuchung bei forschenden Pharmaunternehmen in der Bundesrepublik Deutschland. Dissertation.de – Verlag im Internet, Berlin

Meifert, M., 2001. Vertrauensmanagement im Unternehmen: Eine empirische Studie über Vertrauen zwischen Angestellten und ihren Führungskräften. Rainer Hampp Verlag, München u.a.

Meissner, H.G., Gerber, S., 1980. Die Auslandsinvestition als Entscheidungsproblem. Betriebswirtschaftliche Forschung und Praxis, Bochum

Mellerowicz, K., 1958. Forschungs- und Entwicklungstätigkeit als betriebswirtschaftliches Problem. Haufe Verlag, Freiburg

Mes, P., 1997. Patentgesetz – Gebrauchsmustergesetz. C.H. Beck, München

Meyer, A., Noch, R., 1992. Online-Datenbanken – Einsatzpotenziale im Investitionsgütermarketing. In: Wirtschaftswissenschaftliches Studium, 4/1992, S. 173

Meyer, D., 1988. Die Theorie des Rent Seeking. In: WISU, 17. Jahrgang, 1/1988, S. 21-23

Miele, A., 2000. Patent strategy: The manager's guide to profiting from patent portfolios. John Wiley & Sons, Hoboken

Minderlein, M., 1990. Markteintrittsbarrieren und strategische Verhaltensweisen. In: Zeitschrift für Betriebswirtschaftslehre, 60(2)/1999, S. 155-178

Mittag, H., 1985. Technologiemarketing: Die Vermarktung von industriellem Wissen unter besonderer Berücksichtigung des Einsatzes von Lizenzen. Brockmeyer Verlag, Bochum

Mordhorst, C.F., 1994. Ziele und Erfolg unternehmerischer Lizenzstrategien. Deutscher Universitäts-Verlag. Wiesbaden

Morgan, R., Hunt, S., 1994. The commitment trust theory of relationship marketing. In: Journal of Marketing, Vol. 58(7)/1994, pp. 20-38

Morschett, D., 2006. Institutionalisierung und Koordination von Auslandseinheiten: Analyse von Industrie- und Dienstleistungsunternehmen. Deutscher Universitätsverlag, Wiesbaden

Müller, F.P., 1999. Die Patent- und Markenabteilung in Unternehmen. In: Mitteilungen der deutschen Patentanwälte. 11/1999, S. 422-427

Müller, H., 1993. Die Chance der Kooperation: Regime in den internationalen Beziehungen. Wissenschaftliche Buchgesellschaft, Darmstadt

Münscher, R., Hormuth, J., 2013. Vertrauensfallen im internationalen Management: Hintergründe – Beispiele – Strategien. Springer Verlag, Berlin/Heidelberg

Muhle, S., 2010. Strategisches Innovationsmanagement in überbetrieblichen Informationssphären: Phänomenologie und Bezugsrahmen für eine erweiterte Sicht des strategischen Managements von Informationsressourcen. Kölner Wissenschaftsverlag, Köln

Nalebuff, B.J., Brandenburger, A.M., 1996. Co-Opetition. Crown Business Verlag, New York

Neubauer, W., 1997. Interpersonales Vertrauen als Management-Aufgabe in Organisationen. In: Schweer, M.: Interpersonales Vertrauen – Theorien und empirische Befunde. Westdeutscher Verlag, Opladen, S. 105-120

Neuenschwander, C.R., 2004. Licensing Patents in Unfriendly Waters: The Use of Outside Help in Assertive Licensing. In: The Licensing Journal Vol. 24(2)/2004, pp. 10-14

Neumann, J., Morgernstern, O., 1944. Theory of Games and Economic Behaviour. Princeton University Press, New Jersey

Nieder, M., 2004. Die Patentverletzung: Materielles Recht und Verfahren. Verlag C.H. Beck, München

Nienaber, K.B., 2002. Internationalisierung mittelständischer Unternehmen: Theoretische Grundlagen und empirische Befunde zur Strategiewahl und Umsetzung. Verlag Dr. Kovac, Hamburg

Nirk, R., 1970. Die Einordnung der Gewährleistungsansprüche und Leistungsstörungen bei Verträgen über Patente in das Bürgerliche Gesetzbuch. GRUR 1970, S. 329-340

Nitsche, V., 2007. Patent-Management. VDM Verlag Dr. Müller, Berlin

Nooteboom, B., 1999. Inter-firm alliances: Analysis and design. Routledge Publishing, London, New York

Osterrieth, C., 2000. Patentrecht: Einführung für Studium und Praxis. Verlag C.H. Beck, München

o.V., 2014. VDMA Studie Produktpiraterie 2013. VDMA, Frankfurt a.M, verfügbar: http://pks.vdma.org/documents/105628/900795/VDMA+Studie+Produktpiraterie+2014_final.pdf/7debf619-8233-4114-a635-b32d808552b9 (Zugriff: 27.07.2015)

o.V., 2011. Estimating the global economic and social impacts of counterfeiting and piracy. Frontier Economics, London, Vol. 02/2011

o.V., 2009. LG Mannheim: Urteil vom 27. Februar 2009; Az. 7 O 94/08. OpenJur, verfügbar: http://openjur.de/u/341036.html (Zugriff: 24.07.2013)

o.V., 2007. Rechtliche und wirtschaftliche Aspekte bei internationalen Lizenzverträgen. Enterprise Europe Network, verfügbar: http://www.enterpriseeuropenetwork.at/files/download/technology/lizenzvertraege.pdf (Zugriff: 26.03.2013)

o.V., 2007. The Economic Impact of Counterfeiting and Piracy. OECD, verfügbar: http://www.oecd.org/industry/ind/38707619.pdf (Zugriff: 10.08.2013)

o.V., 1994. Nutzung des Patentschutzes in Europa: Repräsentative Erhebung EPOSCRIPT, Europäisches Patentamt, München

o.V., o.J.. Intellectual Property: Protection and Enforcement. World Trade Organisation, Genf, verfügbar: http://www.wto.org/english/thewto_e/whatis_e/tif_e/agrm7_e.htm (Zugriff: 10.07.2013)

Paliwoda, S., 1989. International Marketing. Butterworth-Heinemann, Oxford

Papst Licensing, verfügbar: http://www.papstlicensing.com/ (Zugriff: 30.09.2014)

Pariser Verbandsübereinkunft, verfügbar: http://transpatent.com/archiv/152pvue/pvue.html (Zugriff: 19.07.2013)

Parr, R.L., Smith, G.V., 2008. Intellectual Property: Valuation, Exploitation, and Infringement Damages. John Wiley & Sons, Hoboken

Patentgesetz, 2011. Patent- und Musterrecht: Textausgabe zum deutschen, europäischen und internationalen Patent-, Gebrauchsmuster- und Geschmacksmusterrecht. 11. Auflage, Beck Deutscher Taschenbuch Verlag, München

Patent Cooperation Treaty, verfügbar: http://www.wipo.int/pct/en/texts/articles/atoc.htm (Zugriff: 28.06.2013)

Pausenberger, E., 1992: Internationalisierungsstrategien industrieller Unternehmungen. In: Dichtl, E., Issing, O.: Exportnation Deutschland, 2. Auflage, Beck Verlag, München

Perl, E., 2003. Grundlagen des Innovations- und Technologiemanagements. In: Innovations- und Technologiemanagement, WUV Universitätsverlag, Wien

Perlitz, M., 2004. Internationales Management. Ullstein Verlag, Berlin

Perlitz, M., 1995. Internationales Management. Gustav Fischer Verlag, Stuttgart/Jena

Pfaff, D., Osterrieth, C., 2004. Lizenzverträge: Formularkommentar. 2. Auflage, Beck Verlag, München

Pfetsch, F.R., 2006. Verhandeln in Konflikten: Grundlagen – Theorie – Praxis. VS Verlag für Sozialwissenschaften/ GWV Fachverlage GmbH, Wiesbaden

Picot, A., Reichwald, R., Wigand, R.T., 2009. Die grenzlose Unternehmung. 5. Auflage, Gabler Verlag, Wiesbaden

Picot, A., Dietl, H., Franck, E., 2002. Organisation: Eine ökonomische Perspektive, 3. Auflage, Schäffer-Poeschel-Verlag, Stuttgart

Picot, A., 1993. Transaktionskostenansatz. In: Handwörterbuch der Betriebswirtschaft, Teilband 3, 5. Auflage, Schäffer-Poeschel-Verlag, Stuttgart, S. 4149-4204

Picot, A., 1991. Ökonomische Theorien der Organisation - Ein Überblick über neuere Ansätze und deren betriebswirtschaftliches Anwendungspotenzial. In: Ordelheide, D., Rudolph, B., Busselmann, E.: Betriebswirtschaftslehre und ökonomische Theorie, Stuttgart, S. 143-170.

Picot, A., 1982. Unternehmensorganisation und Unternehmensentwicklung im Lichte der Transaktionskostentheorie. In: Streißler, E.: Information in der Wirtschaft, Schriften des Vereins für Sozialpolitik, Band 126, Berlin

Picot, A., 1982. Transaktionskostenansatz in der Organisationstheorie: Stand der Diskussion und Aussagewert. In: Die Betriebswirtschaft, 42/1982, Nr. 2, S. 267-284

Pleschak, F., Sabisch, H., 1996. Innovationsmanagement. Schäffer-Poeschel Verlag, Stuttgart

Pohlmann, T., Opitz, M., 2010. Typology of Patent Troll Business. MPRA Paper No. 31923

Poley, W.L., 1980. Know-how-Export, Lizenzvergabe, Technologie-Transfer. Deutscher Wirtschaftsdienst, Köln

Poltorak, A.I., 2010. Assertive Licensing Boosts Value of Dormant Patents. In: The Licensing Journal Vol. 30(5)/2010, pp. 1-5

Poltorak, A.I., 2006. The Fundamentals of Assertive Licensing. General Patent Corporation, New York

Poltorak, A.I., Lerner, P.J., 2004. Essentials of Licensing Intellectual Property. John Wiley & Sons, Hoboken

Preisendörfer, P., 1995. Vertrauen als soziologische Kategorie: Möglichkeiten und Grenzen einer entscheidungstheoretischen Fundierung des Vertrauenskonzeptes. In: Zeitschrift für Soziologie, Nr. 24/1995, Heft 4, S. 263-272

Porter, M.E., 1991. Towards a Dynamic Theory of Strategy. In: Strategic Management Journal, Vol. 12/1991, pp. 95-117

Preu Bohlig, verfügbar: http://www.preubohlig.de/ (Zugriff: 12.04.2015)

Raape, L., 1961. Internationales Privatrecht, 5. Auflage, F. Vahlen Verlag, Berlin/ Frankfurt a. M.

Rebel, D., 2003. Gewerbliche Schutzrechte. 4. Auflage, Carl Heymanns Verlag, München

Reitzig, M., 2002. Die Bewertung von Patentrechten – Eine theoretische und empirische Analyse aus Unternehmenssicht. Deutscher Universitätsverlag, Wiesbaden

Rieck, C., 1993. Spieltheorie: Einführung für Wirtschafts- und Sozialwissenschaftler. Gabler Verlag, Wiesbaden

Rinck, G., Schwark, E., 1986. Wirtschaftsrecht. 6. Auflage, Heymanns Verlag, Köln

Rindfleisch, A., Heide, J.B., 1997. Transaction Cost Analysis: Past, Present and Future Applications. In: Journal of Marketing, Vol. 61/1997, pp. 30-54

Rinken, M., 2012. Die Rechtsfolgen einer mittelbaren Patentverletzung nach §10 Patentgesetz. Peter Lang Verlag, Frankfurt

Rivette, K.G., Kline, D., 2000. Wie sich aus Patenten mehr herausholen lässt. In: Harvard Business Manager, 4/2000, S. 28-40

Rockett, K.E., 1990. Choosing the Competition and Patent Licensing. In: RAND Journal of Economics, Vol. 21(1)/1990, pp. 161-171

Rogers, E., Shoemaker, F.F., 1971. Communications of Innovations – A Cross-Cultural-Approach. Free Press Verlag, New York

Rollwagen, I., 2008. Wirtschaft und Gesellschaft 2020: Projektwirtschaft – Wertschöpfung durch neue Geschäftskulturen. Deutsche Bank Research, Frankfurt a. M.

Rotering, J., 1993. Zwischenbetriebliche Kooperation als alternative Organisationsform: ein transaktionskostentheoretischer Erklärungsansatz. Schäffer-Poeschel Verlag, Stuttgart

Rüther, F., 2012. Patent Aggregating Companies: Their Strategies, Activities, and Options for Producing Companies. Springer Gabler Verlag, Wiesbaden

Sackett, D.L., 1979. Bias in Analytic Research. Vol. 32/1979, Pergamon Press Ltd., pp. 51-63

Sakakibara, M., 2010. An empirical analysis of pricing in patent licensing contracts. In: Industrial and Corporate Change, Vol. 19(3)/2010, pp. 927-945

Schanz, K.U., 1995. Export, Lizenzvergabe oder Direktinvestition? Eine wirtschaftstheoretische Analyse unternehmerischer Internationalisierungsstrategien vor dem Hintergrund der neuen WTO-Welthandelsordnung. Rügger Verlag, Chur u.a.

Scherm, E., Süß, S., 2001. Internationales Management: Eine funktionale Perspektive. Vahlen Verlag, München

Schmidt, M.G., Bozdag, C., Suna, L., 2010. Demokratietheorien: Eine Einführung. 5. Auflage, VS Verlag für Sozialwissenschaften, Wiesbaden

Schmidt, A., 1967. Aktive Patent- und Lizenzpolitik in der Wirtschaft. VDI Verlag, Düsseldorf

Schmitt, S., 2009. Formen der Innovationsvermarktung. Grin Verlag, München

Schmoch, U., Grupp, H., Mannsbart, W., Schwitalla, B., 1988. Technikprognosen mit Patentindikatoren: Zur Einschätzung zukünftiger industrieller Entwicklungen bei Industrierobotern, Lasern, Solargeneratoren und immobilisierten Enzymen. Verlag TÜV Rheinland, Köln

Schneider, D., 2002. Einführung in das Technologie-Marketing. Oldenbourg Wissenschaftsverlag, München

Schnell, R., Hill, P., Esser, E., 1995. Methoden der empirischen Sozialforschung. 5. Auflage, Oldenbourg Wissenschaftsverlag, München

Schoppe, S.G., 1995. Moderne Theorie der Unternehmung. Oldenbourg Wissenschaftsverlag, München

Schramm, R., Bartkowski, A., 2001. Patentometrische Analyse mittels Datenbankverknüpfung. In: Nachrichten für Dokumentation, Jahrgang 52(5)/2001, S. 293-299

Schramm, R., Ludwig, J., Töpfer, B., 1997. Patentanalyse und Patentstrategie. TU Ilmenau, Ilmenau

Schramm, C., Wiedemann, S., Henner, G., Popp, E., 1987. Der Patentverletzungsprozess. Carl Heymanns Verlag, Köln u.a.

Schreyögg, G., 1998. Organisation: Grundlagen moderner Organisationsgestaltung. 2. Auflage, Gabler Verlag, Wiesbaden

Schulte, R., 2001. Patentgesetz mit Europäischem Patentübereinkommen. Kommentar auf der Grundlage der deutschen und europäischen Rechtsprechung. 5. Auflage, Heymanns Verlag, Köln

Schultz, A.-M., 1980. Gebührenbemessung bei internationalen Lizenz- und Know-how-Verträgen. Band 8, St. Gallener Studien zum Wettbewerbs- und Immaterialgüterrecht, St. Gallen

Schumpeter, J., 1997, Theorie der wirtschaftlichen Entwicklung. Duncker & Humblot Verlag, Berlin

Schwamborn, S., 1994. Strategische Allianzen im internationalen Marketing: Planung und portfolioanalytische Beurteilung. Deutscher Universitäts-Verlag, Wiesbaden

Scott, S., 1998. The Value of Patent Information in the Innovation Process. In: European Commission: Patents as an Innovation Tool, Proceedings of the fourth European Congress on Patents. pp. 89-98

Sell, A., 2002. Internationale Unternehmenskooperationen. 2. Auflage, Oldenbourg Wissenschaftsverlag, München

Shephard, A., 1987. Licensing to Enhance Demand for New Technologies. In: Rand Journal of Economics, Vol. 41/1987, pp. 360-368

Siech, W., 1961. Lizenzfertigung im Ausland. Verlag Moderne Industrie, München

Simmel, G., 1992. Soziologie – Untersuchungen über die Formen der Vergesellschaftung. Suhrkamp Verlag, Frankfurt a. M.

Simon, H. A. 1961. Administrative Behavior. 2nd Edition, Macmillan Publishers, New York

Specht, G., Beckmann, C., Amelingmeyer, J., 2002. F&E Management. Kompetenz im Innovationsmanagement. 2. Auflage, Schäffer-Poeschel Verlag, Stuttgart

Specht, G., Beckmann, C., 1996. F&E Management. Schäffer-Poeschel, Stuttgart

Spielkamp, A., Rammer, C., 2006. Balanceakt Innovation: Erfolgsfaktoren im Innovationsmanagement kleiner und mittlerer Unternehmen. Zentrum für Europäische Wirtschaftsforschung, Mannheim

Spremann, K., 1990. Asymmetrische Information. In: Zeitschrift für Betriebswirtschaft, Nr. 60/1990, S. 561-586

Spur, G., 1998. Technologie und Management: Zum Selbstverständnis der Technikwissenschaften. Hanser Fachbuchverlag, München

Stauder, D., 1975. Patentverletzung im grenzüberschreitenden Wirtschaftsverkehr. Carl Heymanns Verlag, Köln

Staudt, E., 1992. Kooperationshandbuch. Ein Leitfaden für die Unternehmenspraxis. Springer Verlag, Düsseldorf

Stock-Homburg, R., 2003. Der Zusammenhang zwischen Mitarbeiter- und Kundenzufriedenheit: Direkte, indirekte und moderierende Effekte, 2. Auflage, Gabler Verlag, Wiesbaden

Strebel, H., 2007. Innovations- und Technologiemanagement. 2. Auflage, Facultas Verlags- und Buchhandels AG, Stuttgart

Strebel, H., 1968. Die Bedeutung von Forschung und Entwicklung für das Wachstum industrieller Unternehmungen. E. Schmidt Verlag, Berlin

Strohmayer, M., 1996. Expansion durch Kooperation: Wachstumsstrategien mittelständischer Unternehmen im europäischen Binnenmarkt. Lang Verlag, Frankfurt a.M.

Stumpf, H., Groß, M.; 1998. Der Lizenzvertrag. 7. Auflage, Verlag Recht und Wirtschaft, Heidelberg

Stumpf, H., 1970. Der Know-how-Vertrag. Heidelberg

Stumpf, H., 1968. Der Lizenzvertrag, Frankfurt a.M.

Teubener, H., 1999. Lizenzvergabe als Alternative zur Eigeninvestition des Industriebetriebs. Band 4, Göttinger wirtschaftswissenschaftliche Abhandlungen, Hainholz Verlag, Göttingen

Thomson Reuters, verfügbar: http://top100innovators.com (Zugriff: 22.9.2015)

Thorpe, J., 1998. Regulating the Collective Exploitation of Copyright. In: Prometheus, Vol. 16/1998, pp. 317-329

Tietzel, M., 1981. Die Ökonomie der Property Rights: Ein Überblick. In: Zeitschrift für Wirtschaftspolitik, S. 207-213

Tröndle, D., 1987. Kooperationsmanagement: Steuerung interaktioneller Prozesse bei Unternehmungskooperationen. Eul Verlag, Bergisch-Gladbach u.a.

Vahs, D., Burmester, R., 2005. Innovationsmanagement. Von der Produktidee zur erfolgreichen Vermarktung. 3. Auflage, Schäffer-Poeschel Verlag, Stuttgart

Vahs, D., Burmester, R., 1999. Innovationsmanagement. Von der Produktidee zur erfolgreichen Vermarktung. 2. Auflage, Schäffer-Poeschel Verlag, Stuttgart

Van Wijk, L., 2005. There may be trouble ahead: A practical guide to effective patent asset management. Scarecrow Press, Lanham

Verband deutscher Maschinen- und Anlagenbau, verfügbar: http://www.vdma.org/ (Zugriff: 12.04.2014)

Vejborny, A., 1986. Lizenz- und Know-How-Verträge. Bundessektion Industrie, 06/1986, Wien

Villar, L.M., Marcelo, C., 1992. Kombination qualitativer und quantitativer Methoden. In: Huber, G. L. (Hrsg.) Qualitative Analyse: Computereinsatz in der Sozialforschung, München, S. 177-218

Walter, M., 1989. Strategische Kontrolle von Forschungs- und Entwicklungsprojekten: Konzeption und Implementierung eines Projekt-Controllings für Neuentwicklungen und angewandte Forschung im Unternehmen. Erich Schmidt Verlag, Berlin

Weihermüller, M., 1982. Die Lizenzvergabe im internationalen Marketing. Verlag V. Florentz, München

Weiss, C., 1996. Die Wahl internationaler Markteintrittsstrategien – Eine transaktionskostenorientierte Analyse. Gabler Verlag, Wiesbaden

Welch, L.S., Benito, G.R.G., Petersen, B., 2008. Foreign Operation Methods: Theory – Analysis – Strategy. Edward Elgar Publishing, Cheltenham

Welch, L.S., Luostarinen, R., 1988. Internationalization: Evolution of a Concept. In: Journal of General Management, Vol. 14(2)/1988, pp. 34-55

Williamson, O.E., 1998. The Institutions of Governance. In: American Economic Review, Vol. 2/1998, pp. 75-79

Williamson, O.E., 1993. Calculativeness, Trust and Economic Organization. In: Journal of Law and Economics, Vol. 32/1993, pp. 458-486

Williamson, O.E., 1979. Transactions Costs Economics: The Governance of Contractual Relations. In: Journal of Law and Economics, Vol. 22/1979, pp. 233-261

Williamson, O.E., 1990. A Comparison of Alternative Approaches to Economic Organization. In: Journal of Institutional and Theoretical Economics, Vol. 146/1990, pp. 61-71

Williamson, O.E., 1985. The Economic Institutions of Capitalism: Firms, Markets, Relational Contracting. Macmillan USA, New York u.a.

Williamson, O.E., 1975. Markets and Hierachies: Analysis and Antitrust Implications. Free Press, New York

Windsperger, J., 1996. Transaktionsspezifität, Reputationskapital, Koordinationsform. In: Zeitschrift für Betriebswirtschaft, Nr. 66/ 1996, S. 965-978

Winkler, K., 2006. Negotiations with Asymmetrical Distribution of Power: Conclusions from Dispute Resolution in Network Industries. Physica-Verlag, Heidelberg

Wise, R.M., 1996. Valuation and Damage Quantification Issues relating to Intellectual Property. In: Meredith Memorial Lectures, pp. 1-53

Witt, H., 2001. Forschungsstrategien bei quantitativer und qualitativer Sozialforschung. Forum Qualitative Research, Vol. 2/2001, No. 1, Art. 8, Berlin, verfügbar: http://www.qualitative-research.net/index.php/fqs/article/view/969/2114 (Zugriff: 01.08.2013)

Wöller, R., 1968. Die Lizenzvergabe ins Ausland in der Unternehmungspolitik. Dissertation, Hamburg

Wolf, A., Werth, C., 1972. Der internationale technisch-industrielle Lizenzaustausch. VDI Verlag, Düsseldorf

World Intellectual Property Organization, verfügbar: http://www.wipo.int/patentscope/en/ (Zugriff: 13.08.2013)

Wurzer, A., 2004. Patentmanagement – Ein Praxisleitfaden für den Mittelstand. 1. Auflage, Wissenschaft & Praxis, Eschborn

Wurzer, A., 2003. Wettbewerbsvorteile durch Patentinformationen. 2. Auflage, Fachinformationszentrum Karlsruhe, Karlsruhe

Yin, R.K., 1984. Case Study Research – Design and Method. Sage Publishing, Beverly Hills

Zahn, E., 1986. Technologie- und Innovationsmanagement. Duncker & Humblot Verlag, Berlin

Zartman, I.W., 1974. The Political Analysis of Negotiation: How Who Gets What and When. In: World Politics, Vol. 26(3)/1974, pp. 385-399

Zenoff, D.B., 1970. Licensing as a Means of Penetrating Foreign Markets. In: The Patent, Trademark, Copyright Journal of Research and Education, Vol. 14(71)/1970

Ziegler, N., Bader, M.A., Rüther, F., 2011. Handbook: External patent exploitation: Motives, forms, the role of intermediaries, and a guideline. University of St. Gallen, verfügbar: http://www.bgw-sg.com/wp-content/uploads/2014/04/Handbook_CTI-IPotential_final1.pdf (Zugriff: 22.07.2015)

Zimmermann, K., 2006. Technologieklassifikationen und -indikatoren. Wien, verfügbar: http://www.qucosa.de/fileadmin/data/qucosa/.../5460/.../Zimmermann.doc (Zugriff: 05.02.2013)

Zörgiebel, W., 1983. Technologie in der Wettbewerbsstrategie. Verlag E. Schmidt, Berlin